반도체 CMOS 제조 기술

김상용·이병철 공저

 일진사

분류번호 : 1903060106_14v3	능력 단위 명칭 : 반도체 제조 공정 개발

능력 단위 정의 : 반도체 제조 공정 개발은 설계된 반도체 회로를 웨이퍼에 구현하기 위해 공정 흐름도 해석 및 단위 소자 개발을 통해 공정 장비 운용, 계측 운용 및 평가, 단위공정을 최적화하기 위한 능력이다.

능력 단위 요소	수행 준거
1903060106_14v3.1 1. 공정 흐름도 해석	1) 웨이퍼 종류와 특성을 해석하고 설명할 수 있다. 2) MOSFET 제작 구조를 해석하고 설명할 수 있다. 3) 메탈 배선의 적층 구조를 해석하고 설명할 수 있다. 4) 패드 및 보호막의 구조를 해석하고 설명할 수 있다. 5) 공정 흐름도로부터 필요한 단위 공정을 파악할 수 있다.
1903060106_14v3.3 2. 공정 장비 운용	1) 작업지시서에 의해 정해진 공정 장비를 조작하여 단위공정을 수행할 수 있다. 2) 공정의 작업 순서와 절차를 파악하여 수행 중인 단위공정의 특성을 확인할 수 있다. 3) 공정 장비의 핵심 구성 부품의 동작원리를 숙지하여 이상 상황 발생 시 문제를 해결할 수 있다. 4) 공정 장비의 효율적인 운영을 위하여 장비에 연결된 설비시설의 인자를 확인할 수 있다.
1903060106_14v3.4 3. 계측운용 및 평가	1) 표준 계측 방법으로 도구를 사용해 계측 작업을 수행할 수 있다. 2) 단위공정에서 수행 결과를 계측하고 도식화, 문서화 할 수 있다. 3) 계측 장비의 특성을 숙지하고 웨이퍼 계측 결과에 대한 물리적 의미를 부여할 수 있다. 4) 분석 장치를 이용하여 정밀한 성분, 특성을 측정할 수 있다.
1903060106_14v3.5 4. 단위공정 최적화	1) 공정개선 요구사항을 확인하여 성능개선을 위한 재료 선택 및 공정 방법을 도출할 수 있다. 2) 성능개선의 요구에 따라 전/후 공정을 고려하여 단위공정을 효율적으로 재구성할 수 있다. 3) 공정 최적화를 통해 효율적인 공정을 설계, 검증할 수 있다. 4) 공정 특성을 객관적으로 평가하여 적합성을 판별할 수 있다. 5) 실시간 공정 모니터링 센서를 활용하여 실시간 공정진단을 수행할 수 있다.

책머리에…

　본 교재는 NCS 일학습병행교육제도에 맞추어 반도체 제조공정에 필요한 기본지식을 이해하고 습득하는데 중점을 두고 편찬하였다. 반도체 제조를 위해 필요한 지식과 기술들은 설계된 반도체 회로를 웨이퍼에 구현하기 위해 수행하는 전체 공정의 흐름도, 단위공정의 안정화를 위한 최적화 접근 방법, 단위 소자 제조를 위해 필요한 공정 장비, 공정 수행 후 계측 장비를 이용한 검사 및 평가 방법이 그 내용들이다. 교재의 최우선 목표는 이러한 사항들에 대한 기본지식을 습득하여 생산현장에서 활용할 수 있는 능력을 배양하도록 하는 것이다.

　*제1장*에서는 CMOS 제조공정기술을 기준으로 MOSFET 제작 구조, 웨이퍼 종류와 특성, 소자의 제작공정을 기술하였다. 소자 제작 과정은 소자 분리, 소자 형성, 소자 배선, 소자 완성 부분으로 나누어 구성되어 있다.

　*제2장*에서는 단위공정의 최적화를 위해 요구되는 사진(photo), 식각(etching), 확산(diffusion), 평탄화(CMP), 세정(cleaning), 이온 주입(implating), 박막(thin film CVD/PVD) 공정들의 특성과 기본 공정기술 내용으로 구성되어 있다. 주 내용은 단위공정들의 주요 공정변수에 대한 설명과 공정에 미치는 영향과 결과에 대한 해석이다. 공정진단을 통하여 얻어야 할 변수의 최적화 항목을 설정하여 소자의 성능 개선과 관계되는 공정 방법을 도출하고, 전/후 공정을 고려하여 단위공정을 효율적으로 재구성할 수 있는 능력을 갖추도록 구성되어 있다.

*제3장*에서는 반도체 제조 공정에 사용되는 단위공정 장비들의 특성과 종류, 구성모듈과 작동원리에 대한 내용으로 구성되어 있다. 주요 내용은 공정장비를 구성하는 핵심 모듈과 부품의 특성, 동작원리, 효율적인 운영을 위하여 장비에 연결된 설비시설, 장비에 사용되는 가스, 화학약품의 특성에 관한 것이다.

*제4장*에서는 공정 결과의 검사와 평가, 장비의 상태를 점검하기 위해 활용되는 계측장비와 공정 불량 분석을 위해 사용되는 분석 장비에 대한 내용으로 구성되어 있다. 주요 내용은 단위공정 결과 검사 방법과 표준 계측 방법, 계측 장비의 특성과 구성, 분석 장비의 특성과 구성, 작동원리에 관한 것이다.

본 교재는 NCS 반도체 제조 및 개발 학습모듈에 필요한 내용으로 NCS 학습모듈의 3~4수준 정도로 구성되어 있다. CMOS 제조 공정을 기반으로 구성되어 있지만 전력소자, 디스플레이 등 반도체 관련 제조 공정에도 유용하게 활용되기를 저자는 희망한다.

저자 씀

차 례

CMOS 공정 흐름도 이해

1. CMOS 트랜지스터 구조 ··· 12
1-1 FET(Field Effect Transistor) ··· 12
1-2 MOSFET(Metal Oxide Semiconductor FET) ······························· 12
1-3 CMOSFET(Complementary MOSFET) ·· 13

2. CMOS 트랜지스터 작동 원리 ·· 13
2-1 NMOS 트랜지스터 작동 원리 ··· 13
2-2 PMOS 트랜지스터 작동 원리 ··· 14
2-3 CMOS 인버터(Invertor) 작동 원리 ·· 15

3. CMOS 제작 공정 흐름도 ·· 17
3-1 CMOS 제작 3단계 공정 ·· 17
3-2 실리콘 기판 제작 ··· 18
3-3 레티클 제작 ··· 20
3-4 소자 분리 세부 공정 ·· 22
3-5 소자 형성 세부 공정 ·· 30
3-6 소자 배선 세부 공정 ·· 39
3-7 소자 완성 세부 공정 ·· 54

CMOS 단위 공정 최적화

1. 사진(Photo) 공정 ··· 64
1-1 사진 공정의 개요 ··· 64
1-2 사진 공정 흐름도 ··· 64
1-3 감광막 형성 공정 ··· 65
1-4 노광 공정 ·· 71

1-5 현상 공정 73

2. 식각(Etching) 공정 74
2-1 식각 공정 주요 변수 74
2-2 식각 공정의 종류 78

3. 확산(Diffusion) 공정 85
3-1 확산 공정의 개요 85
3-2 산화막(SiO_2)의 용도 92

4. 평탄화(Planarization) 공정 95
4-1 평탄화 공정의 개요 95
4-2 CMP 공정 개요 98
4-3 CMP 적용 공정 103

5. 세정(Cleaning) 공정 107
5-1 세정 공정 개념 107
5-2 습식 세정 주요 공정 108
5-3 건식 세정 주요 공정 110

6. 이온 주입(Implanting) 공정 114
6-1 이온 주입 개요 114
6-2 이온 주입 공정 변수 117
6-3 결정 손상 부분 열처리 118

7. 박막(Thin Film) 공정 120
7-1 기상 증착법 120

공정 장비

1. 사진(Photo) 공정 장비 132

1-1 노광 장비 개요 132

1-2 노광 장비 분류 133

1-3 Stepper 노광 장비 모듈 135

1-4 Scanner 노광 장비 모듈 136

1-5 조명 광학계 137

1-6 웨이퍼 스테이지 139

1-7 축소 투영 렌즈 141

1-8 장비의 점검 142

1-9 트랙(Track) 장비 개요 148

2. 식각(Etch) 공정 장비 150

2-1 식각 장비 개요 150

2-2 식각 장비 시스템 구성 150

2-3 건식 식각 장비 종류 159

2-4 습식 식각 장비 166

3. 확산 및 이온 주입 장비 170

3-1 열 확산로(Furnace) 170

3-2 이온 주입 장비 구성 모듈과 기능 171

3-3 이온 주입 후 열처리 181

4. 박막 증착 장비 182

4-1 CVD 박막 증착 장비의 개요 182

4-2 CVD 장비 종류 182

4-3 물리적 기상 증착법(PVD) 187

5. CMP 장비 191

5-1 CMP 장비 개요 191

5-2 CMP 장비 기본 시스템 192

5-3 CMP 주요 구성품의 작동 원리 ································· 193
5-4 CMP 공정 장비 시스템 ····································· 198

반도체 공정 검사 & 계측 및 분석 장비

1. 단위공정 검사 계측 장비 ····································· 202
  1-1 개요 ··· 202
  1-2 측정 원리 ··· 203

2. 물성 분석 및 평가 장비 ····································· 224
  2-1 개요 ··· 224
  2-2 분석 장비 ··· 225

제1장

CMOS 공정 흐름도 이해

1. CMOS 트랜지스터 구조
2. CMOS 트랜지스터 작동 원리
3. CMOS 제작 공정 흐름도

학/습/목/표

- MOSFET 제작 구조 및 작동 원리를 해석하고 설명할 수 있다.
- 웨이퍼 종류와 특성을 해석하고 설명할 수 있다.
- 레티클 제작 과정에 대하여 설명할 수 있다.
- 소자 분리 공정 과정에 대하여 설명할 수 있다.
- 소자 형성 공정 과정에 대하여 설명할 수 있다.
- 소자 배선 공정 과정에 대하여 설명할 수 있다.
- 패드(pad) 및 보호막(passivation layer)의 구조를 해석하고 설명할 수 있다.
- 공정 흐름도로부터 필요한 단위 공정을 파악할 수 있다.

CMOS 공정 흐름도 이해

1. CMOS 트랜지스터 구조

1-1 FET(Field Effect Transistor)

전계효과 트랜지스터(FET)는 전류증폭용 소자인 쌍극성 트랜지스터(BJT)와는 달리 전압증폭용 소자이다. BJT와의 유사점은 트랜지스터를 구성하는 재료와 3개의 전극이 있다는 것이다. FET가 갖는 장점은 낮은 전압과 낮은 소비전력을 사용하는데 있다.

BJT의 경우 트랜지스터 동작은 베이스 전류의 인가에서 시작되지만 FET의 경우는 전기장을 형성하기 위해 게이트에 전압을 인가함으로써 소자가 동작한다. 이렇게 전기장을 형성하여 그 효과에 의해 소자 동작을 시작한다는 의미로 FET(field effect transistor)라고 부른다.

FET는 크게 두 가지 형태로 구별되는데 하나는 JFET로 pn 접합 구조를 이용한 트랜지스터이고, 다른 하나는 두 전극 사이에 얇은 유전체로 절연되는 구조를 갖는 MOSFET이다. 이 MOSFET는 선형/아날로그 회로 증폭기와 디지털 회로에서 스위칭 부품 소자로 활용된다.

1-2 MOSFET(Metal Oxide Semiconductor FET)

논리회로(logic circuit) 응용에 널리 이용하고 있고, IC 구성 부품에 주요한 소자이다.

MOSFET는 NMOS(n-채널)과 PMOS(p-채널)의 두 가지 형태를 갖는데 각 소자에 흐르는 다수 전류 캐리어에 의해 결정된다.

[그림 1-1]에 두 종류 MOSFET의 기하학적 단면 구조가 도시되어 있다.

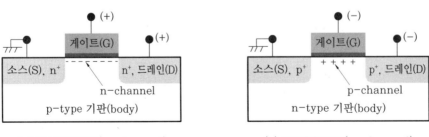

(a) NMOSFET(n-channel)   (b) PMOSFET(p-channel)

[그림 1-1] NMOS와 PMOS의 기하학적 단면도

1-3   CMOSFET(Complementary MOSFET)

MOSFET의 초기 사용은 NMOS 트랜지스터가 주류를 이루었다. PMOS 트랜지스터는 특정한 전자 응용에 사용되지만 NMOS 트랜지스터 IC 장치들이 PMOS 장치들과 비교해 우수한 성능을 보였기 때문이다. 현재는 이 두 종류의 MOSFET의 장점을 이용하는 CMOS 트랜지스터를 활용하여 소비전력 효율의 결합, 설계 스케일링(scaling) 기술 제조 공정의 발전에 힘입어 각광받는 트랜지스터로 자리 잡고 발전해 가고 있다. CMOS는 NMOS와 PMOS를 동일한 공정 안에서 동시에 만들 수 있다. 그 기하학적 구조가 [그림 1-2]에 도시되어 있다.

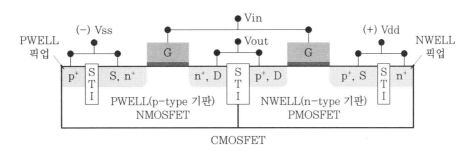

[그림 1-2] CMOS 트랜지스터 기하학적 단면도

2. CMOS 트랜지스터 작동 원리

2-1   NMOS 트랜지스터 작동 원리

[그림 1-3]은 NMOSFET의 기본 동작 원리를 회로도에 램프를 첨가하여 설명한 것이다. 동작 원리를 정리하면 다음과 같다.

① [그림 1-3] (a)는 게이트로의 입력 전압이 없기 때문에 게이트 산화막 아래로 채널이 형성되지 않아 소스와 드레인이 오픈 상태이므로 소스와 드레인 사이에 전류가 흐르지 않는다. 이는 p-n 접합 다이오드의 상태와 같다.

② 이 상태에서 [그림 1-3] (b)처럼 스위치가 닫히면 플러스 0.7 V의 작은 바이어스 전압이 게이트와 소스 양단에 동일하게 공급된다.

③ 이로 인해 게이트에 플러스 정전하가 생기고 산화막 하단에 음전하가 생성되어 소스와 드레인 간의 기판 상부에 채널이 형성되어진다.

④ 동시에 전기장이 게이트의 플러스 전하에 의해 생성되고, p-type 기판의 상층 정공을 아래

쪽으로 밀어내고 전자를 채널 안으로 끌어당긴다.

⑤ 이때 드레인에 걸려 있는 플러스 3 V 전원에 의해 전자들이 자유롭게 흘러서 마이너스(−) 단
자로부터 소스를 통해 n 채널과 드레인, 플러스(+) 전원 쪽의 램프를 통해 흐르게 된다.

⑥ 전자의 흐름은 드레인과 소스 간 전류(I_{ds})의 흐름이 되고 램프는 점등된다.

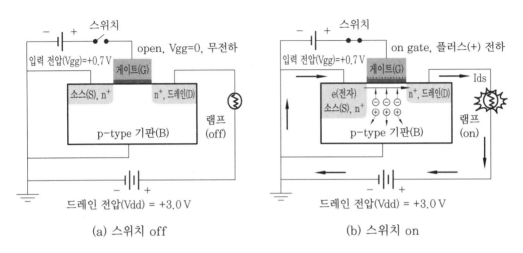

(a) 스위치 off   (b) 스위치 on

[그림 1-3] NMOSFET의 동작 원리도

2-2 PMOS 트랜지스터 작동 원리

[그림 1-4]는 PMOSFET의 기본 동작 원리를 회로도에 램프를 첨가하여 설명하고 있다. 동작
원리를 정리하면 다음과 같다.

① [그림 1-4] (a)는 게이트로의 입력 전압이 없기 때문에 게이트 산화막 아래로 채널이 형성되
지 않아 소스와 드레인이 오픈 상태이므로 소스와 드레인 사이에 전류가 흐르지 않는다. 이는
p-n 접합 다이오드의 상태와 같다.

② 이 상태에서 [그림 1-4] (b)처럼 스위치가 닫히면 마이너스 0.7 V의 작은 바이어스 전압이
게이트와 소스 양단에 동일하게 공급된다.

③ 이로 인해 게이트에 마이너스 정전하가 생기고 산화막 하단에 양전하가 생성되어 소스와 드
레인 간의 기판 상부에 채널이 형성된다.

④ 동시에 전기장이 게이트의 마이너스 전하에 의해 생성되고 n-type 기판의 상층 전자를 아
래쪽으로 밀어내어 정공을 채널 안으로 끌어당긴다.

⑤ 이때 드레인에 걸려 있는 마이너스 3 V 전원에 의해 정공들이 자유롭게 흘러서 플러스(+) 단
자로부터 소스를 통해 p 채널과 드레인, 플러스(+) 전원 쪽의 램프를 통해 흐르게 된다.

⑥ 전자의 흐름은 드레인과 소스 간 전류(I_{ds})의 흐름이 되고 램프는 점등된다.

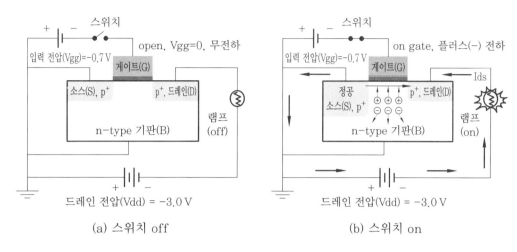

[그림 1-4] PMOSFET의 동작 원리도

2-3 CMOS 인버터(Invertor) 작동 원리

CMOS는 동일한 직접회로 안에 NMOS와 PMOS를 조합한 구조이다. 이 CMOS는 소비전력 효율의 결합과 설계 스케일링(scaling) 기술, 제조 공정의 향상을 가져왔다. 소비전력 효율은 게이트의 입력 신호가 없을 때에는 전력소비가 없다. 스케일링 측면에서는 소형화뿐만 아니라 동작 수행에 필요한 전압까지 낮출 수 있는 장점을 가지고 있는데, 그 간단한 보기로 CMOS 인버터(invertor)가 있다.

인버터는 입력단의 신호가 출력단에서 반전되는 특징이 있다. 디지털의 경우 영(0)의 신호가 일(1)로 바뀐다. NMOS와 PMOS 게이트들은 단일 입력으로 사용되고, 드레인들은 서로 결합되어 단일 출력단으로 사용된다. NMOS의 소스는 접지되고 PMOS의 소스는 바이어스 전압(Vdd)에 연결된다.

[그림 1-5]에 CMOSFET의 공정 단면도와 설계 평면도가 도시되어 있다.

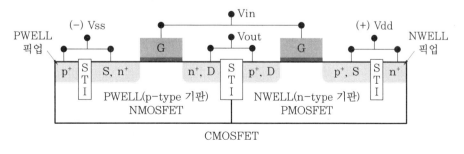

(a) CMOSFET의 공정 단면도

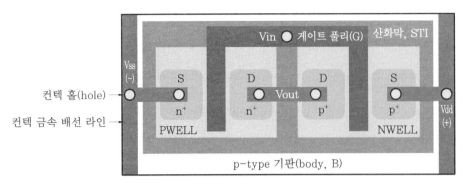

(b) CMOSFET의 설계 평면도

[그림 1-5] CMOSFET의 공정 단면도와 설계 평면도

CMOS 인버터(invertor)는 CMOS에 입력된 신호가 출력에서 반전된 형태로 나타난다. 정상동작은 입력신호가 플러스인 동안 n-채널(n-channel) 동작을 하고 입력신호가 마이너스인 동안 p-채널(p-channel)로 동작한다.

CMOS 인버터 회로의 효율은 입력신호 영(0)에서 과도기 동안 발생한다. 입력 신호가 영(0)이면 트랜지스터의 전력소모가 없다.

[그림 1-6]에 인버터의 회로도와 사용되는 회로 심벌이 도시되어 있다.

- 입력된 신호의 위상이 출력에서 반전되는 소자
- 디지털 신호 : 0 → 1, 1 → 0

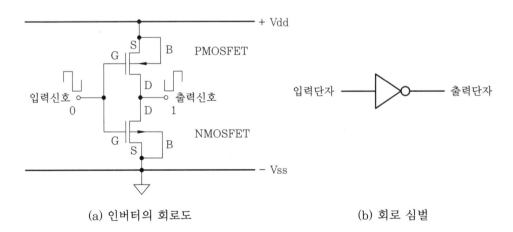

(a) 인버터의 회로도   (b) 회로 심벌

[그림 1-6] 인버터의 회로도와 회로 심벌

3. CMOS 제작 공정 흐름도

3-1 CMOS 제작 3단계 공정

(1) 소자 분리 단계

CMOS 제조 공정의 첫 번째 단계인 소자 분리 공정에서는 CMOS를 구성하는 NMOS, PMOS 가 형성될 부분을 트렌치(trench) 공정 기술을 이용하여 분할한다.

도랑처럼 형성된 부분이 trench 부분으로, 이 부분은 옥사이드(oxide)로 채워진다. 이 옥사이드는 절연체로, NMOS 트랜지스터와 PMOS 트랜지스터의 전기적 연결을 차단한다.

[그림 1-7]에 소자 분리를 위한 공정 단면도가 도시되어 있다.

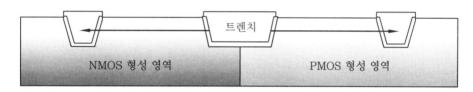

[그림 1-7] 소자 분리를 위한 공정 단면도

(2) 소자 형성 단계

두 번째 단계인 소자 형성 단계에서는 이 분리된 소자 형성 영역에 NMOS와 PMOS 각각의 소스(source, S), 게이트(gate, G), 드레인(drain, D) 부분을 형성한다. 이때 웰(well)과 source, drain 부분의 도핑(doping)을 위하여 이온 주입 공정 기술이 사용되고, 게이트는 포토, 에칭 공정 기술을 이용하여 폴리 실리콘(poly-silicon)을 형성한다. 소스, 드레인, 게이트 세 부분의 형성으로 트랜지스터 소자의 형성이 완성된다.

[그림 1-8]은 소자 형성을 위한 공정 단면도를 나타낸 것이다.

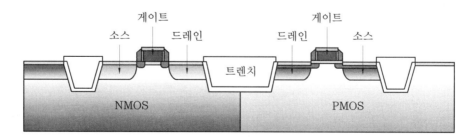

[그림 1-8] 소자 형성을 위한 공정 단면도

(3) 소자 배선 단계

　마지막으로 소자 배선 공정을 통하여 소자 형성 과정에서 생성된 소스(source), 드레인
(drain), 게이트(gate) 부분에 금속 전극들을 형성한다. [그림 1-9]에 소자 배선을 위한 공정 단
면도가 나타나 있다. 이 배선 공정에서는 최종 메탈 전극에서 외부 신호 입력과 전원 입가를 위
한 패드(pad) 및 소자를 외부의 환경으로부터 보호하는 보호막 공정을 포함한다.

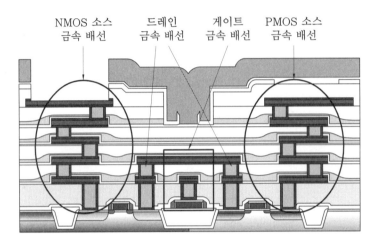

NMOS 소스 금속 배선　　드레인 금속 배선　　게이트 금속 배선　　PMOS 소스 금속 배선

[그림 1-9] 소자 배선을 위한 공정 단면도

3-2　실리콘 기판 제작

(1) 기판용 실리콘 단결정 성장

　실리콘 단결정 벌크(bulk)는 쵸크랄스키(Cz) 방법으로 성장시킨다. 이 방법은 주어진 방향성
을 가진 씨드(seed)를 사용하여 고온의 노(furnace)에서 회전하면서 용융상태의 실리콘을 서서
히 끌어올리면서 고체화시키는 것이다. 이렇게 성장된 벌크 단결정은 슬라이스(slice) 하여 원
하는 두께로 가공하여 반도체 소자 공정에 사용된다. 슬라이스 된 웨이퍼는 표면 연마(wafer
lapping & polishing) 과정을 거치는데 웨이퍼의 한쪽 면을 닦아 경면 상태로 만든다.

　[그림 1-10]에 단결정 성장과 웨이퍼 제작에 관한 3단계 공정의 개략도가 도시되어 있다.

(a) 벌크(bulk) 성장

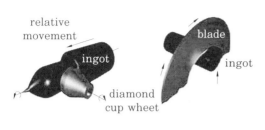

(b) 슬라이스(slice)　　　　　　　(c) 표면 연마

[그림 1-10] 단결정 벌크(bulk) 실리콘 제조 과정

(2) 단결정 실리콘 웨이퍼 제작 공정

실리콘은 회색의 깨어지기 쉬운 비금속성 4족 원소로, 자연계에서 지구상 물질의 27.8%를 차지하는 산소 다음으로 가장 풍부한 원소 중 하나이다.

① 실리콘은 석영, 마노, 부싯돌, 해변가 모래 등 다양한 물질들에 포함되어 있다. 실리콘은 반도체 칩을 만드는 주요 원재료이다.

② 순수한 실리콘 웨이퍼는 전기 전도성이 거의 없지만 정량의 도펀트(dopant)를 첨가할 경우 원하는 비저항을 얻을 수 있는 장점이 있다.

③ 도펀트의 종류를 달리하여 n-type과 p-type 웨이퍼를 제작할 수 있다.

④ 웨이퍼가 장비 안에서의 자동화된 조작과 방향 표시를 위해 플랫(flat)한 모양과 노치(notch) 모양으로 가공된다. [그림 1-11]에 웨이퍼에 대한 설명과 함께 그 모습이 도시되어 있다.

(a) 벌크 실리콘으로부터　　　　　(b) 잘라진 웨이퍼를 공정을
　　얇게 잘라진 웨이퍼　　　　　　　위해 카세트에 담은 모습

(c) 장비 웨이퍼 척에 놓인 웨이퍼　　(d) 제작된 notch형 웨이퍼　　(e) 제작된 flat형 웨이퍼

[그림 1-11] 실리콘 웨이퍼에 대한 단계별, 종류별 사진

3-3   레티클 제작

(1) 마스크 제작

포토마스크는 컴퓨터를 통하여 설계한 반도체 회로가 반도체 웨이퍼 위에 전사되기 전에 최초로 구현되는 반도체 부품이다. 이 원리는 사진을 찍는 것과 같아서 사진의 경우 필름이 있으면 수천 장의 같은 사진을 만들 수 있는 것처럼 포토마스크를 이용하여 수많은 웨이퍼 위에 반도체 회로를 전사한다. 보통 쿼츠(quartz)라는 투명 기판 위에 극히 미세한 형상을 만들어서 사진의 필름과 같은 용도로 사용하며, 사진을 찍는 방법과 유사하게 웨이퍼 위에 복잡한 패턴을 형성시켜 수많은 반도체 소자를 만들게 된다.

레티클(reticle)이란 회로가 형성된 마스크에 광학장비에서 필요한 각종 얼라인마크(align mark)를 포함하고, 마스크의 보호를 위한 펠리클(pellicle)이란 보호막을 갖춘 일종의 마스크 세트(mask set)를 지칭한다. [그림 1-12]에 레티클 구성에 대한 모습이 도시되어 있다.

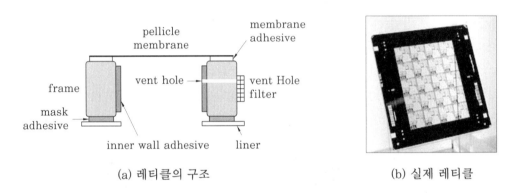

(a) 레티클의 구조   (b) 실제 레티클

[그림 1-12] 레티클의 구조와 실제 제작된 레티클의 모습

(2) 레이아웃(layout)

설계된 회로 패턴을 웨이퍼 상에서 구현하기 위해서는 그 설계회로를 E-beam 설비로 유리판 위에 그려 마스크(레티클)를 만들어야 한다. 소자 공정이 하나의 마스크로 끝나지 않고 복잡한 여러 단계를 거치기 때문에 각 공정별로 세분하여 마스크를 제작해야 한다.

마스크 제작의 첫 번째 작업은 설계된 회로를 웨이퍼 상에 전사시키도록 도식화하는 작업이다. 이 도식화 작업을 통해 얻어진 이론적 설계 구조를 레이아웃이라 한다.

CMOS의 경우 첫 번째로 well이 구성되고, 두 번째는 gate, 세 번째는 source와 drain, 네 번째는 컨텍(contact), 다섯 번째는 메탈(metal)의 순으로 레이아웃이 제작된다. [그림 1-13] (a)에는 회로도에 따른 메탈1까지의 레이아웃 모습을, (b)에는 실제 공정상의 구조적 모습이 도시되어 있다.

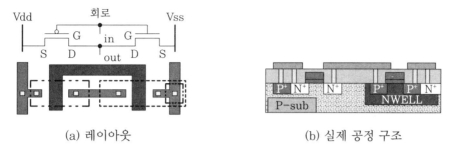

(a) 레이아웃   (b) 실제 공정 구조

[그림 1-13] CMOS 구조의 메탈1까지의 레이아웃과 실제 공정 구조

(3) 마스크 제작 공정 흐름도

마스크 제작 과정은 다음과 같다.

① 첫 번째는 석영(quartz) 위에 1000 Å 정도의 크롬(chrome) 층이 형성되어 있는 블랭크 마스크(blank mask) 위에 감광액(photo-resist, PR) 도포(coating) 과정이다.

② 두 번째 과정은 MEBES(electron beam), ALTA(laser) 등의 장비로 캐드 데이터(CAD data)를 마스크 위의 감광막에 전사하는 과정이다. 전사된 감광막은 현상을 통해 형상화되고, 현상 후 생성된 감광막 패턴을 막으로 하여 크롬을 습식 식각한다.

③ 이후 감광막 제거 및 세정이 끝나면 회로에 주어진 선폭(CD)을 측정하고, 선폭이 큰 경우 수정 작업을 실시한다. 선폭이 수정되면 결함과 이물질을 찾고 이를 제거한다.

④ 이후 세정을 실시하고, 크롬 패턴을 외부 입자 침투로부터 보호하기 위해 펠리클(pellicle)을 붙이고, 마스크 검사를 실시한다. [그림 1-14]에 마스크 제작 공정 흐름도가 도시되어 있다.

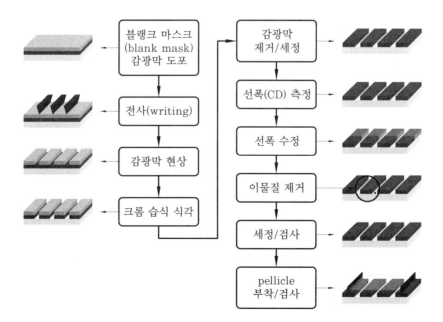

[그림 1-14] 마스크 제작 과정 흐름도

3-4   소자 분리 세부 공정

(1) 분리 층 증착

① 산화막과 질화막 증착

CMOS 제조 공정의 실리콘 기판은 3족 원소인 보론(boron, B)이 도핑된 p-type 단결정 실리콘 웨이퍼이며, 결정 방향은 〈100〉이고 저항은 일반적으로 1.6~2.2 Ω-cm이다. 이렇게 준비된 실리콘 웨이퍼는 각 장마다 제조 공정의 이력을 위하여 레이저를 이용하여 마킹(marking)을 실시한다. 동시에 진행되는 한 롯(lot)은 24장 정도로 구성된다. 세정을 실시하고, 그 위에 노(furnace) 장비를 이용하여 분리를 위한 패드(pad) 옥사이드 층을 증착하며, 그 위에 LPCVD 장비를 이용하여 질화(nitride) 층을 적층한다.

막 두께 조정은 매우 중요한 과정이다. 패드 옥사이드 막 성장 시 중요 변수는 노의 온도 구배와 시간이고, 질화막의 경우는 압력과 온도 그리고 화학반응을 하는 가스들의 유량이다.

[그림 1-15]에 분리 층의 구조가 도시되어 있다.

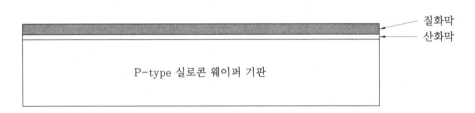

[그림 1-15] 산화막과 질화막을 적층한 분리 층의 구조도

② 질화막(Si$_3$N$_4$)의 용도 및 특성

질화막(nitride)은 전기적 절연성 및 보호 기능이 우수하고 유전율이 높은 특성을 가지고 있다. 이런 특성으로 불순물 확산 저지와 공정 완료 후 소자의 보호막(passivation layer)으로 사용하고 있다. 또한 산소가 질화막(nitride)을 침투하기 어렵기 때문에 산화 공정 시 질화막(nitride)이 있는 부분의 산화를 방지할 수 있다. 높은 유전율을 갖는 전기적 특성은 캐패시터(capacitor)의 정전 용량을 높이기 위하여 산화막(oxide)과 같이 샌드위치 구조로 사용하고 있다.

③ 질화막(Si$_3$N$_4$)의 성장과 LPCVD 성장로(furnace)

질화막(Si$_3$N$_4$)은 화학기상증착(CVD) 방법 중 저압의 상태에서 성장하는 저압-화학기상증착(LP-CVD)법을 사용한다. 화학반응은 디클로로실란(SiH$_2$Cl$_2$)과 암모니아(NH$_3$)가스를 혼합하여 성장온도 700~800℃에서 질화막을 형성한다. 화학반응식은 다음과 같다.

$$3SiH_2Cl_2 + 4NH_3 \rightarrow S_3N_4 + 6HCl + 6H_2Cl$$

열 확산 반응로(furnace)와 달리 LP-CVD 반응로의 배기구는 반응로 내부를 저압 상태로 유지하기 위한 진공펌프가 설치되어 있다. 펌프와 반응로 사이에는 압력을 조절하기 위한 압력조절장치(APC)가 설치되어 있고, 튜브(tube)는 진공을 유지하기 위한 외부 튜브(outer tube)와 반응 gas의 흐름을 구분하기 위한 내부 튜브(inner tube)로 구성되어 있다.

장비의 동작은 먼저 반응 가스(gas)가 MFC(엠에프씨)에 조절되어 반응로의 하부로 주입된다. 이때 실리콘 웨이퍼가 탑재되고 반응로의 상부 방향으로 이동한다. 탑재가 완료되면 내부와 외부 튜브가 하부로 이동한다. 이후 저압을 유지하기 위하여 펌프 배기가 시작되며 공정이 시작된다. [그림 1-16]에 성장에 사용되는 노의 모습이 도시되어 있다.

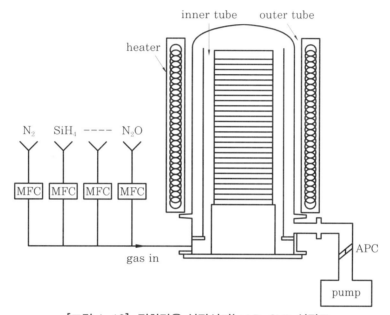

[그림 1-16] 질화막을 성장시키는 LP-CVD 성장로

(2) 트렌치(trench) 형성 패턴

산화막과 질화막이 형성되면 소자가 형성될 층과 이 소자들을 분리할 트렌치(trench)의 모습을 기하학적으로 형성하여야 한다. 패턴과 식각 공정이 이 부분을 담당하는 공정이다. 패턴 공정은 일반적으로 포토 사진 공정이라고 부르기도 한다.

이 공정의 시작은 트랙 장비에서 감광액을 도포하여 감광막을 만들고 스테퍼나 스캐너와 같은 노광기를 이용하여 준비된 마스크에 패턴을 웨이퍼에 전사한다. 전사가 끝나면 다시 트랙 장비에서 현상을 하여 감광막이 기하학적 식각을 위한 패턴이 완성된다. [그림 1-17]에 포토 공정에 의한 패턴 형성 모습이 도시되어 있다. 공정 순서는 다음과 같다.

① 감광액(photoresist, PR) 도포(coating) : 장비 – 트랙(track)
② 패턴(pattern) 노광(exposure) : 장비 – 스테퍼(stepper), 스캐너(scanner)
③ 현상(develop) : 장비 – 트랙(track)

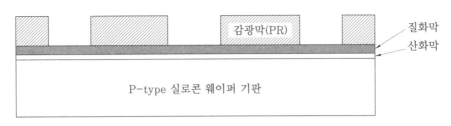

[그림 1-17] 포토 공정에 의한 패턴 형성

(3) 트렌치 형성 식각

① STI 트렌치(shallow trench) 형성 식각 개요

 STI 식각 공정은 크게 세 가지로 나누어진다.

 ㈎ 포토 마스크를 이용하여 질화막을 식각하는 단계

 ㈏ 1차 식각된 질화막을 기반으로 실리콘을 식각하는 단계

 ㈐ 식각 후 감광막을 플라즈마 에싱(ashing) 공정으로 제거하고 트렌치 안과 표면의 오염을
  제거하는 화학 세정을 하는 단계

 여기서 중요한 것은 STI 패턴 모양이 네모난 우물 형태를 가져야 하는 것인데 일반 습식 식
각으로는 불가하다. 식각 방법 중 하나는 트렌치 모양처럼 한쪽 방향, 즉 직사각형 하향 방향
으로만 식각이 이루어지는 것인데, 이와 같은 에칭 방법을 이방성 식각이라 부른다. 이것은 건
식 식각에서만 가능한 방법이다. [그림 1-18]에 STI가 건식 식각된 모습이 도시되어 있다.

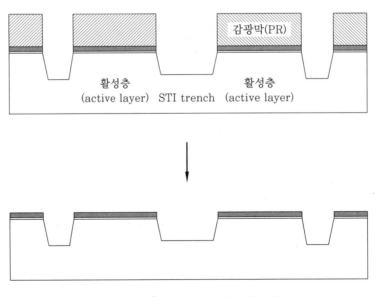

[그림 1-18] STI가 건식 식각된 모습

② 등방성과 이방성 식각

주어진 물질의 식각 방법은 두 가지가 있다.

㈎ 등방성 식각 : 화학적 반응이 기반이 된다. 이 경우 3차원적인 화학 결합 때문에 원형으로 식각된다. 즉 모든 방향으로 식각됨을 말하며 이런 식각을 등방성 에칭이라 한다.

㈏ 이방성 식각 : 이온들의 역학적 충돌 및 플라즈마 상태의 화학적 결합이 혼합된 건식 식각 방법이 있다. 이 방법은 한쪽 방향으로 식각을 유도해 패턴의 모양이 이방성을 갖도록 해주며, 이런 식각을 이방성 식각이라 한다.

에칭 시 마스크로 사용되는 감광막의 손실이 이루어지는데, 이 손실되는 감광막은 실리콘과 결합하여 식각된 부분이 다시 식각되지 않도록 해준다. 이방성 식각에서는 이런 화학적 현상이 강해 측면이 보호를 받아 한 방향으로만 식각이 가능하다.

[표 1-1]에 등방성과 이방성의 특성 비교를 나타내었다.

[표 1-1] 등방성과 이방성 식각의 특성 비교

구 분	등방성(isotropic)	이방성(anisotropic)
식각 비율	수평 = 수직	수평 ≠ 수직
변 식각 비율 (R=수평/수직)	$R = 1$	$0 < R < 1$
식각 모양		
측면 보호		

(4) STI 형성

① STI 공극 채우기

트렌치 식각이 이루어진 웨이퍼는 식각된 트렌치 안에 산화막을 채워 소자들 간의 분리를 마치게 된다. 먼저 산화막을 채우기 위하여 트렌치 벽면에 얇고 고순도의 산화막을 확산로 (furnace) 안에서 성장시킨다. 그다음 APCVD 방법으로 산화막을 형성시킨다. APCVD는 상압 상태에서 산화막을 기르기 때문에 성장 속도가 매우 빠르므로 깊은 트렌치를 채우기에 합리적인 CVD 방법이다. 트렌치가 채워지면 후면에 이전 공정에서 수행된 질화막을 화학적으로 식각하여 제거한다.

마지막으로 격자 간의 결합이 느슨하고 원자의 재정렬을 위하여 확산로(furnace)에서 열 확산으로 재결정화를 실시한다. [그림 1-19]에 STI 형성 공정도가 도시되어 있다.

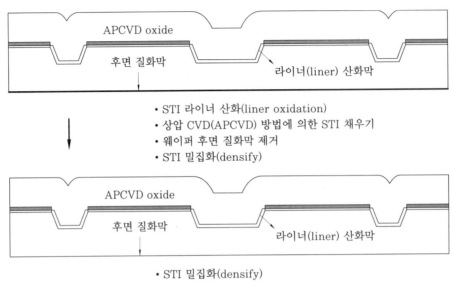

• STI 라이너 산화(liner oxidation)
• 상압 CVD(APCVD) 방법에 의한 STI 채우기
• 웨이퍼 후면 질화막 제거
• STI 밀집화(densify)

• STI 밀집화(densify)

[그림 1-19] STI 형성 공정도

(5) STI CMP

상압 CVD에 의해 산화막이 채워지면 CMP(chemical mechanical polishing) 방법에 의해 산화막이 평탄화된다. 평탄화의 이유는 이후 후속 공정에서 포토 사진 공정의 노광 시 초점 마진을 넓혀서 공정 마진을 전체적으로 안정하게 확보하는데 목적이 있다.

산화막 CMP가 완료되면 산화막 이면에 있던 질화막을 인산혼합용액인 SC1을 사용하여 상온에서 메가소닉(megasonic) 상태에서 완전히 제거시킨다. [그림 1-20]에 공정도가 도시되어 있다.

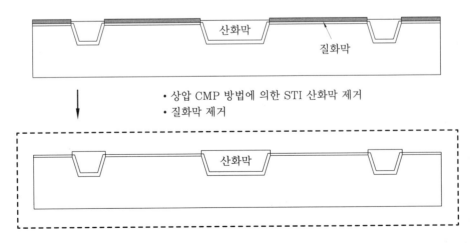

• 상압 CMP 방법에 의한 STI 산화막 제거
• 질화막 제거

[그림 1-20] STI CMP 공정도

(6) NWELL과 PWELL 이온 주입

① PWELL 이온 주입 공정도

NMOS 영역을 형성하기 위한 이온 주입 작업이 PWELL 이온 주입 공정이므로 PMOS 영역은 감광막으로 마스킹 되어야 한다. 일련의 포토 공정을 거쳐 감광막 두께가 $2.5\,\mu m$가 되도록 패턴한다. 이후 이온 주입 공정은 4단계로 이루어진다. 사용되는 이온은 모두 보론 이온이다.

⑺ 문턱 전압 조정 이온 주입 과정 : NMOS 게이트 전극에 양의 전압을 인가하면 정공들이 기판 속으로 밀려나서 채널이 n-type 영역으로 바뀌는데, 이와 같이 채널 영역이 반대 형태의 반도체로 변하는데 필요한 최소의 게이트 전압을 문턱 전압이라 하고, 이 전압을 조정하는 역할을 문턱 전압 조정 이온 주입이라 한다. 이때 사용되는 이온 주입 에너지는 $20\,keV$ 정도이다.

⑻ 펀치 스루 이온 주입 과정 : 드레인(drain)의 공핍 영역의 확대를 방지하기 위하여 펀치 스루라는 도핑 정지 층을 형성한다. 이때 사용되는 이온 주입에너지는 $70\,keV$ 정도이다.

⑼ 채널 정지 이온 주입 과정 : 소자가 형성될 활성화 층(active layer)간과 활성화 층과 웰간의 격리를 위하여 필드 산화막 층(STI) 아래에 이온 주입을 하여 채널 정지 도핑층을 형성시키는 이온 주입 공정이다. 이때 사용되는 이온 주입에너지는 $180\,keV$ 정도이다.

⑽ 웰 형성을 위한 이온 주입 과정 : 이때 사용되는 이온 주입에너지는 $500\,keV$ 정도이다. 이후 마스크로 사용되었던 감광막을 플라즈마를 이용한 ash 건식과 표준 혼합용액인 SC1, SC2로 습식 세정을 혼용하여 완전히 제거한다.

[그림 1-21]에 PWELL 형성 공정도가 도시되어 있다.

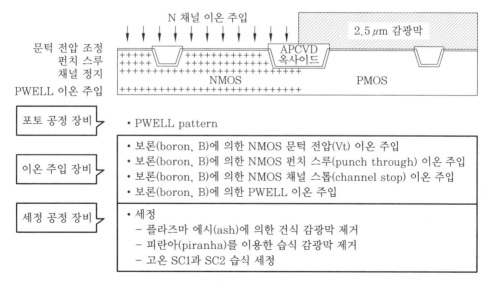

[그림 1-21] PWELL 형성 공정도

② NWELL 이온 주입 공정도

PMOS 영역을 형성하기 위한 이온 주입 작업이 NWELL 이온 주입 공정이므로 앞선 PWELL 공정에서 형성된 NMOS 영역은 감광막으로 마스킹 되어야 한다. 일련의 포토 공정을 거쳐 감광막 두께가 2.5 µm[마이크로미터]가 되도록 패턴한다.

이후 이온 주입 공정은 PWELL 공정과 동일한 순서로 4단계로 나누어져 이루어진다. 사용되는 이온은 모두 인(phosphorus) 이온이다.

㉮ 문턱 전압 조정 이온 주입 과정 : PMOS 게이트 전극에 음의 전압을 인가하면 전자들이 기판 속으로 밀려나서 채널이 p-type 영역으로 바뀌는데, 이와 같이 채널 영역이 반대 형태의 반도체로 변하는데 필요한 최소의 게이트 전압을 문턱 전압이라 하고, 이 전압을 조정하는 역할을 문턱 전압 조정 이온 주입이라 한다. 이때 사용되는 이온 주입 에너지는 50 keV 정도이다.

㉯ 펀치 스루 이온 주입 과정 : 드레인(drain)의 공핍 영역의 확대를 방지하기 위하여 펀치 스루라는 도핑 정지 층을 형성한다. 이때 사용되는 이온 주입에너지는 150 keV 정도이다.

㉰ 채널 정지 이온 주입 과정 : 소자가 형성될 활성화 층(active layer)간과 활성화 층과 웰간의 격리를 위하여 필드 산화막 층(STI) 아래에 이온 주입을 하여 채널 정지 도핑 층을 형성시키는 이온 주입 공정이다. 이때 사용되는 이온 주입에너지는 340 keV 정도이다.

㉱ 웰 형성을 위한 이온 주입 과정 : 마지막으로 웰 형성을 위한 이온 주입이 실행되고, 이때 사용되는 이온 주입에너지는 830 keV 정도이다. 이후 마스크로 사용되었던 감광막을 플라즈마를 이용한 ash 건식과 표준 혼합용액인 SC1, SC2로 습식 세정을 혼용하여 완전히 제거한다. [그림 1-22]에 NWELL 형성 공정도가 도식되어 있다.

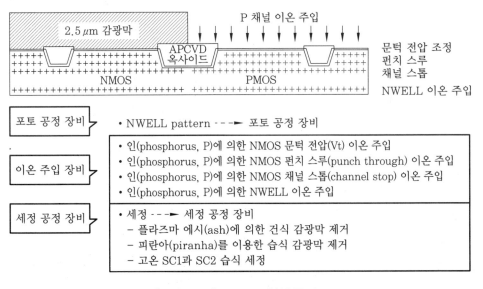

[그림 1-22] NWELL 형성 공정도

(7) 결정 손상 부위 열처리 공정

이온 주입에 의해 실리콘 웨이퍼 내에 주입된 불순물 원자들은 일반적으로 이온 주입 시 낮은 온도 하에서는 격자 교환 자리에 위치하지 못한다. 이러한 현상과 격자 원자가 받는 결정 손상으로 인해 이온 주입 층은 이온 주입 그대로의 상태에서 전기적으로 활성화되지 못하며, 이온 주입 후의 열처리가 수행되어야만 원자들이 격자들 사이로 충분히 치환되고, 재결정화(recrystalization) 및 결정 회복(recovery)에 의해 결정 결함들을 회복시킴으로써 전기적 활성화를 기할 수 있다.

[그림 1-23]에 결정 손상 부위 열처리 과정에서의 격자들의 모습을 보여주고 있다.

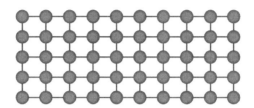

(a) 이온 주입 전 완벽한 주기적 격자 구조

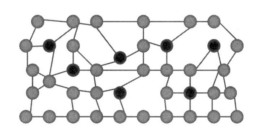

(b) 주입 후 다양한 본딩 거리에 의한 격자 흐트러짐

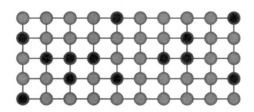

(c) 열처리 후 결정성을 회복하여 재구성된 격자 구조

[그림 1-23] 결정 손상 부위 열처리 과정에서 격자들의 모습

3-5 소자 형성 세부 공정

(1) 게이트 패턴 형성

① 게이트 공정 흐름도

게이트(gate) 전극 형성은 크게 다섯 단계로 나누어 공정이 진행된다.

㉮ 첫 번째 단계는 소자 분리 형성이 끝난 상태에서 게이트 산화막을 성장한다.

㉯ 두 번째 단계는 폴리 실리콘을 게이트 산화막 위에 성장한다.

㉰ 세 번째 단계는 성장된 폴리 실리콘에 PMOS 영역을 감광막으로 마스킹하고 N^+ 폴리 이온 주입을 실시한다. 이온 주입이 끝나면 감광막을 제거하고 세정 과정을 거친다.

㉱ 네 번째는 세정된 표면 위에 포토 공정을 통하여 식각될 부분을 오픈(open)한다.

㉲ 마지막 다섯 번째 단계는 오픈된 영역을 건식 플라즈마 식각한다. 이후 감광막 제거 세정 과정을 통하여 최종적으로 폴리 실리콘으로 형성된 게이트 전극을 완성한다.

[그림 1-24]에 게이트 공정 흐름도가 도시되어 있다.

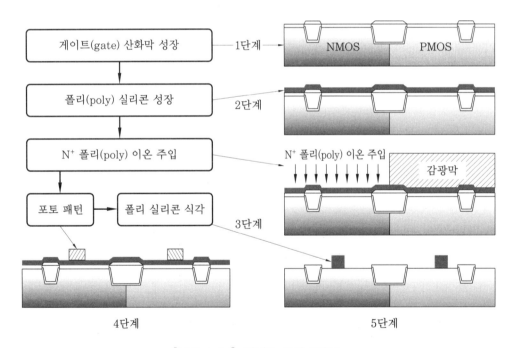

[그림 1-24] 게이트 공정 흐름도

② N^+ 폴리 열처리

폴리 실리콘의 이온 주입이 끝나면 주입된 이온들이 그 자체로는 비결정성 때문에 전기 전도성이 떨어진다. 이 이온들은 전기적으로 활성화되어야만 한다. 앞선 웰 이온 주입 후 재결정화를 위해 열처리 과정을 거친 것처럼 N^+ 폴리 실리콘도 같은 목적으로 열처리 과정을 다음과 같이 수행한다.

(가) 열처리는 확산로에서 이루어지며 이때 확산로의 온도는 900℃, 시간은 3분 정도이다.

(나) 사용하는 가스는 질소이며 15 L 정도 소요된다.

(다) 열처리가 끝난 후 감광막과 기타의 공정에서 발생한 불순물 입자와 오염 물질을 제거하기 위하여 세정을 실시한다. 세정은 먼저 감광막을 제거하기 위해 산소가스를 이용한 건식 세정인 에싱(ashing)을 실시한다.

(라) 이후 미세입자와 오염 물질을 제거하기 위해 혼합화학 세정액인 SC1과 SC2로 습식 세정을 실시한다.

(마) 마지막으로 인 이온에 의해 폴리 실리콘 표면에 형성된 폴리 산화막을 불산(HF)으로 제거한다.

[그림 1-25]에 폴리 실리콘 열처리 공정도가 도시되어 있다.

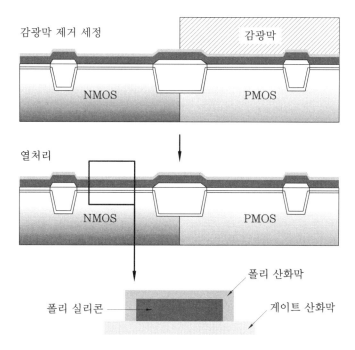

[그림 1-25] 폴리 실리콘 열처리 공정도

③ 게이트 패턴과 식각 공정

게이트 패턴과 식각 공정은 게이트 전극이 되는 폴리 실리콘의 기하학적 구조 형성 과정이다. 세부 공정 진행은 다음과 같은 순서로 진행한다.

(가) 첫 번째 공정은 폴리 실리콘 에칭으로써 주어진 포토 패턴을 따라 감광막이 위치한 영역을 제외한 전 영역을 플라즈마를 이용한 건식 식각 방법으로 식각을 한다.

(나) 이후 감광막을 제거하기 위하여 일차적으로 황산(H_2SO_4)과 과산화수소(H_2O_2)가 3:1로

혼합된 용액을 가지고 피라나(piranha) 세정을 실시한다.

㈐ 감광막이 제거되면 SC1 용액으로 기타 오염 물질을 웨이퍼 상에서 모두 제거하는데 초음파를 이용한 메가소닉(megasonic) 세정을 부가하여 진행한다.

[그림 1-26]에 패턴과 식각 공정의 흐름도가 도시되어 있다.

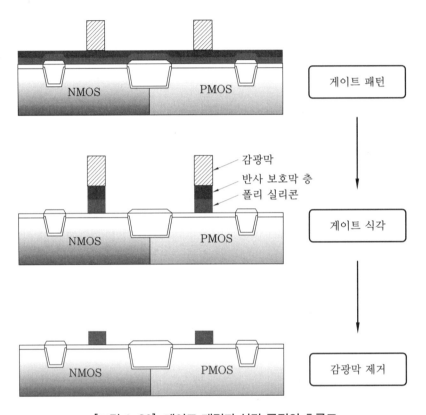

[그림 1-26] 게이트 패턴과 식각 공정의 흐름도

(2) LDD(lightly doped drain) 형성 공정

① LDD(lightly doped drain) 개요

트랜지스터의 사이즈가 작아짐에 따라 게이트 선폭이 좁아져서 채널이 짧아진다. 이 경우 전계(전기장)는 커지게 되고, 이동하는 전자는 높은 전계를 받아 지나치게 이동성이 커지게 되는데 이러한 전자를 열전자(hot carrier)라고 부른다.

이 열전자들은 이동성이 과도하게 커지면 드레인 전류를 증가시키고 기판의 홀(hole) 전류를 증가시킨다. 더 큰 열에너지를 얻게 되면 절연막을 뚫고 가기도 하고, 절연막에 축적되어 문턱 전압 증가로 전달 컨덕턴스가 감소되어 전기적 특성을 저하시키는 요인으로 작용한다. 또한 실리콘과 수소와의 결합을 파괴하기도 한다.

이들 열전자에 의한 발생을 완화하기 위하여 LDD(lightly doped drain)라는 구조를 이용하는데, 이 구조는 소스와 드레인 쪽의 불순물 도핑 농도를 국부적으로 줄여서 전계를 낮추는 역할을 담당한다.

[그림 1-27]에 LDD에 관련된 열전자의 방출 메카니즘이 도시되어 있다.

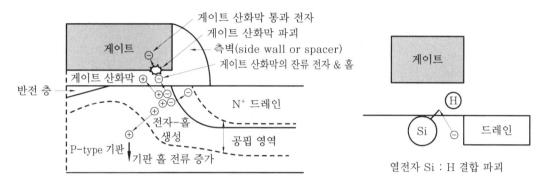

[그림 1-27] 열전자의 방출 메카니즘

② LDD(lightly doped drain) 공정 흐름도

CMOS LDD(lightly doped drain) 공정은 크게 두 부분으로 나누어 연속적으로 진행한다.

㈎ NMOS 지역의 LDD 공정 : NLDD

   ㉮ 게이트 폴리 형성 구조에서 이온 주입에서의 폴리막 손상을 방지하기 위해 폴리막 위에 열 산화막을 성장시킨다.

   ㉯ 이후 포토의 감광막 도포, 노광, 현상을 통하여 NLDD 패턴을 완성한다.

   ㉰ 패턴이 완성되면 아세닉(As) 이온으로 NLDD 이온 주입 영역과 NWELL 컨텍 지역(픽업 지역)에 이온 주입을 실시한다.

   ㉱ 이온 주입이 완료되면 세정을 실시하여 감광막과 산화막을 제거하고 격자 손상의 회복을 위한 열처리를 실행한다.

㈏ PMOS 지역의 LDD 공정 : PLDD

NLDD 공정 완료 후 덮개 폴리 산화막 증착을 시작으로 PLDD 공정이 시작된다.

   ㉮ 산화막 위에 포토의 일련 과정(감광막 도포, 노광, 현상)을 되풀이하여 PMOS 영역의 PLDD 패턴을 완성한다.

   ㉯ 보론(B) 이온으로 PLDD 이온 주입 영역과 PWELL 컨텍 지역(픽업 지역)에 이온 주입을 실시한다.

   ㉰ 이온 주입이 끝나면 세정을 마지막으로 LDD 공정이 완료된다.

[그림 1-28]에 LDD 공정 흐름도가 도시되어 있다.

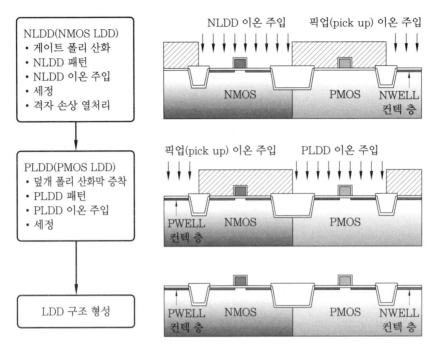

[그림 1-28] LDD 공정 흐름도

(3) S/D(source/drain) 형성 공정

① S/D(source/drain) 공정 흐름도

소스와 드레인(source/drain, S/D) 공정은 NSD와 PSD 두 부분의 공정으로 나누어 연속적으로 진행되며, 소스와 드레인 형성은 한 공정에서 동시에 이루어진다. 소스와 드레인 공정을 하기 위해 먼저 게이트 측면 공간막이라 불리는 게이트 질화 공간막(nitride spacer)을 형성한다.

(가) NMOS S/D(NSD) 형성

㉮ 게이트 질화 공간막 형성 구조에서 포토의 감광막 도포, 노광, 현상을 통하여 NSD 패턴을 완성한다.

㉯ 패턴이 완성되면 아세닉(As) 이온과 인(P) 이온으로 NSD 이온 주입 영역과 NWELL 컨텍 지역에 이온 주입을 실시한다.

㉰ 이온 주입이 완료되면 세정을 실시하여 감광막을 제거한다.

(나) PMOS S/D(PSD) 형성

NSD 공정이 완료되면 PSD 공정이 시작된다.

㉮ 포토의 일련 과정을 되풀이하여 PMOS 영역의 PSD 패턴을 완성한다.

㉯ 보론(B) 이온으로 PSD 이온 주입 영역과 PWELL 컨텍 지역에 이온 주입을 실시한다.

㉰ 이온 주입이 끝나면 세정을 실시하여 감광막을 제거한다.

㉴ 이온 주입 과정에서 손상된 격자 부분의 회복과 불순물 재분포를 위해 열처리 공정을 진행하면 소스, 드레인 공정이 완료된다.

[그림 1-29]에 소스와 드레인 형성 공정 흐름도가 도시되어 있다.

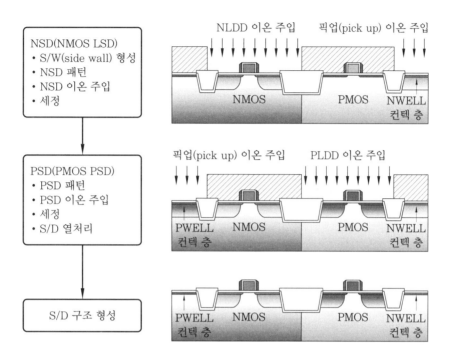

[그림 1-29] 소스와 드레인 형성 공정 흐름도

② 게이트 측벽 질화 공간막 형성

㉠ 역할 : 게이트 측면 공간막은 높은 절연성을 지닌 물질로 게이트 측면에 RIE 방식에 의하여 이방성 건식 식각에 의해 이루어지며, 일반적으로 질화막을 사용한다. 이들 공간막 층은 소스와 드레인 정션(junction)을 형성하기 위해 연속적으로 진행되는 이온 주입 시 채널의 가로(lateral) 방향의 제한 영역을 옵셋(offset)하는 역할을 한다. 즉, 이 공간막(spacer)은 소스-드레인 이온 주입 시 채널 길이를 결정하는 중요한 마스크 역할을 담당한다.

㉡ 구조 : 이들 공간막의 기하학적 모양에 따라 트랜지스터의 전기적 성능이 달라지는데, 이론적인 구조는 완전한 소스-드레인 대칭 구조를 갖는 것이다. 소스와 드레인의 이온 분포는 공간막의 모습과 동일하게 형성된다. 또한 선행되어 형성된 LDD의 보호 마스크 역할도 담당하며, 그 이후 보완적 이온 주입을 위한 마스크의 역할도 수행한다.

㉢ 자기정렬 방식 이온 주입 : 위와 같이 소스, 드레인 영역에 감광막과 같은 포토 정렬 마스크 없이 자체 공간막에 의해서 정렬되어지는 이온 주입 기술을 자기정렬 방식 이온 주입이라 하며, 후속 공정에서 금속 배선을 위한 실리콘 위에 금속막을 형성하는 실리사이드

공정에서 자기정렬의 마스크로 활용된다.

[그림 1-30]에 게이트 측면 공간막의 구조가 도시되어 있다.

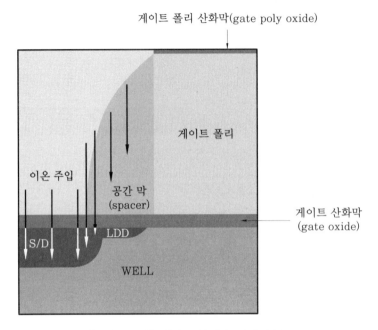

[그림 1-30] 게이트 측면 공간막의 구조

③ NSD 세부 공정

NSD 공정은 NMOS의 소스와 드레인 정션 형성과 NWELL의 전극 형성 공정이다. 공정은 다음과 같은 내용을 가지고 수행된다.

㈎ 게이트 측벽 공간막이 형성된 웨이퍼에 포토의 감광막 도포, 노광, 현상을 통하여 NSD 패턴을 완성한다.

㈏ 패턴이 완성되면 1차 이온 주입을 실시한다.

1차 이온 주입은 아세닉(As) 이온으로 NSD 이온 주입 영역과 NWELL 컨텍 지역에 이온 주입을 실시한다. 이온 주입은 고 전류를 사용하여 1.5×10^{15}(이온수/cm^2)의 도즈량과 70 keV로 아세닉 이온 주입을 실시한다.

㈐ 1차 아세닉 이온 주입이 끝나면 부가하여 2차로 인(P) 이온을 주입한다.

이온 주입은 중 전류를 사용하여 1.5×10^{14}(이온수/cm^2)의 도즈량과 60 keV로 인 이온 주입을 실시한다.

㈑ 이온 주입이 완료되면 플라즈마 에싱, 황산 계열 화학 세정, 메가소닉을 동반한 SC1 세정을 실시하여 감광막을 제거한다.

[그림 1-31]에 NMOS 형성 공정 흐름도가 도시되어 있다.

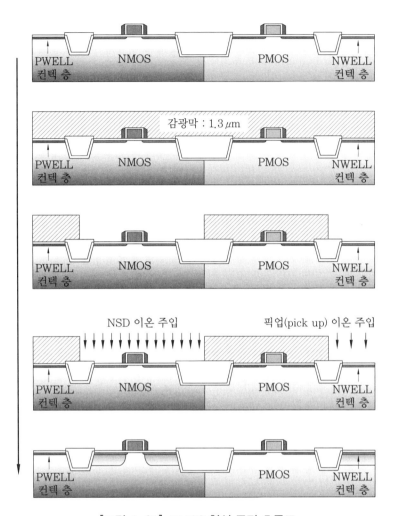

[그림 1-31] NMOS 형성 공정 흐름도

④ PSD 공정

PSD 공정은 PMOS의 소스와 드레인 정션 형성과 PWELL의 전극 형성 공정이다. 공정은 다음과 같은 내용을 가지고 수행된다.

㈎ NSD가 형성된 웨이퍼에 포토의 감광막 도포, 노광, 현상을 통하여 PSD 패턴을 완성한다.

㈏ 패턴이 완성되면 이온 주입을 실시한다. 이온 주입은 보론(B) 이온으로 PSD 이온 주입 영역과 PWELL 컨텍 지역에 이온 주입을 실시한다.

이온 주입은 고 전류를 사용하여 1.5×10^{15}(이온수/cm^2)의 도즈량과 $10 \, keV$로 아세닉 이온 주입을 실시한다.

㈐ 이온 주입이 완료되면 플라즈마 에싱, 황산 계열 화학 세정, 메가소닉을 동반한 SC1 세정을 실시하여 감광막을 제거한다.

㈘ 감광막을 제거한 후 RTP 장비로 1000℃에서 15초 동안 열처리 한다.

이 열처리 과정은 소스, 드레인 정션 구조가 퍼지는 것을 방지하고, 소스, 드레인 영역 내의 불순물 확산을 막기 위해 실시한다.

열처리 공정을 마지막으로 소스와 드레인 정션 형성 공정이 완료된다.

[그림 1-32]에 PMOS 형성 공정 흐름도가 도시되어 있다.

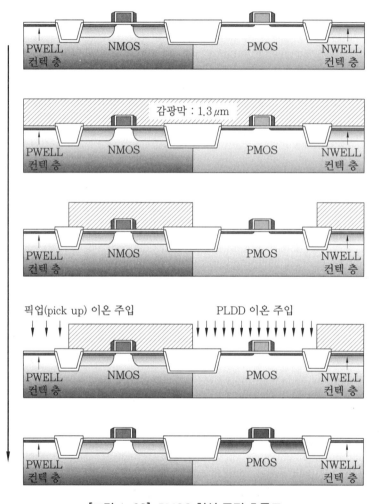

[그림 1-32] PMOS 형성 공정 흐름도

3-6   소자 배선 세부 공정

(1) 컨텍 홀(contact hole) 박막 형성

① 컨텍 홀(contact hole)의 개요

㉮ 컨텍 홀 층의 역할

소자의 소스, 드레인, 게이트 영역에 각각의 금속 전극을 형성하여 금속 배선과 연결시키는 것이다. 그 밖에 CMOS 소자 형성 과정에서 동일 층에 형성된 저항, 캐패시터 등의 수동 소자들의 전극 형성 역할도 담당한다.

㉯ 컨텍 홀 층의 형성 방법

각각의 소자 형성 부분(소스, 드레인, 게이트)들이 PMD(poly metal dielectric) 절연막 홀을 통과하여 상면 금속 배선 층과 수직 연결 공정을 진행한다.

㉰ 컨텍 홀(contact hole) 층의 형성 시 중요 사항

㉮ 소스와 드레인을 형성하는 실리콘 표면층의 금속화(실리사이드, silicide) – 반도체 공정의 금속화로 통상 살리사이데이션(salicidation)이라 부른다.

㉯ 게이트를 형성하는 폴리 실리콘의 표면층의 금속화(폴리사이드, polycide)

㉰ 컨텍 부분의 옴성 접촉

㉱ 컨텍 홀 식각 시 종말점(end point) 기준이 되는 PMD liner 질화막 형성

㉲ 포토 공정 시 웨이퍼 내 홀의 사이즈가 균일하도록 도와주는 PMD 층의 평탄화

㉳ 홀 형성 시 상층과 하층의 동일 사이즈 원기둥 포토 패턴과 식각

㉴ PMD 층과 홀에 채워질 금속과의 스트레스(stress) 완화

㉵ PMD 층으로부터 불순물 확산 방지막 형성

㉱ 컨텍 홀을 틈이 없는 원기둥 형태로 채우는 금속 증착

㉲ 컨텍 홀 형성 후 금속 배선 공정 시 포토 패턴의 균일도 향상을 위한 평탄화

② 컨텍 홀 공정 흐름도

㉮ 1단계(살리사이데이션~PMD 평탄화)

컨텍 홀 형성 과정의 첫 번째는 실리콘 표면과 폴리 표면층의 금속화 공정부터 시작된다. 다음 순서와 같이 공정이 수행된다.

㉮ 먼저 웨이퍼 전면에 이전 공정에서 형성된 산화막을 제거한다.

㉯ 산화막이 제거되면 웨이퍼 전면에 살리사이데이션을 형성할 금속을 스퍼터링(sputtering) 한다. 보통 티타늄(Ti) 금속을 사용한다.

㉰ 스퍼터링 된 금속과 실리콘, 폴리 실리콘과의 결합을 위하여 급속 열처리(rapid

thermal annealing, RTA) 방법을 통하여 실리사이드와 폴리사이드를 형성한다.

㉡ 이후 실리콘이 아닌 다른 부분, 즉 금속과 결합되지 않는 부분은 습식 식각으로 제거한다.

㉢ 이후 PMD 형성 시 열처리 공정에서 오는 PMD 막과 소스, 드레인, 게이트로 부터 이온들의 이동을 막으며, 컨텍 홀 식각 시 소스, 드레인, 게이트 표면에 직접 이르러 과도 식각이 이루어지지 않도록 종말점 물질로 사용되는 PMD 라이너(liner)를 증착한다.

㉣ 이후 BPSG PMD 막을 증착한다.

㉤ 이후 선 공정에서 게이트와 트렌치 구성에 따른 기하학적 단차 문제 때문에 발생되는 PMD 막의 높이를 평탄화하는 CMP 공정이 이루어진다.

[그림 1-33]에 컨텍 홀 1단계 공정도가 도시되어 있다.

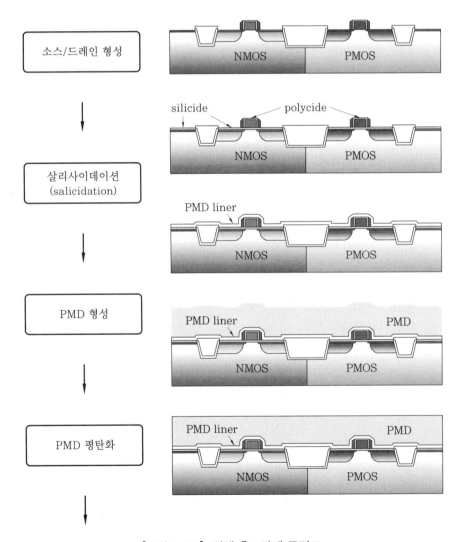

[그림 1-33] 컨텍 홀 1단계 공정도

(나) 2단계(포토 패턴~감광막 제거/세정)

다음 순서와 같이 공정이 수행된다.

㉮ CMP 공정이 끝나면 포토의 감광막 도포, 노광, 현상 공정을 거쳐 식각될 부분의 패턴을 오픈한다.

㉯ 이후 이 오픈 영역을 건식 플라즈마로 식각한다.

㉰ 식각 후 감광막과 홀 안의 잔류물 제거를 위한 세정 공정이 이루어진다.

[그림 1-34]에 컨텍 홀 2단계 공정도가 도시되어 있다.

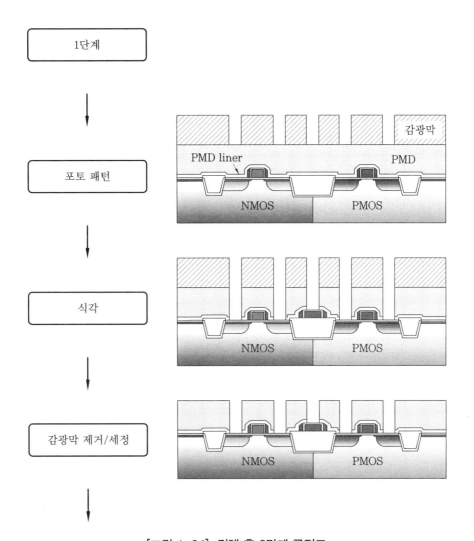

[그림 1-34] 컨텍 홀 2단계 공정도

㈐ 3단계(장막 채우기~세정)

식각 세정 공정이 완료되면 홀을 금속으로 채우는 공정이 시작된다. 마치 모양이 전기 플러그와 같다 하여 꽉 찬 홀 기둥을 플러그(plug)라 칭하고, 이 홀을 채우는 공정을 플러그 필(fill)한다고 표현한다.

다음 순서와 같이 공정이 수행된다.

㉮ 장막 금속 벽에 배리어 메탈(barrier metal)을 증착한다.

㉯ 주 금속을 채워간다.

㉰ 평탄화 작업인 CMP 공정이 수행된다.

㉱ 세정 공정을 수행한다.

[그림 1-35]에 컨텍 홀 3단계 공정도가 도시되어 있다.

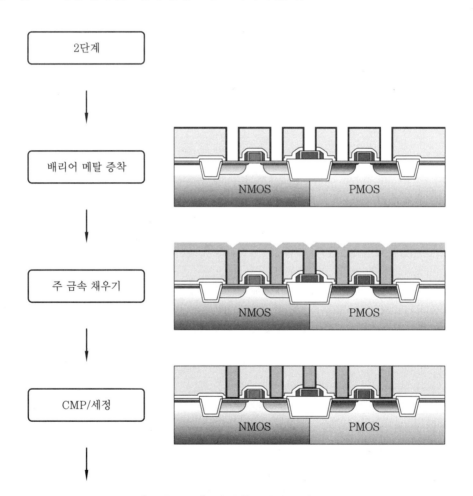

[그림 1-35] 컨텍 홀 3단계 공정도

③ 살리사이데이션(salicidation) 공정 개요

㈎ 살리사이데이션(salicidation)

금속과 실리콘 반도체와의 화합물(salicide)을 형성하는 기술이다. 금속이 어느 부분과 화합물을 만드느냐에 따라 두 가지 종류가 있다.

단결정 실리콘과 결합하는 살리사이드를 실리사이드(silicide)라 부르고, 폴리 실리콘과 결합되는 것을 폴리사이드(polycide)라 부른다.

실리사이드의 예를 들어보면 $TiSi_2$(타이실리사이드), $CoSi_2$(코발트실리사이드), WSi_2(텅스텐실리사이드), $PtSi_2$(플래티늄실리사이드) 등이 있다.

CMOS 제조 공정에서는 일반적으로 $TiSi_2$(타이실리사이드), $CoSi_2$(코발트실리사이드)를 사용한다.

㈏ 실리사이드의 형성 목적

접촉 저항 최소화이다. 소자 성능 최적화를 위하여 크기를 스케일링하고 이로 인해 게이트, 소스, 드레인 영역에서 금속 접촉 단면적이 축소된다. 이는 곧 접촉 저항 증가를 일으킨다. 이와 같은 저항을 감소시키기 위해 살리사이드 기술을 사용한다.

㉮ 실리사이드(silicide)는 단결정 실리콘-금속 화합물이며, 소스와 드레인을 형성하는 실리콘 표면층 금속화 기술이다. 열적으로 안정된 금속화합물이고, 금속과 실리콘 계면에서 낮은 전기 저항을 제공한다.

㉯ 폴리사이드는 폴리 실리콘-금속 화합물이고, 게이트를 형성하는 폴리 실리콘의 표면층의 금속화 기술이다.

폴리 실리콘과 배선 금속과의 직렬 저항 감소 역할을 하여 RC 신호 지연 문제를 완화할 수 있으며, 저항은 $500\,\mu\Omega\text{-cm}$에서 $15\,\mu\Omega\text{-cm}$를 낮출 수 있다.

[그림 1-36]에 살리사이드 공정 전과 후의 구조 변화와 저항 변화가 도시되어 있다.

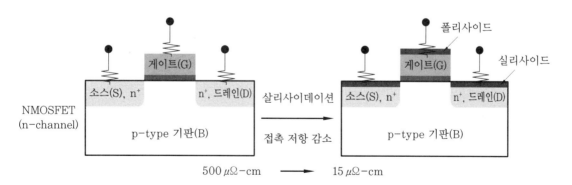

[그림 1-36] 살리사이드 공정 전과 후의 구조 변화와 저항 변화

④ 컨텍 홀 포토 패턴과 식각 공정

(가) 컨텍 포토 공정 : CMP 공정이 끝난 웨이퍼 위에 deep UV 감광액을 이용하여 두께 0.97 μm로 감광막을 도포한다. 감광막 도포가 끝나면 마스크를 이용하여 패턴 노광을 진행하고, 현상 공정을 거쳐 식각될 부분의 패턴을 오픈한다.

(나) 식각 공정 : 컨텍 포토 공정이 완료되면 포토의 감광막을 마스크로 하여 RIE 플라즈마 건식 식각으로 BPSG 산화막을 식각한다. 식각은 PMD 라이너(PMD liner)막까지 이루어진다. 이후 완전히 산화막을 제거하기 위해 식각 시간만큼 더 식각을 한다.

(다) 세정 공정 : 식각이 완료되면 감광막을 제거하기 위하여 피라나 황산 계열 습식 세정을 하고 홀 안의 입자들을 완전히 제거하기 위하여 SC1 습식 세정과 메가소닉을 가하여 세정한다.

[그림 1-37]에 포토 패턴과 식각에 대한 공정도가 도시되어 있다.

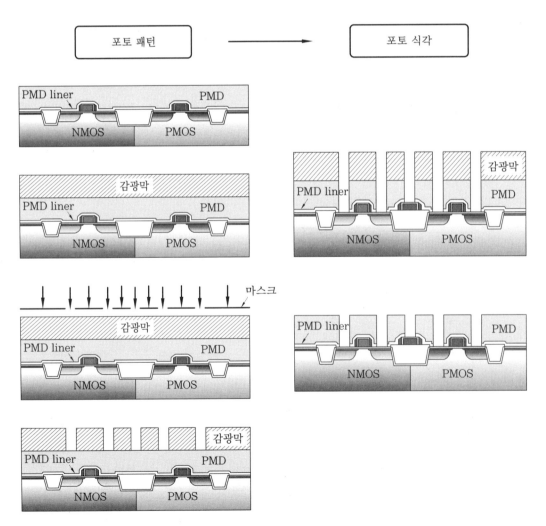

[그림 1-37] 포토 패턴과 식각에 대한 공정도

⑤ 컨텍 홀 장막 금속 채우기

　식각 세정 공정이 완료되면 홀을 금속으로 채우는 공정이 시작된다. 세부 공정과 조건은 다음과 같이 수행된다.

　㈎ 장막 금속(brrier metal) 증착은 타이타늄(Ti) 금속을 재료로 두께 50 Å 정도가 되도록 이온화된 금속 플라즈마 PVD(IMP PVD) 방법으로 증착한다.

　㈏ 이후 급속 열처리 공정(RTP)을 이용하여 타이실리사이드(TiSiO$_2$)를 형성한다. 이때 열처리 온도는 725℃이고 시간은 30초 정도이다.

　㈐ 타이실리사이드가 형성되면 텅스텐 확산 장벽인 타이타늄 질화막을 MOCVD 방법으로 두께 100 Å 정도로 증착한다.

　　이 과정이 완료되면 주 금속을 채울 수 있다.

　[그림 1-38]에 배리어 메탈 증착 공정도가 도시되어 있다.

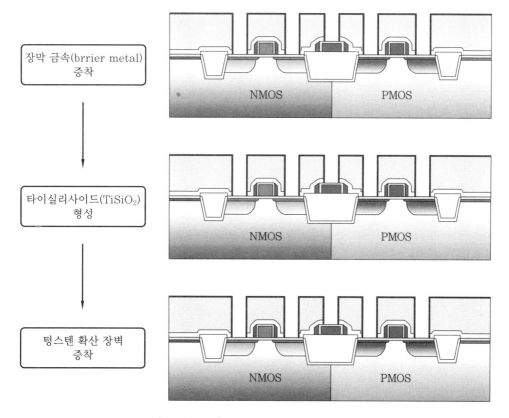

[그림 1-38] 배리어 메탈 증착 공정도

⑥ 컨텍 홀 주 금속 채우기와 CMP

㈎ 먼저 장막 금속이 완성되면 이제 주 금속을 CVD 방법으로 여러 번 되풀이하며 홀 안을 채워
나간다.

㈏ 다 채워지면 평평한 면과 홀 모양의 굴곡에서 오는 차이 때문에 단차가 발생되는데, 후에
진행될 금속 배선 공정에서 포토 공정에 어려움을 주기 때문에 평탄화 작업인 CMP 공정
이 다시 수행된다. 이전 PMD는 산화막 CMP이지만 컨텍 홀 평탄화는 금속 CMP 공정이다.

㈐ 이후 세정 공정을 거치면서 컨텍 홀 공정이 완료된다.

[그림 1-39]에 컨텍 홀 주 금속 채우기와 CMP 후 모습이 도시되어 있다.

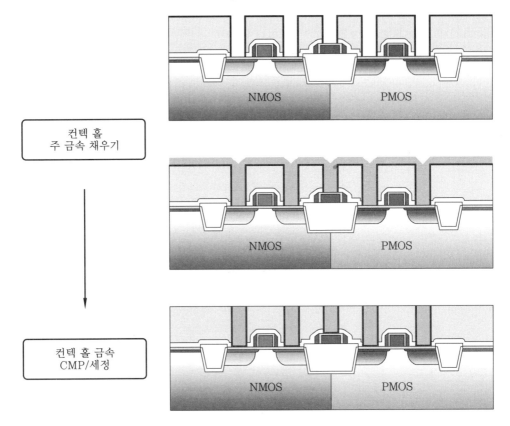

[그림 1-39] 컨텍 홀 주 금속 채우기와 CMP 후 모습

(2) 금속 배선 층 형성 공정

① 금속 배선 공정 개요

㈎ 금속 배선 층의 역할 : CMOS 소자 형성 과정에서는 다수의 CMOS와 여러 가지 종류의
보조들이 만들어진다. 이 소자들은 서로 조합되어 하나의 응용회로를 구성하고 기능을 수
행하는 프로세서 칩으로 조립되어 완성된다.

CMOS 공정 중에서 이런 다른 소자들의 연결, CMOS 간의 연결을 담당하는 것이 금속 배선 층이다.

㈏ 구성 : 기본적으로 기판(body), 소스/드레인, 게이트의 전극이 필요하므로 최소한 3개의 금속 층이 요구된다. 소자 위의 금속 층의 숫자는 칩의 복잡성에 따라 증가하는데, 이는 한 평면상에 배선을 모두 완성할 수 없기 때문이다.

또한 같은 기능과 구조로 설계되며 단지 크기만 작아진 칩을 축소 칩(shrink chip)이라 부르고, 이 칩의 경우 금속 배선 층은 증가한다.

[그림 1-40]에 금속 배선 구조도가 도시되어 있다.

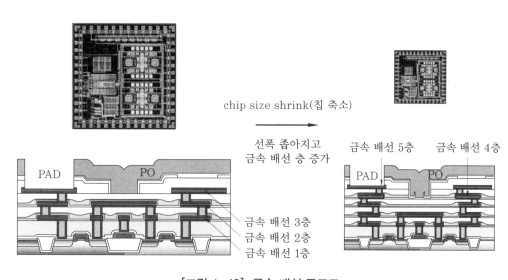

[그림 1-40] 금속 배선 구조도

② 금속 배선 공정 흐름도

㈎ 1단계 금속 배선 공정 흐름도

금속 배선 첫 번째 층을 일반적으로 메탈-1(metal-1)층으로 표기한다.

공정 전체 흐름도를 살펴보면 다음과 같다.

㉮ 우선 컨텍 홀 공정이 완료된 웨이퍼 위에 금속 배선의 주 구조가 되는 질화티타늄-알루미늄-질화티타늄의 금속 막을 스퍼터 장비를 이용하여 증착한다.

먼저 하층 질화티타늄을 50 Å 두께로 증착하고, 그 위에 알루미늄을 6000 Å 두께로, 그 위에 다시 상층 질화티타늄을 50 Å 두께로 증착한다.

이 세 가지 증착은 동일 장비에서 연속적으로 이루어진다.

㉯ 이후 포토 공정의 정상파 효과를 제거하기 위한 질화산화막과 캡(cap) 산화막이 연속적으로 증착된다.

이 산화막들은 알루미늄의 낮은 융점으로 열 산화 방법으로는 증착할 수 없어 온도가 낮은 플라즈마를 이용한 CVD 방법으로 증착한다. 이때 빛의 반사율이 30 % 이하가 되도록 질화산화막과 캡 산화막의 두께와 성분비를 조정한다.

[그림 1-41]에 금속 배선 공정의 1단계(하층 질화티타늄 막 증착~cap 산화막 증착)가 도시되어 있다.

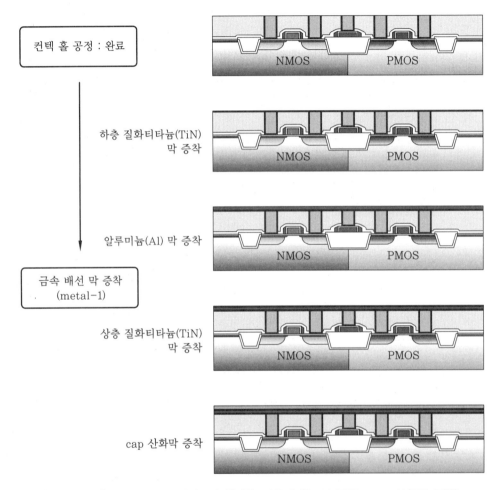

컨텍 홀 공정 : 완료

하층 질화티타늄(TiN) 막 증착

알루미늄(Al) 막 증착

금속 배선 막 증착 (metal-1)

상층 질화티타늄(TiN) 막 증착

cap 산화막 증착

[그림 1-41] 금속 배선 공정의 1단계(하층 질화티타늄 막 증착~cap 산화막 증착)

㈏ 2단계 금속 배선 공정 흐름도

   ㉮ 금속 배선 공정에 소요되는 막의 증착이 완료되면 포토의 일련 공정 감광막 도포, 노광, 현상의 순으로 패턴을 한다.

   ㉯ 이후 금속 배선의 기하학적 구조 형성을 위해 플라즈마 건식 식각을 수행한다.

   ㉰ 마지막으로 세정을 실시하며 금속 배선 일 공정(metal-1)을 완료한다.

[그림 1-42]에 금속 배선 공정의 2단계(포토 패턴~식각/세정)가 도시되어 있다.

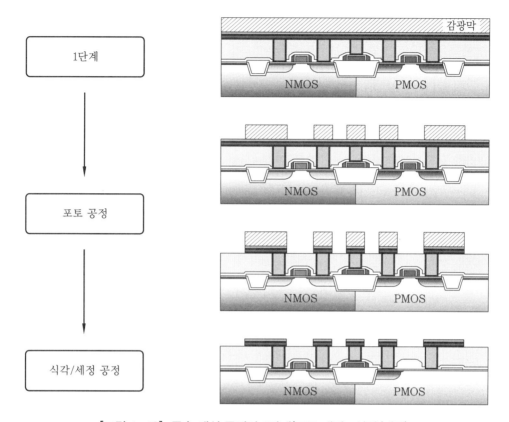

[그림 1-42] 금속 배선 공정의 2단계(포토 패턴~식각/세정)

③ 다마신(damascene) 공정

그동안 반도체 배선 공정에서 값이 싸고 특성이 좋은 알루미늄을 사용하였다.

그러나 반도체 소자의 더 빠른 신호 전달 속도를 얻기 위해 배선물질을 저항이 낮은 구리로 대체하기 시작했다.

구리는 알루미늄보다 더 낮은 비저항값을 가지고 있고 높은 전자 이동(electro-migration, EM) 저항을 갖는다. 낮은 비저항은 빠른 신호 전달을 위해 꼭 필요한 요소이고, 높은 EM 저항은 금속 배선의 신뢰성을 증진시킨다.

여기서 EM 특성이란 금속 원자 내 전자의 흐름이 금속 배선을 타고 이동하다가 금속 원자들을 한쪽 방향으로 밀어내는 현상이며, 이 현상으로 두 배선의 연결 부위에서 전자가 집중되는 현상이 발생되고 심한 경우 금속 배선이 부풀어 오르다가 끊어지게 된다.

이것은 진행성으로 장기간 동작하다 보면 축적이 되어 발생되는 현상으로 소자의 안정성 및 내구성을 표현하는 특성이다.

이런 두 가지 측면에서 구리가 알루미늄보다 우수한 특성을 가지므로 배선물질로써 구리가 유리하다. 구리는 전기적 특성 측면에서는 우수하지만 건식 식각 방법으로 패턴을 형성하기 어렵다는 단점이 있다. 그래서 식각이 아닌 도금 방식을 택하는 다마신 공정 기술이 개발되었다.

다마신 공정(상감기법)은 도자기의 상감 기법과 유사하다.

도자기 제작 시 도자기에 무늬를 새기고 흙을 바른 다음 덮고, 이 흙을 제거하면 무늬가 형성되듯이 다마신 공정 기술도 미리 실리콘 웨이퍼에 패턴을 형성해 놓고, 전해도금법 등을 이용하여 구리를 증착시키고 필요 없는 부분을 CMP 공정으로 제거하여 원하는 금속 배선 층을 형성하는 것이다.

[그림 1-43]에 상감기법과 다마신 기술의 비교를 도식화하였다.

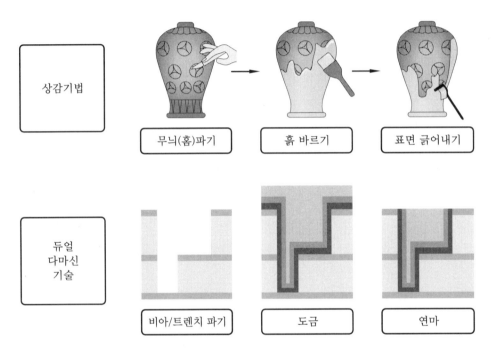

[그림 1-43] 상감기법과 다마신 기술의 비교

(3) 비아(via) 배선막 형성 공정

① 비아(via) 공정 개요

㈎ 역할

비아(via) 관통 홀(hole)은 층간 유전체(inter layer dielectric, ILD)를 통하여 하나의 금속 층으로부터 인접한 금속 사이의 전기적인 통로를 제공하는 관통 홀의 역할을 한다. 비아 홀들은 전도성 금속으로 채워지는데, 컨텍 플러그와 같은 명칭으로 이를 비아 플러그라 부른다. 일반적으로 비아 플러그의 금속으로 텅스텐을 사용한다.

㈏ 비아 플러그 층의 형성 방법

절연막 홀(hole)을 통과하여 하층 금속 배선 층(M1)과 이웃한 상면 금속 배선 층(M2)과의 수직 연결 공정 진행이다. 전체적으로 단위공정들은 컨텍 홀 형성 과정과 유사하다.

(다) 비아 홀(via hole) 층의 형성 시 중요 사항

㉮ 금속 1층(M1)으로부터 식각된 작고 큰 간격(틈)을 완전히 채우는 IMD(inter metal dielectric) 절연 박막(IMD-1) 증착

㉯ IMD-1 위에 평탄화를 위한 IMD-2 산화막 증착

㉰ 포토 공정 시 웨이퍼 내 홀의 사이즈가 균일하도록 도와주는 IMD-2층의 평탄화

㉱ 상층과 하층의 동일 사이즈 원기둥 포토 패턴과 식각

㉲ IMD 층과 홀에 채워질 금속과의 스트레스(stress) 완화

㉳ IMD 층으로부터 불순물 확산 방지막 형성

㉴ 비아 홀을 틈이 없는 원기둥 형태로 채우는 금속 증착

㉵ 비아 홀 형성 후 금속 배선 공정 시 포토 패턴의 균일도 향상을 위한 평탄화

[그림 1-44]에 비아 공정의 전체 흐름도가 도시되어 있다.

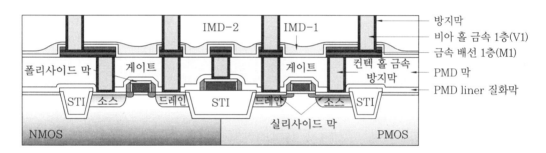

[그림 1-44] 비아 공정의 전체 흐름도

② 비아(via) 공정 세부 흐름도

(가) 1단계 비아(via) 공정 세부 흐름도

㉮ 비아 공정의 1단계는 금속 1층(M1)으로부터 식각된 작고 큰 간격(틈)을 완전히 채우는 IMD(inter metal dielectric) 절연 박막(IMD-1) 증착이다. 이 박막을 증착 시 식각과 증착을 동시에 수행하는 HDP CVD 방법을 이용한다. 그 이유는 금속 배선 간 좁은 틈을 완벽히 채우기 위함이다.

㉯ 이후 IMD-1 위에 평탄화를 위한 IMD-2 산화막 티오스(TEOS) 물질을 이용하여 ECVD 방법으로 증착한다.

㉰ 이후 CMP 공정으로 포토 공정 시 웨이퍼 내 비아 홀의 사이즈가 균일하도록 도와주는 IMD-2층을 평탄화한다.

[그림 1-45]에 1단계 비아 공정도가 도시되어 있다.

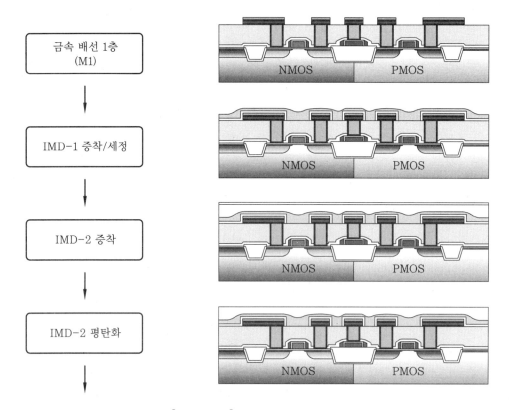

[그림 1-45] 1단계 비아 공정도

(나) 2단계 비아(via) 공정 세부 흐름도

비아 절연 박막 CMP 공정이 완료되면 일반 포토, 식각, 세정 공정의 흐름대로 진행된다.

㉮ CMP 공정이 끝난 웨이퍼 위에 DUV(deep UV) 감광액을 이용하여 두께 $0.97\,\mu m$로 감광막을 도포한다. 감광막 도포가 끝나면 마스크를 이용하여 패턴 노광을 진행하고 현상 공정을 거쳐 식각될 부분의 패턴을 오픈한다.

㉯ 비아 홀 포토 공정이 완료되면 포토의 감광막을 마스크로 하여 RIE 플라즈마 건식 식각으로 IMD 산화막을 식각한다.

㉰ 식각이 완료되면 감광막과 폴리머를 제거하기 위하여 플라즈마를 이용하여 에시(ash) 건식 세정을 실시하고, 피나라 황산 계열 습식 세정을 한 다음 이소프로필 알콜(IPA)로 린스(rinse)한다.

이후 다시 한 번 에시 세정을 실시한다.

[그림 1-46]에 2단계 비아 공정도가 도시되어 있다.

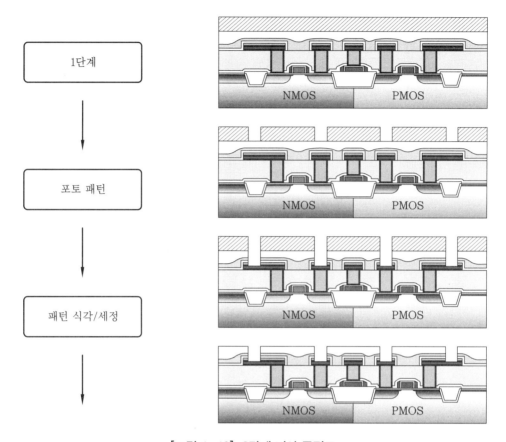

[그림 1-46] 2단계 비아 공정도

㈐ 3단계 비아(via) 공정 세부 흐름도

식각 세정 공정이 완료되면 홀을 금속으로 채우는 공정이 시작되는데 마치 모양이 전기 플러그와 같다 하여 꽉 찬 홀 기둥을 비아 플러그(plug)라 칭하고, 이 홀을 채우는 공정을 비아 플러그 필(fill)한다고 표현한다.

㉠ 플러그 필을 하기 전에 주 금속과 IMD 산화막과의 스트레스 완화 문제, IMD 산화막과 금속과의 직접 반응을 막기 위해 완충과 방어벽 역할을 수행하는 장막벽을 형성한다. 이 장막 금속 벽을 배리어 메탈(barrier metal)이라 부른다. 주 금속을 채우기 전 얇은 두께로 증착한다. 장막 금속(brrier metal) 증착은 타이타늄(Ti) 금속을 재료로 두께 50 Å, 타이타늄질화막(TiN)을 100 Å 정도가 되도록 이온화된 금속 플라즈마 IMP PVD 방법으로 증착한다.

㉡ 이제 장막 금속이 완성되면 주 금속을 CVD 방법으로 여러 번 되풀이하며 비아 홀 (W-plug) 안을 채워간다.

㉢ 비아 홀이 다 채워지면 평평한 면과 홀 모양의 굴곡에서 오는 차이 때문에 단차가 발생

되는데, 이 단차의 문제는 후에 진행될 금속 배선 2층(M2) 공정에서 포토 공정에 어려움을 주기 때문에 평탄화 작업인 텅스텐 CMP 공정이 수행된다.

㉑ 이후 메가소닉 상태에서 불산 세정 공정을 거치면서 비아 홀 공정이 완료된다.

[그림 1-47]에 3단계 비아 공정도가 도시되어 있다.

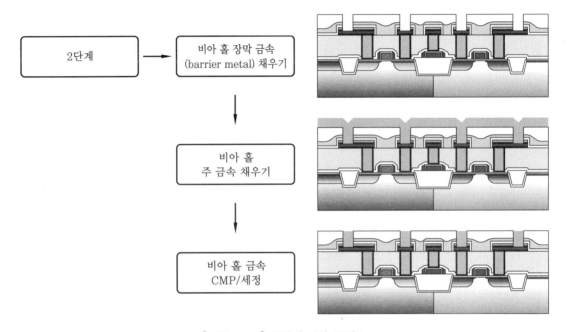

[그림 1-47] 3단계 비아 공정도

3-7　소자 완성 세부 공정

(1) 배선층 적층

① 다층 금속 배선(M2~M4)과 비아 배선(V2~V4) 공정

　㉮ 특징 : 금속 배선 2층부터 4층(M2~M4)까지의 공정과 비아 2층부터 4층(V2~V4)까지의 관통 홀 공정은 동일하다. 단지 다른 점은 배선 층의 경우 선폭이, 관통 홀의 경우 홀의 지름이 상층으로 갈수록 커진다는 것이다. 그러나 최근 스텍 비아(stack via) 구조 때문에 최소 디자인 사이즈는 동일하다.

　㉯ 최상층 금속(top metal, M5)과 하층(M1, M2, M3, M4) 금속의 차이점 : 알루미늄의 선폭이 크고 두께가 두껍다. 그 이유는 패드(pad)로 사용될 영역이 충분한 두께를 가져야만 소자 테스트 시 프로버(prober)의 컨텍 깊이를 보조할 수 있으며, 조립 시 와이어와 본딩(bonding) 접착력을 유지하기 때문이다.

충분하지 않을 경우 잡아당김(full) 테스터에서 알루미늄이 떨어져 나가는 결함을 보이고, 소자의 재생을 위한 퓨즈(fuse) 끊기 공정을 위해 금속 배선 4층(M4)에 부가 패턴이 생성된다.

[그림 1-48]에 금속 배선 2층부터 4층(M2~M4)까지의 공정과 비아 2층부터 4층(V2~V4)까지의 공정 모습을 보여주고 있다.

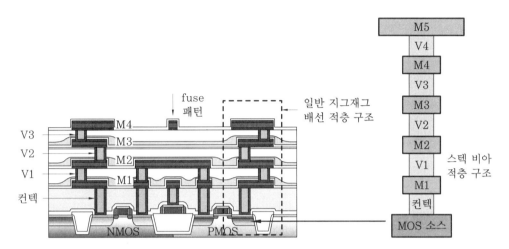

[그림 1-48] 다층 금속 배선(M2~M4), 비아(V2~V4)까지의 공정 모습

② 최상층(M5) 금속 배선막 형성 공정 흐름도

금속 배선의 마지막 상층(M5)의 공정 전체 흐름도를 살펴보면 다음과 같다.

㉮ 비아 관통 홀 4층(V4) 공정이 완료된 웨이퍼 위에 금속 배선의 주 구조가 되는 질화티타늄-알루미늄-질화티타늄의 금속 막을 스퍼터 장비를 이용하여 증착한다.

먼저 하층 질화티타늄을 50 Å 두께로 증착하고, 그 위에 알루미늄을 12000 Å 두께로, 그 위에 다시 상층 질화티타늄을 50 Å 두께로 증착한다. 이 세 가지 증착은 동일 장비에서 연속적으로 이루어진다.

㉯ 금속 배선 막 공정이 완료되면 포토 공정이 시작된다. 먼저 감광막을 1.5 µm의 두께로 도포한다. 다른 금속 배선 층의 감광막보다 두꺼운 이유는 최상층 금속 배선의 박막 두께가 다른 금속 배선 층보다 2배 이상 두껍기 때문이다. 이후 노광과 현상을 진행하여 패턴을 완성한다.

㉰ 포토 공정이 완료되면 감광막을 마스크로 하여 금속 배선의 기하학적 구조 형성을 위해 플라즈마 건식 식각을 수행한다.

㉱ 마지막으로 증기(vapor) HF 세정, 금속 에싱 세정, 용매(solvent) 세정 순으로 세정을 실시하며 최상층 금속 배선(M5) 공정을 완료한다.

[그림 1-49]에 최상층 금속 배선(M5) 공정 흐름도가 도시되어 있다.

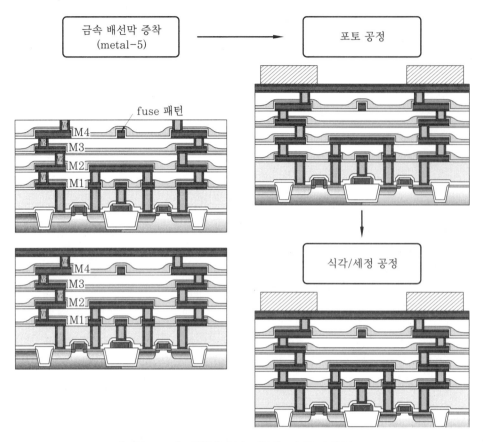

[그림 1-49] 최상층 금속 배선(M5) 공정 흐름도

③ CMOS 금속 배선 층 배선 설계도

CMOS의 칩 설계 배선도를 살펴보면 다음과 같다.

㈎ NMOS 소스는 컨텍, M1, V1, M2, V2, M3, V3, M4, V4를 거쳐 M5 그라운드(ground)
    패드에 연결되고, PMOS 소스는 파워 공급(power supply) 패드에 연결된다. [그림 1-50]
    에서 V2, M3, V3, M4, V4들은 패드 메탈과 동 위치에서 수직으로 연결되어 있다.

㈏ 드레인은 컨텍, M1, V1, M2, V2, M3 배선라인을 거치고 V3, M4, V4 패드를 거쳐 M5
    출력(output) 패드에 최종 연결된다. 드레인 또한 [그림 1-50]에서 V3, M4, V4들은 패드
    메탈과 동 위치에서 수직으로 연결되어 있다.

㈐ 보디 전극 역할을 하는 픽업 패턴은 각기 NMOS, PMOS 소스와 M2에서 연결되어 같은
    경로로 M) 패드에 각각 연결된다.

㈑ 게이트는 컨텍, M1, V1, M2, V2, M3 배선라인을 거치고 V3, M4, V4패드를 거쳐 M5
    입력(input) 패드에 연결된다. [그림 1-50]에서 V3, M4, V4들은 패드 메탈과 동 위치에
    서 수직으로 연결되어 있다.

[그림 1-50]에 CMOS 금속 배선 층 설계도면이 도시되어 있다.

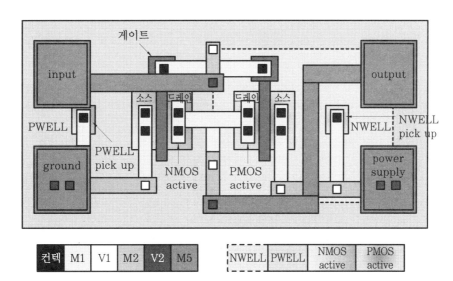

컨텍	M1	V1	M2	V2	M5

NWELL	PWELL	NMOS active	PMOS active

[그림 1-50] CMOS 금속 배선 층 설계도면

(2) CMOS P/O 배선 설계도

CMOS의 칩의 passivation overcoat(P/O) 층의 형성 설계 배선도를 살펴보면 M5 배선 설계도에서 그라운드(ground) 패드(Vss), 출력(output) 패드, 입력(input) 패드, 파워 공급 패드(Vcc)를 제외한 모든 영역에 산화막과 질화막이 덮여진다(overcoat). 이 P/O 보호막은 소자가 외부 환경의 손상 요인으로부터 보호하고, 후속 공정인 조립 공정에서 칩을 보호하는 역할을 담당한다. [그림 1-51]에 CMOS P/O 배선 층 설계도면이 도식되어 있다.

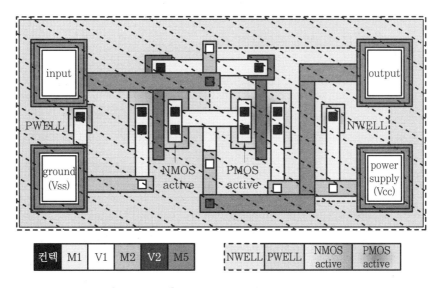

컨텍	M1	V1	M2	V2	M5

NWELL	PWELL	NMOS active	PMOS active

[그림 1-51] CMOS P/O 배선 층 설계도면

(3) 퓨즈 연결 공정과 P/O 공정

① 퓨즈 공정

시작은 최종 금속 배선 M5가 완료된 웨이퍼에 산화막을 증착함으로써 시작된다. 공정 순서는 다음과 같다.

㈎ 산화막은 HDP 장비로 증착한다. 여기서 HDP 장비는 증착과 식각을 동시에 진행하는 기능으로, 깊고 넓은 지역에 증착을 양호하게 해준다.

㈏ 산화막이 증착이 되면 일련의 포토 공정이 이루어진다. 여기서 주의할 점은 P/O 산화막이 매우 두꺼워 충분한 높이의 감광막이 필요하다는 것이다. 따라서 약 $0.25\,\mu m$ 두께로 도포한다. 도포 후 노광, 현상을 거쳐 식각을 위한 마스크 준비를 마친다.

㈐ 퓨즈 포토 패턴이 완성되면 비아 홀 식각과 마찬가지로 감광막을 마스크로 건식 식각을 실시한다.

㈑ 식각 후 금속 에싱과 화학 세정을 연속적으로 진행하여 감광액과 식각 폴리머 입자들을 완전히 제거한다.

㈒ 세정이 끝나면 금속과 실리콘, 산화막의 트랩(trap) 전하, 막들 간 계면 사이의 접합 증진, dangling 결합의 치유를 이해 수소와 질소 가스 분위기 속에서 430℃, 20분 정도 열처리한다.

㈓ 열처리 공정이 완료되면 프로브 패드(probe pad)를 통해 1차 전기테스트를 실시하여 불량 부분을 찾아 데이터를 저장한다.

㈔ 퓨즈 배선 제거를 위해 산화막을 증착한 다음 스크러버로 미립자들을 제거한다.

㈕ 1차 전기테스트 결과 불량 부분의 금속 배선을 찾아 레이저를 이용하여 완전히 제거한다.

㈖ 잔류 금속은 습식 식각으로 세정을 겸하여 완전히 제거한다. 이후 스크러버 세정을 실시한다.

㈗ 세정 공정이 완료된 후 재생 여부를 확인하기 위한 2차 전기테스트가 완료되면 퓨즈 공정이 완료된다.

② P/O 공정

㈎ 퓨즈 공정이 완료되면 최종 보호막(P/O)이 될 질화막을 PECVD 방법으로 10000 Å 두께로 증착한다. 결국 보호막은 산화막 팔천 플러스 질화막만을 합하여 18000 Å 정도의 두께로 형성된다.

㈏ 질화막 증착이 완료되면 포토 공정을 실시한다. 감광막의 두께는 $2.5\,\mu m$ 정도이다. 두꺼운 이유는 두꺼운 보호막을 식각하기에 충분한 두께를 유지해야 하기 때문이다. 이후 노광과 현상을 거쳐 패턴 공정이 완료된다.

㈐ P/O 포토 패턴이 완성되면 감광막을 마스크로 마치 넓은 트렌치 식각과 마찬가지로 건식

식각을 실시한다.

㈑ 식각 후 금속 에싱과 화학 세정을 연속적으로 진행하여 감광액과 식각 폴리머 입자들을 완전히 제거한다.

㈒ 세정이 끝나면 금속과 실리콘, 산화막의 트랩(trap) 전하, 막들 간 계면 사이의 접합 증진, dangling 결합의 치유를 위하여 수소와 질소 가스 분위기 속에서 430℃, 20분 정도 열처리한다.

㈓ 열처리 공정이 완료되면 웨이퍼 레벨 테스트와 조립에 필요한 금속 프로브 패드(probe pad)를 제외하고 모두가 외부로 부터 폐쇄된다.

[그림 1-52]에 퓨즈 연결 공정 흐름도가, [그림 1-53]에 P/O 공정의 흐름도가 도시되어 있다.

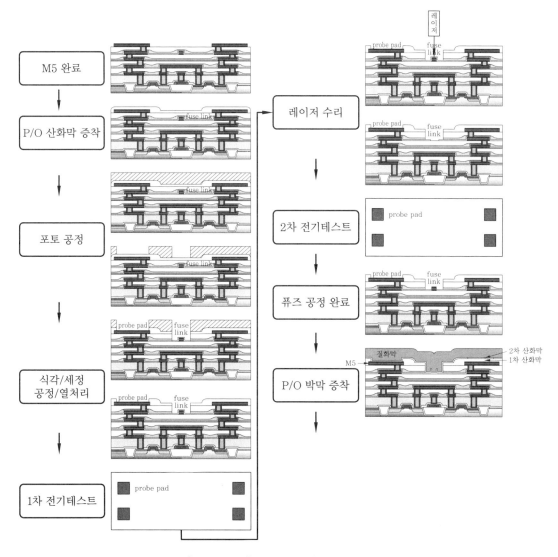

[그림 1-52] 퓨즈 연결 공정 흐름도

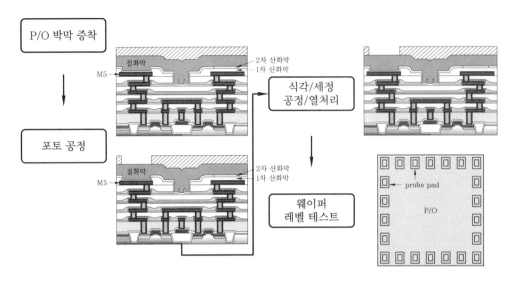

[그림 1-53] P/O 공정 흐름도

기본 평가 항목

1. 전계효과 트랜지스터의 구성 요소와 작동원리에 대하여 설명할 수 있는가?

2. NMOS 전계효과 트랜지스터의 구성 요소와 작동원리에 대하여 설명할 수 있는가?

3. PMOS 전계효과 트랜지스터의 구성 요소와 작동원리에 대하여 설명할 수 있는가?

4. CMOS 전계효과 트랜지스터의 구성 요소에 대하여 설명할 수 있는가?

5. CMOS 인버터(invertor)의 작동 원리에 대하여 설명할 수 있는가?

6. 기판용 실리콘 단결정 성장 과정에 대하여 설명할 수 있는가?

7. 레티클과 마스크의 차이점을 이해하였는가?

8. 마스크 제작 과정에 대하여 설명할 수 있는가?

9. CMOS 인버터 회로를 레이아웃(layout) 할 수 있는가?

10. 산화막(SiO_2) 증착 공정 과정과 질화막(Si_3N_4) 증착 공정 과정을 기술할 수 있는가?

11. 질화막(Si_3N_4)의 용도 및 특성에 대하여 설명할 수 있는가?

12. 트렌치 형성 전체 공정 과정 흐름도를 작성할 수 있는가?

13. STI의 공극을 채우는 방법에 대하여 설명할 수 있는가?

14. 등방성 식각과 이방성 식각의 차이점을 이해하였는가?

15. WELL 이온 주입 목적을 이해하였는가?

16. PWELL 이온 주입 공정 과정과 NWELL 이온 주입 공정 과정 흐름도를 작성할 수 있는가?

17. 결정 손상 부위 열처리 공정에 대하여 설명할 수 있는가?

18. 게이트 형성 사진 공정 과정과 게이트 형성 식각 공정 과정을 기술할 수 있는가?

19. 게이트 형성 전체 공정 과정 흐름도를 작성할 수 있는가?

20. N$^+$ 폴리 열처리를 하는 이유를 이해하였는가?

21. LDD(lightly doped drain)의 역할을 이해하고 LDD 전체 공정 흐름도를 작성할 수 있는가?

22. S/D(source/drain)의 역할을 이해하고 S/D 형성 전체 공정 흐름도를 작성할 수 있는가?

23. 게이트 질화 공간막의 역할을 이해하였는가?

24. 소자 분리된 CMOS 공정 단면도를 도시할 수 있는가?

25. 컨텍 홀(contact hole) 박막 형성 전체 과정 흐름도를 작성할 수 있는가?

26. 살리사이데이션(salicidation)의 목적을 이해하고 살리사이데이션의 형성 공정 과정을 기술할 수 있는가?

27. 컨텍 홀 금속 채우기에서 barrier metal의 역할을 이해하였는가?

28. 컨텍 홀 CMP 공정의 역할을 이해하였는가?

29. 금속 배선 공정의 전체 흐름도를 작성할 수 있는가?

30. 다마신 공정에 대하여 설명할 수 있는가?

31. 비아(via) 공정의 전체 흐름도를 작성할 수 있는가?

32. 스택 비아(stack via)의 필요성과 구조에 대하여 설명할 수 있는가?

33. 다층 배선구조의 필요성을 이해하였는가?

34. 최상층 금속 층과 하위 금속 층간의 기능의 차이를 이해하였는가?

35. P/O(passivation overcoat) 층의 역할을 이해하였는가?

36. CMOS P/O 배선 설계도를 도시할 수 있는가?

37. 퓨즈 연결 공정의 목적을 이해하였는가?

제 2 장
CMOS 단위 공정 최적화

1. 사진(Photo) 공정

2. 식각(Etching) 공정

3. 확산(Diffusion) 공정

4. 평탄화(Planarization) 공정

5. 세정(Cleaning) 공정

6. 이온 주입(Implanting) 공정

7. 박막(Thin Film) 공정

학 / 습 / 목 / 표

- MOSFET 제작 구조 및 작동 원리를 해석하고 설명할 수 있다.
- 사진(photo) 공정, 식각(etching) 공정, 확산(diffusion) 공정, 평탄화(planarization) 공정, 습식/건식 세정(cleaning) 공정, 이온 주입(implanting) 공정, 박막(thin film) 공정의 개념, 변수, 방법에 대하여 설명할 수 있다.
- 공정 개선 요구사항을 확인하여 성능개선을 위한 재료 선택 및 공정 방법을 도출할 수 있다.
- 성능 개선의 요구에 따라 전/후 공정을 고려하여 단위공정을 효율적으로 재구성할 수 있다.
- 공정 최적화를 통해 효율적인 공정을 설계하고 검증할 수 있다.
- 공정의 특성을 객관적으로 평가하여 개발된 공정의 적합성을 판별할 수 있다.

CMOS 단위 공정 최적화

1. 사진(Photo) 공정

1-1 사진 공정의 개요

사진 공정은 반도체 칩을 제조하려 할 때 적층식(lay by layer)으로 회로를 형성하기 위해 필요한 공정이다. 층(layer) 단계마다 필요한 패턴을 마스크(mask)를 이용하여 웨이퍼에 전사하는 공정이고, 마스크 상에 그려진 패턴을 실제 웨이퍼(wafer) 상에서 도포(coating), 노광(exposure), 현상(develop) 공정을 통하여 원하는 모양, 크기, 정렬 자리에 구현하는 일련의 공정이다. 이후 식각으로 기하학적 구조를 얻는다.

[그림 2-1]에 포토 공정의 과정도가 도시되어 있다.

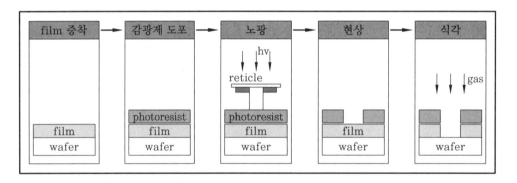

[그림 2-1] 포토 공정의 과정도

1-2 사진 공정 흐름도

[그림 2-2]에 포토 공정 장비 내의 흐름도가 도시되어 있다.

① 웨이퍼가 트랙 안에 들어오면 먼저 감광액과 박막 표면과의 접착력을 증진하기 위한 표면화학 처리가 이루어진다.

② 이후 온도가 높은 곳에서 행하여지는 표면 처리 웨이퍼를 쿨링(cooling)한다.

③ 온도가 실온에 이르면 스핀 코터를 이용하여 감광액을 도포한다.

④ 다음 감광액 속의 화학증기를 날리기 위해 100℃ 근처에서 가벼운 베이크(bake)를 행한다.

⑤ 이후 웨이퍼의 온도를 실온으로 하강시킨 후 스테퍼나 스캐너 같은 노광기에 들어가 노광 과정에 들어간다.

⑥ 노광 과정이 끝나면 다시 트랙 장비로 돌아와 패턴에 발생된 정상파(standing wave) 모양을 열로써 바로 잡는 PEB 작업을 수행하고, 다시 실온으로 하강한 후 현상을 한다.

⑦ 현상된 패턴은 최종적으로 패턴에 잔존하는 모든 용매를 날리는 경화 베이크 공정을 거친다.

⑧ 온도가 실온으로 하강하면 웨이퍼 카세트에 담겨져 다음 공정으로 이동한다. 사진 공정에 사용되는 장비는 노광을 위한 노광 장비(stepper, scannar)와 감광액 도포, 베이크(bake), cooling, 현상 공정을 수행하는 트랙 장비로 구성되며, 이 두 장비는 동떨어진 곳에 배치되지 않고 인라인(in-line)으로 구성되어 사용된다.

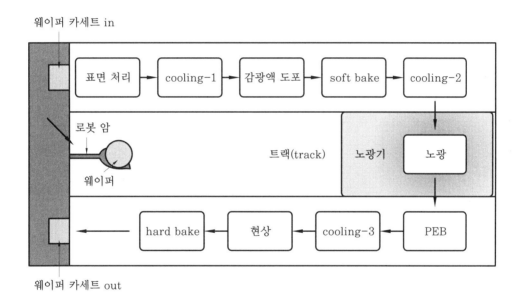

[그림 2-2] 포토 공정 장비 내의 흐름도

1-3   감광막 형성 공정

(1) 웨이퍼 표면처리 공정

① 화학제 : HMDS

② 기판 웨이퍼의 소수성 유지

③ 감광액(photoresist, PR)과 웨이퍼 간의 접착력 증대

④ 플레이트(plate) 온도 : 130℃

(2) 베이크(Bake) 공정

① 액상 감광액의 화학적 열처리 과정

② 소프트 베이크(soft bake), PEB(post exposure bake), 하드 베이크(hard bake)

③ plate 온도 : soft bake(130℃ 이하), PEB(130℃ 이하), hard bake(110~120℃)

④ 소프트 베이크 : PR 성분 중 solvent 제거, 원심력에 의한 stress 완화

⑤ PEB : 정상파(standing wave) 패턴 프로파일 제거 목적

⑥ 하드 베이크 : PR 고형화, 잔여 용매 및 수분 제거

(3) 쿨링(cooling) 공정

① 표면 처리, 3단계의 베이크 공정 후 실온까지 온도 하강

② 후속 공정 진행 시 열적 손상 예방

(4) 감광액 도포 공정

감광액을 웨이퍼 상에 도포하기 위하여 스핀 도포 방법을 사용한다.

이 방법은 감광액을 노즐(nozzle)로 분사하여 웨이퍼에 떨어뜨린 후 스핀 모터의 회전에 따라 웨이퍼 중앙에 분사된 감광액이 원심력에 의해 웨이퍼 가장자리까지 도포되는 방식이다. 도포 후 웨이퍼 가장자리 부와 웨이퍼 후면에 불필요한 감광액이 도포되는데, 이들은 시너 린스(thinner rinse)로 제거한다. 감광액의 도포 두께는 모터 회전수, 감광액의 점성도(cp)에 의존되고, 도포 균일도는 쿨링(cooling) 온도, 감광액 온도, 도포 환경의 배기압, 온도, 습도 등에 의존한다.

[그림 2-3]에 스핀 코우터에 대한 그림이 도시되어 있다.

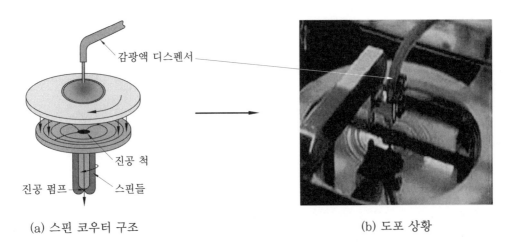

(a) 스핀 코우터 구조   (b) 도포 상황

[그림 2-3] 스핀 코우터의 구조 및 도포 상황

도포 과정을 정리하면 다음과 같다.

① 감광액을 노즐(nozzle)로 분사하여 스핀 모터(spin motor)의 회전수(rpm)를 조정함으로써 감광액의 두께 및 웨이퍼 전체에 감광액 균일 도포 실현

② 웨이퍼 에지(wafer edge)부 및 웨이퍼 후면의 감광액 제거 → thinner rinse 처리

③ 감광액 두께는 모터 회전수, 감광액의 점성도(cp)에 의존

④ 도포 균일도는 cooling 온도, 감광액 온도, 배기압, 온도, 습도 등에 의존

(5) 감광액(photoresist, PR)의 개념

감광액은 사진의 필름과 같은 역할을 한다.

① 구성 요소

고형을 형성하는 다중체, 고형체를 연결하고, 빛을 받으면 반응하는 감응제, 그리고 이런 유기화합물을 함께 녹여 액상을 유지하는 용제이다.

② 원리

빛의 노출에 의해 분자들이 해리되거나 결합되는 것이다. 음성 감광액의 경우는 빛을 받는 부분만 현상액에 용해되고 양성 감광액은 받는 부분만 현상액에 용해되지 않는다.

③ 용도

㈎ 첫 번째는 마스크 패턴을 실리콘 웨이퍼 표면 위에 형성하는 것이다.

㈏ 두 번째는 에칭 및 이온 주입에 대한 보호 장벽으로 쓰이는 것이다.

[그림 2-4]에 감광액의 구성 성분을, [그림 2-5]에 음성과 양성 PR을 도시하였다.

④ 감광액의 4가지 성분의 특성

㈎ 다중체

㉮ 먼저 [그림 2-5]에서 보는 바와 같이 커다란 유기물 분자인 다중체는 흔히 레진(resin)이라 불리며, 다른 물질을 접합하는 접합체의 역할을 수행한다.

㉯ 다중체는 감광액의 부착력, 유연성, 식각 저항력, 열적 흐름의 안전성과 같은 기계적, 화학적 특성을 부여한다.

㉰ 다중체는 빛의 영향을 받지 않는다.

㈏ 감응제(sensitizer)

㉮ 빛에 반응하는 광감성 성분이다.

㉯ 빛 에너지에 따라 광화합 물질로 반응한다.

㈐ 용제

㉮ 웨이퍼 기판에 적용하기 전까지 액상의 상태를 유지하는 일종의 용매 역할을 한다.

㉯ 베이크에 의해 기화되고 감광액의 광화학 반응에 관여하지 않는다.

㈑ 부가 첨가제

㉮ 감광액의 빛의 응답이나 화학적 변형을 제어하기 위해 제조사별로 특별 첨가제
(additives)를 사용한다.

㉯ 반사막으로 사용되는 감광액은 염료가 추가되는데 첨가제 역할의 실례가 될 수 있다.

[그림 2-5]에서 감광액의 두 종류를 볼 수 있는데, 빛에 반응하여 분해되는 종류의 감광액
을 양성(positive) 감광액, 빛을 받으면 화학 결합되는 종류의 감광액을 음성(negative) 감광
액이라 한다. 감광액은 빛의 파장에 따라 각기 다른 화학반응을 보이는데 크게 i-line(365 nm)
영역의 빛에 사용되는 감광액과 깊은 UV 영역(250 nm 이하)에 사용되는 감광액으로 구별된다.

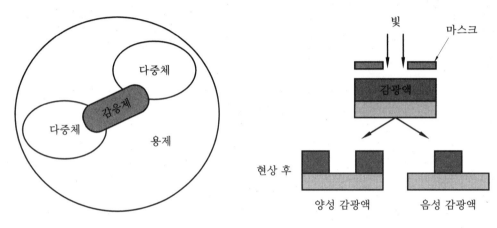

[그림 2-4] 감광액(PR)의 구성 성분   [그림 2-5] 감광액(PR)의 종류

(6) 감광액(photoresist, PR)의 물리적 특성

감광액은 용제와 고형분의 현탁액(suspension)으로 웨이퍼 표면에 스핀 코팅된다. 최종적인
막 두께는 표면장력, 비중, 고형분 함량, 점도 등의 감광액의 특성에 영향을 받는다. 이때 4가지
중 두께 조정 기술은 점도값만 조절할 수 있다.

① 점도

액체가 흐르는 특성의 숫자적 측정값이다. 액체가 흐름에 따라 분자는 서로 이동한다. 우리
가 점도라고 부르는 것은 분자 이동 시 내부 마찰을 의미한다.

② 점도 측정

액체 속으로 물체를 움직이는데 필요한 힘을 재는 것이다. 가장 일반적인 점도계는 토크
(torque) 형태이다. 알려진 크기의 패들(paddle)이나 스핀들(spindle)이 액체 속에서 어떤 속
도로 회전하는 것은 액체 점도의 함수가 된다. 또 점도계는 청결도가 중요하다. 왜냐하면 오
염물이 더 높은 점도값을 나타내기 때문이다. 점도 측정에 대해 말할 때에는 반드시 사용 장비
및 측정 시의 온도를 밝혀야 한다. 다른 장비는 다른 점도값을 내기 때문이다.

③ 점도의 단위

포이즈(poise)가 된다. 1 poise는 1 dyne · sec/cm이다. 감광액의 경우 단위는 보통 센티포

이즈(1/100 poise), 즉 cps로 표기한다.

④ 감광액은 인화성 용제를 함유하고 있다.

　㈎ 특정한 온도에서 불이 붙으면 용제 증기가 발화하는데, 이 온도를 인화점이라고 한다.

　㈏ 보통의 감광액의 인화점은 30℃ 이상이다.

　㈐ 반도체의 다른 약품들처럼 감광액도 여러 가지 청정도가 유지되어야 한다.

　[표 2-1]에 음성과 양성 감광액의 차이점을 정리하였다.

[표 2-1] 음성과 양성 감광액의 차이점

구 분	양성 감광액	음성 감광액
산화막과의 접착도	나쁨	좋음
분해능	$<1\,\mu m$	$2\,\mu m<$
막의 두께	두꺼움	얇음
핀 홀	적음	적음
산소와의 반응	없음	많음
스컴(scum)의 형성	없음	많음
노출허용도(시간)	나쁨	좋음
현상허용도(시간과 온도)	나쁨	좋음

(7) 감광액(photoresist, PR)의 스핀(spin) 도포

스핀 프로세스에서는 보통 소량의 액체 감광액을 기판의 중앙에 떨어뜨린 다음 고속으로 기판을 회전시키는 방법을 사용한다.

① 구심성 가속으로 대부분의 감광액이 웨이퍼의 가장자리까지 퍼져나가게 되면 얇은 막의 감광막이 표면에 코팅된다.

② 최종적인 필름 두께와 기타 특성은 감광액의 속성인 점성, 건조율, 응고율, 표면장력 등과 스핀 공정에서 선택된 매개변수에 따라 달라진다.

③ 스핀 속도, 가속 및 가스 배출과 같은 요인들이 코팅된 감광막의 특성을 정의하는 데 영향을 미친다.

④ 일반적인 스핀 공정 단계

　㈎ 액체 감광액을 웨이퍼 표면에 떨어뜨리는 디스펜스 단계

　㈏ 감광액을 웨이퍼 전면에 퍼지도록 하는 고속 스핀 단계

　㈐ 남아 있는 용제를 감광막에서 제거하기 위한 건조 단계

⑤ 디스펜스에는 정적 디스펜스와 동적 디스펜스의 두 가지가 있다.

　㈎ 정적 디스펜스는 소량의 감광액을 웨이퍼의 중앙부에 떨어뜨리는 것만 수행한다.

　　감광액의 양은 그 점성과 코팅할 기판의 크기에 따라 1~10 cc 정도이다. 점성이 높아질 수록 또는 웨이퍼가 커질수록 고속 스핀 동안 웨이퍼의 전체 면을 커버할 수 있도록 감광 액의 양을 늘려야 한다.

⑷ 동적 디스펜스는 웨이퍼가 저속으로 회전하는 동안 감광액를 도포하는 공정이다. 이 스 텝에서는 보통 약 500 rpm의 속도가 사용되며, 디스펜스 단계 이후 높은 속도로 가속하여 감광액이 원하는 최종 두께로 펴지게 만든다.

　　이 단계에서 일반적인 스핀 속도는 웨이퍼와 감광액의 특성에 따라 1500~6000 rpm 정 도이며, 시간은 10초에서 몇 분 정도 걸릴 수 있다.

⑸ 고속 스핀 단계 이후 감광막을 좀 더 건조시키기 위해 별도의 건조 단계가 추가된다. 이 는 감광막의 안정성을 높이기 위해 취급 전에 긴 건조 시간을 필요로 하는 두꺼운 감광막 에 적합하기 때문이다. 건조 단계를 거치지 않으면 취급 중 스핀 척에서 꺼낼 때 웨이퍼의 측면이 벗겨지는 것과 같은 문제점이 발생할 수 있다.

[그림 2-6]에 스핀 도포의 3단계 모습이 도시되어 있다.

스핀 도포 과정을 간단히 정리하면 다음과 같다.

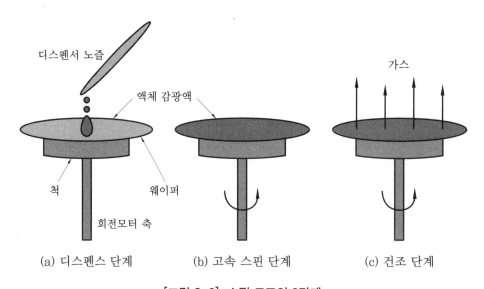

(a) 디스펜스 단계　　　　(b) 고속 스핀 단계　　　　(c) 건조 단계

[그림 2-6] 스핀 도포의 3단계

(8) 감광액(photoresist, PR)의 두께 조정

① 도포 공정 사이클

⑺ 먼저 t_1시간 동안 감광액을 디스펜싱 하고, r_2의 기울기로 가속시켜서 t_2시간 동안 u_2의 속 도로 회전시켜 감광액 내 용매를 날려 보내고, 감광막의 두께를 유지하도록 한다.

⑻ 다음 u_3로 속도를 낮춘 후 t_3시간 동안 에지 비드(edge bead)를 제거하기 위해 용매를 디

스펜싱 하고, 이 용매가 증발되도록 t_4시간 동안 회전시켜서 r_5의 기울기로 회전속도를 낮춘다. 이렇게 하면 도포의 한 사이클이 종료된다.

② 도포 감광막의 두께

[그림 2-7]의 식에서와 같이 감광액의 고형분 함량의 제곱에 비례하고 스핀 모터의 회전수(rpm)의 제곱근에 반비례함을 알 수 있다. 또 스핀 코우터 자신이 갖는 상수값도 두께에 비례함을 알 수 있다. 이 식에 의하면 박막의 두께는 점성이 클수록 두껍고 속도가 빠를수록 얇아진다.

따라서 원하는 감광액의 두께를 얻기 위해서는 감광액의 점성과 스핀 회전수를 적절히 고려하여 공정 레시피(recipe)를 작성해야 한다.

[그림 2-7]에 관련 recipe와 두께 관련 수식이 나타나 있다.

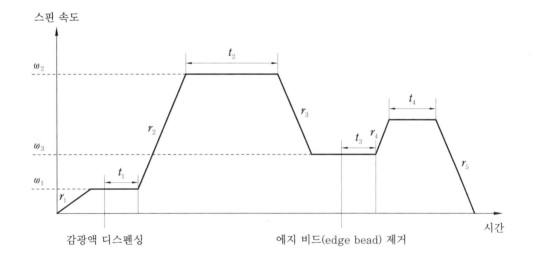

$$t = kS^2/(\text{rpm})^{1/2}$$

t : 감광막 두께
S : 감광막 내의 고형분함량(%)
k : 스핀 코우터 상수
rpm : 스핀 모터 회전 수

[그림 2-7] 스핀 도포 recipe와 두께 관련 수식

1-4 노광 공정

(1) 노광 공정

주어진 해상도에 해당하는 광원(light source)을 사용하여 강하고 균일한 상태로 만드는 여러

광학계를 통해 공정 소자의 전기적 회로가 그려진 마스크 패턴을 투영 렌즈를 통과시켜 감광액이 도포된 웨이퍼 상에 전사시키는 공정이다. 이는 마치 카메라가 사진을 찍는 과정과 동일하다. 단지 다른 점은 필름을 사용하는 대신 감광액이 도포된 웨이퍼를 사용한다는 점이다.

(2) 공정 중요 변수

해상도와 초점 심도이다. 해상도는 어느 파장의 광원을 사용하는지에 따라 달라지고, 초점 심도는 렌즈의 개구수와 파장에 따라 달라진다. 해상도는 짧은 파장을 사용할수록 좋아지고 해상도는 증가한다. 초점 심도는 개구수의 값이 작을수록 커져서 넓어진다. 그러나 파장이 짧아지면 해상도는 좋아지나 초점 심도의 폭이 좁아지는 역관계가 성립된다.

변수 k_1, k_2는 각각 재료와 부수적 광학 교정 수단에 해당하는 변수이며, 전체 해상도와 초점 심도 개선에 미약한 수치이다.

[그림 2-8]에 노광에 대한 개략도가 도시되어 있다.

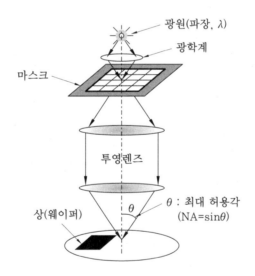

[그림 2-8] 노광에 대한 개략도

공정 중요 변수로 해상도(resolution, R)와 초점 심도(depth of focus, DOF)는 다음과 같은 관계식을 갖는다.

$$R = k_1\lambda/NA, \ DOF = k_2\lambda/(NA)^2$$

여기서 NA(numerical apperture)는 개구수이고 k_1, $k_2\lambda/NA$는 성능 개선 인자(고성능 감광액, 변형조명 등)이다.

1-5　현상 공정

　현상은 마스크 상에 그려진 패턴을 웨이퍼 상에 노광된 상태에서 패턴을 드러내는 공정이다. 사진과 다른 점은 기하학적인 현상이라는 점이다. 사용되는 현상액은 2.38 % TMAH이고, 이 현상액은 대부분 물로 구성되어 있다. 현상 공정은 노즐(nozzle)을 통하여 현상액을 웨이퍼에 분사하고 현상조에서 일정 시간 동안 담가 웨이퍼를 에이징한다. 시간이 경과되면 순수한 물로 세정한다. 현상이 과다할 경우 예상했던 패턴의 모양이 작아지고, 부족할 경우 감광막이 잔류해 패턴끼리 붙어버리는 결과를 초래한다.

　[그림 2-9]에 현상의 3가지 결과를 도시하였다.

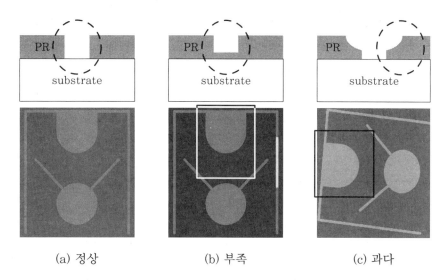

(a) 정상　　　　　(b) 부족　　　　　(c) 과다

[그림 2-9] 현상의 정상, 부족, 과다에 대한 모습

현상 공정을 정리해 보면 다음과 같다.

① 현상액(2.38 % TMAH)을 nozzle로 분사하여 일정 시간 동안 웨이퍼 에이징
- 알카리 용액+순수한 물(deionized water, DI water)
- TMAH(tetra methyl ammonium hydroxide)
  알카리성 물질, WT로 2.38 % 첨가(대부분 H_2O로 구성됨)

② DI water로 현상 후 상면/하면 세정(현상액 온도는 23℃)

③ 공정 중요 변수 : 현상 시간, 온도, 용액 농도

2. 식각(Etching) 공정

2-1 식각 공정 주요 변수

(1) 식각률과 식각 균일도

식각의 공정 변수 중 가장 중요한 변수는 식각률이다. 식각률은 동일한 시간에 얼마만큼의 두께가 식각되었는지의 비율이다. 이 비율의 정확한 수치를 제조 공정별로 소요되는 장비, 가스 등을 고려하여 정확히 진단하고 있어야 한다.

또 하나는 식각의 균일도로, 건식 식각에서 매우 중요한 장비 의존성 변수이다. 플라즈마의 균일성과 공정 장비의 챔버 내 환경의 균일성 유지가 이루어지면 균일도가 좋아지며, 균일도는 웨이퍼 한 장 내에서 표준편차가 작아야 좋지만 더욱 중요한 것은 웨이퍼와 웨이퍼 간의 표준편차가 좋아야 한다. 대개 웨이퍼 내는 9포인트(points)를 측정하며, 웨이퍼 간은 카세트의 상중하 부분의 웨이퍼를 선택하여 측정하고 표준편차를 계산한다. 균일도 문제는 곧 양산에서의 생산성 향상과 직결된다. [표 2-2]에 중요 사항을 정리하였다.

[표 2-2] 식각률과 식각 균일도

변수	정의
식각률 (etch rate, ER)	• 식각 시간 동안 제거된 대상 물질의 두께 • $ER = \dfrac{\Delta d}{t}(\text{Å/min})$ 　t : 식각 시간 　Δd(식각 된 두께) $= d_0$(식각 전 두께) $- d_1$(식각 후 두께)
식각 균일도 (etch uniformity)	• 식각 된 두께 재연성 : 웨이퍼 내, 웨이퍼와 웨이퍼 간 　9 points 정도에서 식각 전, 후의 두께 측정 • 표준편차(standard deviation)로 공정 재연성 판단

(2) 최대-최소 균일도, 선택비

식각의 공정 변수 중 최댓값-최솟값의 균일도는 식각 불균일도의 척도이며, 이 불균일도는 최대 식각률과 최소 식각률의 차를 2배의 평균 식각률로 나눈 값으로 표시된다.

선택비는 다른 물질들 간의 동일한 식각 조건에서 얻어지는 식각률의 비이다. 선택비는 식각 타겟의 식각률을 감광막과 같은 마스크의 식각률로 나눈 값으로 표시된다.

[표 2-3]에 관련 사항을 정리하였다.

[표 2-3] 최대-최소 균일도와 선택비

변 수	정 의
최대 - 최소 균일도 (max-min uniformity)	• 식각 불균일도(non-uniformity, NU)의 척도 • $NU(\%) = \dfrac{E_{max} - E_{min}}{2E_{ave}}$ 　　E_{max} = 최대 식각률(ER) 　　E_{min} = 최소 식각률(ER) 　　E_{ave} = 평균 식각률(ER)
선택비 (selectivity, S)	• 다른 물질들 간의 식각률 차이의 비율 • 패턴되는 식각에서 매우 중요한 변수 • 감광막(photoresist, PR)과 그 물질과의 식각률 비율 　$S = \dfrac{E1(\text{식각 타겟})}{E2(\text{마스크 또는 다른 재료})}$

(3) 식각 프로파일

식각 공정에서 기하학적으로 얻어진 패턴을 모양에 따라 구분하면 먼저 한 방향으로만 식각이 이루어지는 이방성과 원의 방향으로 이루어지는 등방성으로 크게 나누고, 이방성의 경우도 식각 구조 밑으로 갈수록 커지는 태퍼(tapered)형과 타원 구조를 갖는 언더컷(undercut)형, 하단 부분이 발처럼 생긴 풋(foot)형으로 나눈다. 또한 언더컷형도 모양에 따라 역방향 풋형, 역방향 테퍼형, 마치 I자형을 이루는 아이빔(I-beam)형으로 구분할 수 있다.

[그림 2-10]에 관련 형태가 나타나 있다.

(4) 선(line) 마이크로 로딩(micro loading)

식각 공정에서 선과 공간(line/space) 패턴의 마이크로 로딩 효과는 동일 식각 챔버 안에서 넓은 에칭 영역을 갖는 웨이퍼의 식각률(ER)이 상대적으로 좁은 에칭 영역을 갖는 웨이퍼의 식각률과 다른 현상을 보인다.

세미 아이소(semi-iso) 패턴은 조밀한 패턴 간격의 최외각 패턴으로 조밀한 지역의 중심 패턴에 비해 측벽이 부풀어진 태핑(taping) 현상을 보이고, 독립된 패턴(iso pattern)은 양쪽으로 모두 태핑 현상을 보인다.

이처럼 패턴의 조밀도에 따라 식각의 형태가 달라지는 현상을 마이크로 로딩 효과라 부른다. 주로 배치 식각 공정(batch etch process)에 영향을 주며, 단일 웨이퍼의 경우 이 효과를 최소화할 수 있다.

[그림 2-11]에 로딩 효과가 나타나 있다.

변수	정의			
식각 프로파일 (profile)	이방성	등방성	이방성, tapered	이방성, undercut
	이방성, foot	undercut 역방향 foot	undercut 역방향 tapered	undercut I-beam

[그림 2-10] 식각의 여러 가지 형태의 프로파일

변수	정의
마이크로 로딩 (micro-loading, line/space)	• 동일 식각 챔버 안에서 넓은 에칭 영역을 갖는 웨이퍼의 식각률(ER)이 상대적으로 좁은 에칭 영역을 갖는 웨이퍼의 식각률(ER)과 다른 현상 • 주로 배치 식각 공정(batch etch process)에 영향 • 단일 웨이퍼의 경우 이 효과를 최소화 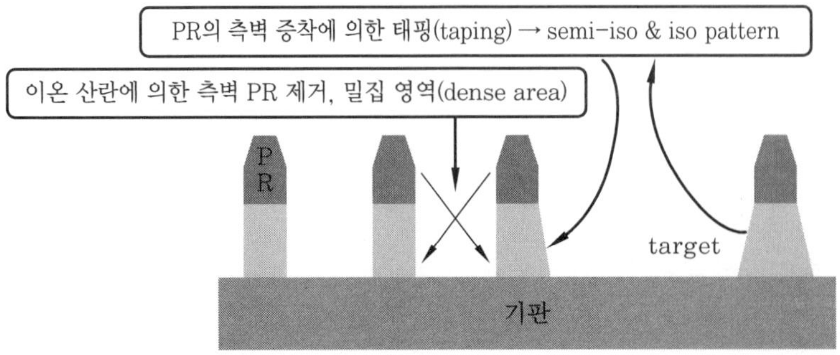

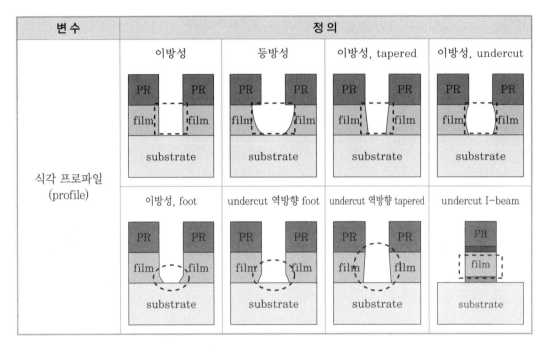

PR의 측벽 증착에 의한 태핑(taping) → semi-iso & iso pattern

이온 산란에 의한 측벽 PR 제거, 밀집 영역(dense area)

target

기판

[그림 2-11] 마이크로 로딩 효과

(5) via hole 마이크로 로딩(micro loading)

식각 공정에서 비아 홀(via hole) 패턴 구조의 마이크로 로딩 효과란 크기가 작은 홀(hole)이 큰 홀에 비해 식각률(ER)이 낮아지는 현상을 말한다. 그 이유는 식각액(etchant)이 좁은 홀을 통과하기가 상대적으로 어렵기 때문이다.

식각 시 생성되는 부산물들이 배출되는 것은 작은 홀이 상대적으로 어렵다.

저압 공정에서 이 효과를 최소화할 수 있고, 평균 자유행로가 길수록 필름과의 반응이 좋으며 부산물 배출이 용이하다.

[그림 2-12]에 via hole의 크기에 따른 로딩 효과 형태가 나타나 있다.

변 수	정 의
마이크로 로딩 micro-loading (via hole)	• 크기가 작은 홀(hole)이 큰 홀(hole)에 비해 식각률(ER)이 낮음 • 식각액(etchant)이 좁은 홀(hole)을 통과하기가 상대적으로 어려움 • 식각 시 생성되는 부산물들이 배출되는 것은 작은 홀(hole)이 상대적으로 어려움 • 저압 공정에서 이 효과를 최소화 • 평균 자유행로가 길수록 필름과의 반응이 좋고 부산물 배출이 용이함 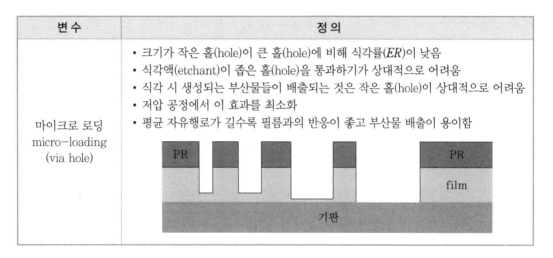

[그림 2-12] 크기가 다른 via hole의 식각에서의 로딩 효과

(6) 과도 식각(over etch)

식각 공정에서 필름 두께와 ER이 웨이퍼 내 또는 웨이퍼와 웨이퍼 간, 롯(lot)과 롯 간 변동이 있다. 이 문제는 충분한 식각 시간으로 제거 대상 필름을 완전히 해야 수율 향상이 된다.

문제를 해결하기 위해 주 식각 시간 이후 여분의 시간으로 식각을 더해주는데 이를 오버 식각이라 한다. 오버 식각은 기판과 필름의 선택비가 중요하다. RIE(reactive ion etching)의 경우 광학적 종말점(optical end-point) 방법을 사용하여 주 식각과 오버 식각의 전환점을 인식할 수 있다.

[그림 2-13]에 과도 식각에 대한 패턴 변화가 나타나 있다.

(7) 잔류물

식각 공정에서 잔류물은 식각에 문제점을 안겨준다. 식각 후 의도하지 않는 이물질이나 잔여 필름이 남아 있게 되면 후 공정에서 마이크로 브릿지(micro-bridge)를 유발하여 단락의 요인으로 작용한다.

이 현상은 부족한 오버 식각과 식각 후 얻어지는 부산물이 주 요인이며. 식각 후 세정 과정이 중요하다. [그림 2-14]에 식각과 세정 후의 잔류물들이 나타나 있다.

변 수	정 의
오버 식각 (over-etching)	• 필름 두께와 식각률(ER)이 웨이퍼 내 또는 웨이퍼와 웨이퍼 간, 롯(lot)과 롯 사이에 변동이 있음 • 충분한 식각 시간으로 제거 대상 필름을 완전히 해야 수율 향상이 됨 • 기판과 필름의 선택비가 중요 • RIE(reactive ion etching)의 경우 광학적 종말점(optical end-point) 방법을 사용하여 주 식각과 오버 식각의 전환점을 인식함 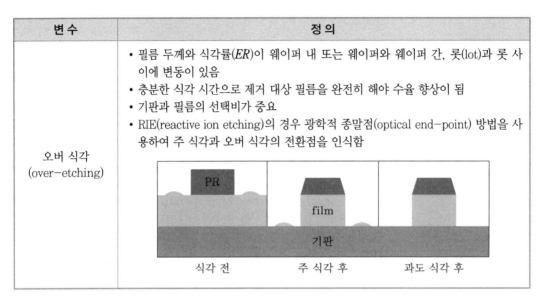

[그림 2-13] 과도 식각에 의한 잔류 막 제거 모습

변 수	정 의
잔류물 (residue)	• 식각 후 의도하지 않는 이물질이나 잔여 필름 • 후 공정에서 마이크로 브릿지(micro-bridge)를 유발하여 단락의 요인으로 작용 • 부족한 오버 식각과 식각 후 얻어지는 부산물이 주 요인

[그림 2-14] 식각과 세정 후의 잔류물

<h2>2-2   식각 공정의 종류</h2>

식각 공정 방식은 크게 화학적인 방식, 이온 반응적인 식각(reactive ion etching, RIE) 방식, 물리적인 방식의 세 가지로 구분된다.

등방성 식각을 원하는 경우는 화학적인 습식 식각 방법을 택하여야 하고, 이방성 식각을 원한다면 이온 반응적인 식각 방식을 사용하면 매우 효율적이다. 물리적인 방식은 전면을 식각하는 경우에 많이 쓰이며 패턴을 식각하는 경우에는 잘 쓰이지 않고 있다.

[표 2-3]에 여러 종류의 식각 방법의 장·단점을 비교하여 나타내었다.

[표 2-3] 식각 공정 방식에서의 차이점

구 분	화학적 방식	리액티브 이온 식각 방식	물리적 방식
보기	습식 식각, 세정	플라즈마 식각	아르곤 스퍼터링
식각률	높음 ~ 낮음	높고 제어 가능	낮음
선택비	매우 양호	적당하고 제어 가능	매우 나쁨
식각 프로파일	등방성	이방성이고 조절 가능	이방성
종말점	시간과 유관 확인	광학	시간

(1) 건식(dry) 식각

① 건식 식각의 개요

건식 식각(dry)은 특정 막과 반응하는 가스를 공정 챔버 안에 공급하고, 그 챔버 안에 전원을 공급하여 플라즈마를 발생시킴으로써 웨이퍼 상에 이미 형성된 마스크 패턴에 따라 특정 지역을 제거하는 방식의 식각을 말한다.

화학용액을 사용하는 습식(wet) 식각과는 달리 대개 공정 재료로 가스, 플라즈마(plasma), 이온 빔을 사용한다. 플라즈마는 가스들을 이온화시키고 다른 라디칼(radical) 종들을 만드는데, 건식 식각이 이들 이온과 라디칼로 식각하는 방법이다. [그림 2-15]에 건식 식각의 3단계 흐름도가 도식되어 있고, 건식 식각 관련 주요 사항을 정리하면 다음과 같다.

㈎ 정의 : 특정 막(film)과 반응하는 가스에 전원을 공급 → 플라즈마 발생 → 이온, 라디칼에 의한 제거할 층 식각

㈏ 식각액(etchant) : 웨이퍼 상의 정해진 지역의 물질을 화학반응을 통해 제거하는 용도로 사용되는 용매적 성격의 물질

㈐ 식각 재료 : 가스, 플라즈마, 이온 빔

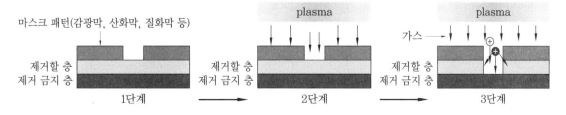

[그림 2-15] 건식 식각 3단계 과정 흐름도

② 건식 식각의 원리

건식 식각의 원리는 다음과 같이 정리할 수 있다.

㈎ 화학적 결합에 관여하는 가스를 공정이 이루어지는 챔버 안으로 유입시켜서 외부에서 인가하는 교류 RF(radio frequency) 전원으로 플라즈마 상태를 공정 챔버 안에 발생시킨다.

㈏ 플라즈마 상태로 유입된 가스는 이온, 라디칼, 전자, 원자 형태로 활성화되어 존재한다. 특히 원자는 충돌에 의해 전자를 잃고 이온이 되며, 또한 전자를 얻어서 다시 원자가 되기도 한다.

㈐ 라디칼들은 주입된 가스들의 상호 화합결합에 의해 생성되는 새로운 분자들이다. 이들 중 라디칼들은 웨이퍼 상에서 화학적 결합으로 식각 부분과 화학적 분해를 일으키고, 이온은 물리적 충돌에 의해 식각 부분의 원자를 떼어낸다.

㈑ 결국 플라즈마 건식 식각은 이 두 원리가 동시에 존재하여 식각 공정이 이루어진다. 이를 이온 반응 식각이라 부르고, 간단히 RIE(reactive ion etch)라 부른다.

㈒ 화학결합 과정에서 생성된 잔류 가스는 진공 펌프에 의해 외부로 배기된다.

[그림 2-16]에 플라즈마 발생 시스템과 플라즈마 구성 요소들의 모습이 도시되어 있다.

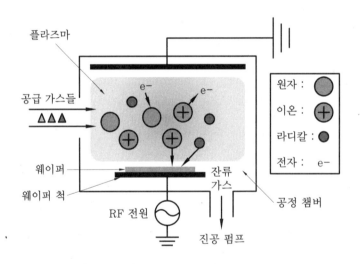

[그림 2-16] 플라즈마 발생 시스템과 플라즈마 구성 요소

③ 실리콘 산화막 건식 식각 과정도

실리콘 산화막을 예로 들어 건식 식각 과정도를 살펴본다.

㈎ 먼저 챔버 안에서 화학결합에 참여할 사불화탄소(CF_4)가스와 열, 전기 등 에너지원이 챔버 안으로 투입된다.

㈏ 1차적으로 화학가스인 사불화탄소가스가 챔버에 유입되면 2차적으로 플라즈마가 켜지고 (on), 전자가 사불화탄소와 결합하여 삼불화탄소(CF_3)와 불소로 분리된다.

㈐ 분리된 이들을 식각 소스라 부르고, 이는 표면으로 확산해 간다.

㈑ 표면 가까이 확산이 이루어지면 표면이 이들을 흡착하여 반응한다.

㈒ 이온과 라디칼에 의해서 실리콘 산화막이 실리콘과 산소들로 분해된다.

㈓ 실리콘은 4개의 불소와 결합하여 휘발성 가스인 사불화규소(SiF_4)가 된다.

㈔ 산소가 탄소들과 결합하여 일산화탄소(CO)와 이산화탄소(CO_2)가스가 발생된다.

㈕ 발생된 사불화규소와 일산화탄소, 이산화탄소를 부산물이라 부르고, 이들은 챔버로 확산
되다가 진공배기 쪽으로 이동하여 밖으로 배기되면 실리콘 산화막의 건식 식각 공정이 완
료된다.

[그림 2-17]에 플라즈마 챔버 안에서의 실리콘 산화막 건식 식각 시 반응에 대한 과정도를
표현하고 있다.

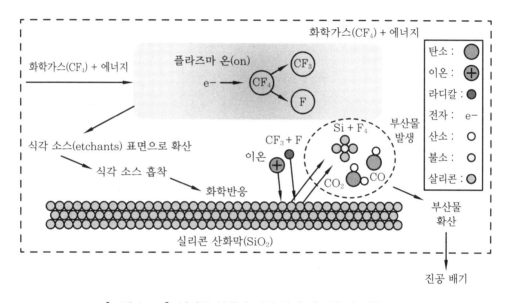

[그림 2-17] 실리콘 산화막 건식 식각 시 반응에 대한 과정

(2) 습식(wet) 식각

① 습식 식각의 개요

습식 식각 공정의 특성은 순수 화학반응에 의한 공정이라는 것이다. 플라즈마를 이용한 건
식 식각보다 대형화가 가능하고, 많은 양의 웨이퍼를 동시에 처리할 수 있으며, 높은 선택비
(high selectivity)를 가지고 있어서 선택된 부분만 식각할 수 있는 장점이 있다.

그러나 이방성(isotropic) 식각 프로파일 때문에 원하는 방향으로의 식각이 어렵고, 적용 범
위는 사이즈가 큰 디스플레이(display) 공정과 IC 반도체 공정에서 패턴 사이즈가 $3\,\mu$m 이상
의 식각 공정에 폭넓게 사용하고 있다.

CMOS 제조 공정에서는 공정 단계마다 웨이퍼 세정, 웨이퍼 전면 식각, 완충 및 희생, 마스

크 산화막 등을 제거하는 식각, 선택된 금속 등의 식각에 사용하고 있다.

② 습식 식각 주요 공정

㈎ 산화막(SiO₂) : 실리콘 소재가 반도체 시장을 점유하고 있는 이유 중의 하나는 격자 간격이 유사한 실리콘 산화막이 있어서이다. 실리콘 산화막의 식각은 주로 습식 방법으로 수행된다.

[표 2-4]에 습식 식각의 용액, 화학반응 등의 특징을 정리하였다.

[표 2-4] 산화막 습식 식각 특성

물질	식각 특징
산화막 (SiO₂)	• 용액 : 불산(hydrofluoric acid, HF) • 완중 불산(buffer HF, BHF) → 일반적으로 증류수에 희석하여 사용 식각률 조절 수단 • 화학결합 반응식 : $SiO_2 + 6HF \rightarrow H_2SiF_6 + 2H_2O$ • CVD 필름 막질(quality) 조절에 많이 사용 • 금속 위의 산화막을 이중 프로파일이 요구되는 구조의 일차 식각 방법으로 사용

㈏ 단결정 & 다결정 실리콘 : 단결정 실리콘이나 우리가 흔히 폴리 실리콘이라 부르는 다결정 실리콘의 습식 식각은 크게 두 가지 프로파일을 모두 얻을 수 있다.

㈎ 등방성 실리콘 식각 시 용액은 질산(HNO₃)과 불산(HF)의 혼합액을 사용한다.

여기서 질산은 실리콘 산화 역할을 담당하고, 불산은 형성된 산화막을 제거하는 역할을 담당한다. 희석하여 쓰는 용액은 증류수와 아세트산(acetic acid)이다.

㈏ 화학결합 반응은 실리콘, 질산, 불산과 반응하여 불화실리콘 혼합물, 이산화질산, 물로 분해된다.

습식 식각으로 이방성 식각도 가능하다. 이때 용액은 수산화칼륨(KOH), EDP(ethylene diamine + pyrocatechol) 혼합물과 증류수를 희석하는 용액도 사용하며, 유기금속화합물인 TMAH(tetra methyl ammonium hydroxide)도 사용한다.

일반적으로 KOH, TMAH가 주로 사용된다.

중요 사항을 정리하면 [표 2-5]와 같다.

[표 2-5] 단결정, 다결정 실리콘의 습식 식각 특성

물 질	식각 특징
단결정 다결정(poly) 실리콘	• 등방성 실리콘 식각 　용액 : 질산(HNO_3) & 불산(HF) 혼합 　　　　HNO_3 : 실리콘 산화, HF : 형성된 산화막 제거 　　　　희석 : 증류수 or 아세트산 　화학결합 반응식 : $Si + 2HNO_3 + 6HF \rightarrow H_2SiF_6 + 2HNO_2 + 2H_2O$ • 이방성 실리콘 식각 　용액 : KOH 　　　　EDP 혼합물(ethylene diamine + pyrocatechol + 증류수) 　　　　TMAH(tetra methyl ammonium hydroxide) 　KOH, TMAH가 주로 사용됨

㈐ 질화막(Si_3N_4) : 질화막의 패턴 식각에 건식 식각뿐만 아니라 습식 식각도 사용한다. 용액은 고온(150~200℃)의 인산(phosphoric acid, H_3PO_4)을 사용하는데, 산화막과의 선택비가 높아 산화막과 적층된 구조에서 많이 쓰는 습식 식각 기술이다. 일반적으로 패턴이 크고 등방성도 무난한 로코스(LOCOS)과 STI 질화막 제거에 사용된다.

화학결합 반응은 질화막이 인산과 반응하여 인화물과 암모니아로 분해된다. 습식 식각을 이용하여 트렌치 형태의 소자 격리 산화막을 형성할 수 있으며 공정 흐름은 건식 트렌치 식각 과정과 동일하다. 단지 습식 식각을 이용한다는 점과 등방성 형태의 트렌치 프로파일을 갖는다는 것이 다르다. 특징적인 사항을 정리하면 [표 2-6]과 같다.

[표 2-6] 질화막의 습식 식각 특성

물 질	식각 특징
질화막 (Si_3N_4)	• 용액 　고온(150 ~ 200℃)의 인산(phosphoric acid, H_3PO_4) • 산화막과의 선택비가 높음 　로코스(LOCOS) and STI 질화막 제거에 사용 • 화학결합 반응식 : $Si_3N_4 + 4H_3PO_4 \rightarrow Si_3(PO_4)_4 + 4NH_3$ • 습식 식각을 이용한 소자 격리 형성에 사용 silicon — 패드 산화 / 질화막 silicon — 질화막과 산화막 식각 silicon — 실리콘 습식 식각 silicon — 산화막 성장 silicon — 질화막, 패드 산화막 제거

(라) 금속 습식 식각 : 금속의 습식 식각은 부식의 문제가 많아 사용 영역이 많지 않으나 CMOS 공정 및 반도체 소자 제조 과정에서 알루미늄과 티타늄의 식각에 사용된다.

  ㉮ 알루미늄 식각 : 열을 인가(42~45℃)한 강산들의 혼합용액을 사용한다. 주로 사용되는 혼합용액은 인산 : 아세트산 : 질산 : 증류수를 80 : 5 : 5 : 10으로 섞은 용액이다.

   여기서 질산은 알루미늄을 산화하고, 인산은 동시에 산화알루미늄을 분해하며 아세트산은 질산의 산화를 저속 반응으로 조절한다.

  ㉯ 티타늄 식각 : 용액은 과산화수소(H_2O_2)와 황산(H_2SO_4)이 1 : 1 비율로 혼합된 용액을 사용한다. 여기서 과산화수소는 티타늄을 산화시켜 이산화티타늄(TiO_2)을 형성한다. 황산은 이산화티타늄(TiO_2)과 반응하여 분해시키고, 과산화수소는 이산화규소(SiO_2)를 형성하기 위하여 실리콘과 타이실리사이드($TiSi_2$)를 산화시킨다. 그러나 황산은 산화막과 반응하지 않는다.

중요 사항을 정리하면 [표 2-7]과 같다.

[표 2-7] 금속 습식 식각 특성

물 질	식각 특징
알루미늄 (Aluminum, Al)	• 용액 열을 인가(42~45℃)한 혼합용액 사용 예 인산 : 아세트산 : 질산 : 증류수 = 80 : 5 : 5 : 10 • 질산은 알루미늄을 산화시킴 • 인산은 동시에 산화알루미늄을 분해시킴 • 아세트산은 질산의 산화를 저속 반응으로 조절
티타늄 (Titanium, Ti)	• 용액 과산화수소(H_2O_2)와 황산(H_2SO_4)이 1 : 1 비율로 혼합된 용액 사용 • H_2O_2 : 티타늄을 산화시켜 TiO_2를 형성 • H_2SO_4 : TiO_2와 반응하여 분해시킴 • H_2O_2 : SiO_2를 형성하기 위하여 실리콘과 $TiSi_2$를 산화시킴 • H_2SO_4 : SiO_2와 반응하지 않음

  ㉰ 자기 정렬 티타늄실리사이드(self-aligned $TiSi_2$) 형성 : 타이실리사이드, 타이폴리사이드 공정 후 결합되지 않은 영역의 티타늄을 제거하는데 습식 식각을 사용한다. 사용하는 용액은 과산화수소(H_2O_2)와 황산(H_2SO_4)을 1 : 1 비율로 혼합한 용액이다.

   산화막과 질화막은 열처리를 해도 결합되지 않으나 실리콘 표면인 게이트는 타이폴리사이드, 소스, 드레인 영역에는 타이실리사이드가 형성된다. 열처리가 끝나고 과산화수소와 황산의 혼합용액으로 잔류 티타늄을 습식 식각 방법으로 간단히 제거할 수 있다.

   [그림 2-18]에 자기정렬 실리사이드 공정 흐름도가 도식되어 있다.

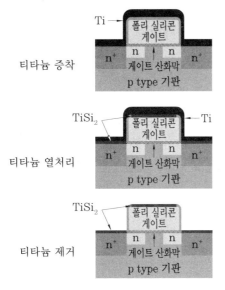

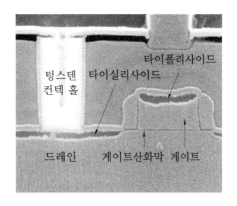

(a) 자기정렬 실리사이드 공정 흐름도   (b) 실제 웨이퍼의 SEM 단면도

[그림 2-18] 자기정렬 실리사이드 공정 흐름도와 실제 웨이퍼의 SEM 단면도

3. 확산(Diffusion) 공정

3-1   확산 공정의 개요

① 확산

하나의 물질이 다른 물질을 통하여 이동되는 현상을 말한다.

② 확산 조건

확산이 이루어지기 위해서는 농도의 차이가 필수적이다. 상대적으로 낮은 농도가 있는 곳으로 높은 곳의 원자, 분자, 이온의 이동이 발생된다.

③ 반도체 공정에서 확산

고온에서 이루어지는 확산이며, 실리콘 결정격자에 의도적으로 주입된 불순물을 이동시키는 공정이다. 이 공정은 기체, 액체, 고체 상태에서 모두 가능하다. 일반적으로 용어의 정의에서 실리콘에 주입되는 모든 다른 원자들을 불순물이라 명칭한다.

④ 불순물의 두 가지 형태

㈎ 첫 번째는 n-type과 p-type, 또는 농도의 증가를 위해 의도적으로 주입되는 불순물 원자

인데, 이것을 도펀트(dopant)라고 부른다.

㈏ 반면 의도하지 않은 공정 과정에서 발생되는 불순물 원자가 있는데, 이것을 오염원자 (contaminants)라 하고, 두 원자를 통칭하여 불순물(impurity)이라 부른다.

(1) 확산의 원리

고체 상태의 불순물 확산은 전 증착(pre-deposition), 구동(drive-in), 활성화(activation) 순서의 3단계 과정으로 이루어진다.

관련 모습이 [그림 2-19]에 열적인 확산 방법과 이온 주입 방법에 의한 전 증착과 구동 단계가 도시되어 있다. [그림 2-19]에서 보는 바와 같이 열 확산의 경우 등방성(isotropic) 확산 공정으로 수직(vertical) 방향뿐만 아니라 측면(lateral) 방향으로도 확산이 일어난다. 이때 측면 침투 (lateral penetration)는 수직 침투(vertical penetration)의 75~85 % 정도에 달한다.

① 전 증착 단계

웨이퍼는 고온 확산로(furnace)에 적재되고 불순물 원자들이 확산로로 유입된다. 이때 반응 확산로의 온도는 800~1100℃로 유지되고 30분 정도 확산이 이루어진다. 불순물은 실리콘 격자들 사이로 얇은 층을 침투하고 표면에서의 농도는 일정하게 유지된다. 불순물 원자들이 실리콘 격자 속으로의 확산을 방해하기 위하여 표면에 성장된다.

전체적인 확산 공정에서의 농도 기울기는 주입되는 불순물 원자의 수(N)에 의해 결정되는데, 농도 분포는 표면에서 가장 높고 표면에서 멀어질수록 감소하는 기울기를 갖는다. 농도 분포는 4점 프로브 측정 방법(four-probe method)으로 확인할 수 있다.

② 구동 단계와 활성화 단계

증착되는 불순물이 실리콘 결정을 통하여 웨이퍼에 설계된 만큼의 접합 깊이로 이동시키기 위해서 전 증착 단계에서의 온도보다 높은 1000~1200℃의 고온 공정이 사용된다. 고온 환경에서의 웨이퍼 산화는 불순물들의 실리콘 격자 내 불순물 원자의 확산에 영향을 미친다. 인 (phosphorus, P)과 같은 불순물 도펀트(dopant)는 산화막(SiO_2)으로부터 멀어지는 반면, 붕소(boron, B)와 같은 도펀트는 성장 산화층으로 이동하는 경향을 나타낸다. 이는 원자마다 분결계수(segregation coefficient) 값이 다르기 때문이다.

대체적으로 무거운 원자가 가벼운 원자보다 이동성, 즉 분결되는 확률이 낮다. 이런 메카니즘으로 표면에서 농도의 재분배가 이루어진다. 활성화 단계에서 반응로의 온도는 도펀트 원자가 실리콘 격자 구조에서 실리콘 원자와 결합을 위해 좀 더 높은 온도에서 수행된다. 주입된 도펀트 원자가 열에너지에 의해 실리콘 원자와의 치환 자리(substitutional site)로 이동하여 전기적으로 활성화된다.

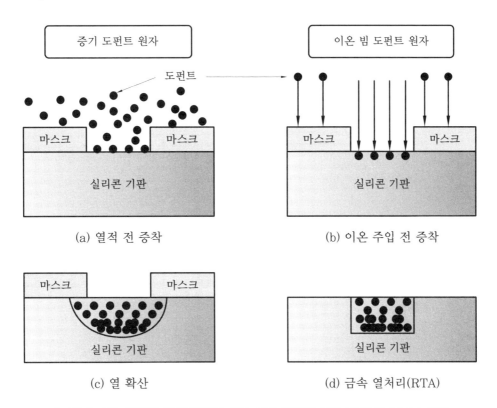

증기 도펀트 원자

이온 빔 도펀트 원자

도펀트

마스크   마스크

실리콘 기판

(a) 열적 전 증착

마스크   마스크

실리콘 기판

(b) 이온 주입 전 증착

마스크   마스크

실리콘 기판

(c) 열 확산

실리콘 기판

(d) 금속 열처리(RTA)

[그림 2-19] 열적인 확산 방법과 이온 주입 방법에 의한 전 증착과 구동 단계

(2) 도펀트 이동

① 이동 방법

웨이퍼 내에서 불순물 원자들의 이동 방법은 공공 침입형(interstitial type)과 치환형(substitutional type)의 두 가지 형태가 있다.

㉮ 금(Au), 구리(Cu), 니켈(Ni)과 같이 확산도가 높은 불순물은 실리콘 격자의 정규 결정 위치 사이에서 틈새 공간 사이로 이동한다. 그러나 전도에 기여하는 비소(As)나 인(P)과 같이 일반적인 도펀트들은 실리콘 원자가 비어 있는 위치에 원자를 채운다. 전자를 공공 침입형, 후자를 치환형이라 부른다.

[그림 2-20]에 이동 방법에 대한 모식도가 나타나 있다.

㉯ 여기서 빈 자리(vacancy)의 개념은 실리콘 격자 구조에서 [그림 2-20] (a)와 같이 완벽한 주기적 배열을 하지 못하고, 즉 완전한 4-4 공유 결합을 하지 못하고 실리콘 원자 하나가 결합되지 않는 자리를 의미한다.

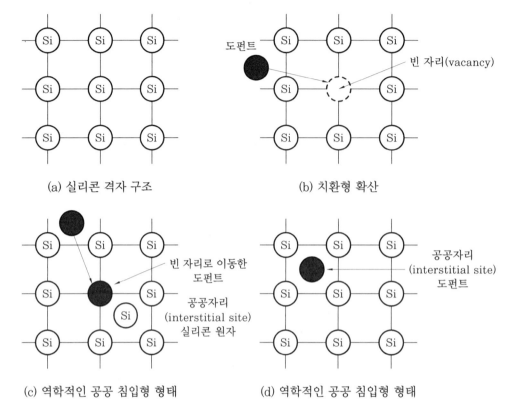

(a) 실리콘 격자 구조   (b) 치환형 확산

(c) 역학적인 공공 침입형 형태   (d) 역학적인 공공 침입형 형태

[그림 2-20] 실리콘 격자 내에서의 도펀트 확산 형태

(3) 확산 방정식

실리콘 웨이퍼에서 도펀트가 이동하는 비율(속도)은 확산도에 의해서 결정된다.

만일 단위시간에 단위 영역을 통하여 움직이는 도펀트 원자의 수를 F, 단위부피당 도펀트의 농도를 C, 확산 거리를 x, 원자마다의 확산 계수를 D라 할 때 다음 기본 방정식을 만족한다.

$$F = -D(\partial C/\partial x)$$

F는 농도의 기울기($\partial C/\partial x$)에 비례하고, dopant 원자는 고농도 지역으로부터 저농도 지역으로 움직일(확산될) 것이다. 실리콘 격자 내에서 불순물들의 확산 계수, 또는 확산도(D)는 흔히 실리콘 소자 공정에 쓰는 도펀트에 대해 [표 2-8]에 정리하였다. 확산 계수는 다음과 같은 관계식을 따른다.

$$D = D_0 \exp(-E_a/kT)$$

여기서 D_0는 외삽된 온도 범위까지에서 얻어진 cm^2/s 단위의 확산 계수이고, E_a는 eV 단위의 활성화에너지이다.

침입형 확산 모델에서 도펀트 원자가 하나의 침입형 자리에서 다른 자리로 이동하는데 필요한 에너지인 E_a의 값은 실리콘(Si)과 갈륨비소(GaAs)에서는 0.5~2 eV 사이에서 얻어지며, 공공형 확산 모델의 경우 E_a는 공공의 이동에너지와 공공형성에너지 모두와 관련이 있고, 실리콘(Si)과 갈륨비소(GaAs)에서는 3~5 eV 사이에서 얻어진다.

[표 2-8] 실리콘 소자 공정에 쓰이는 주요 원자의 확산도

도펀트	확산도(10^{12} cm²/s at 1200℃)
붕소(boron, B)	~1
인(phosphorus, P)	~1
비소(arsenic, As)	~10
안티몬(antimon, Sb)	~10

(4) 확산분포

도펀트 원자의 확산 분포는 초기 조건과 경계 조건에 따라 변화한다. 일정한 표면 농도 확산(constant surface concentration)에서는 불순물 원자가 기체 소스로부터 반도체 표면에 공급되고, 다음 단계에 웨이퍼 내로 확산된다.

기체 소스는 전체 확산 기간 동안 일정한 표면 농도를 유지한다. 일정한 전체 도펀트 확산(constant total dopant)의 경우에는 일정한 양의 도펀트가 반도체 표면에 증착되고, 다음 단계에 웨이퍼 내로 확산된다.

관련 식은 다음과 같고 [그림 2-21]에 시간에 따른 도펀트의 침투 길이 관계도가 도시되어 있다. 시간에 따라 불순물은 더 깊게 침투한다.

$$C(x,t) = C_s \text{erfc}(x/D_t^{1/2})$$

여기서 C는 전체 농도, C_s는 표면 농도, x는 침투 깊이, D_t는 시간에 따른 확산도, erfc는 보오차 함수(complementary error function)이다.

또한 확산 분포는 표면에 일정하게 공급되는 도펀트와 표면에 유한 양을 가진 도펀트에 따라 시간에 대한 확산분포가 다르게 나타난다.

일정 도펀트(constant source)는 시간에 따라 표면 농도에는 변화가 없이 침투 깊이가 증가하는 반면 유한한 도펀트(finite source)는 시간에 따라 표면 농도는 감소하고 침투 깊이가 증가한다. 즉 시간이 경과하면서 표면의 도펀트가 안쪽으로 계속 확산되어 이동함을 의미한다.

[그림 2-22]에 관계 그래프가 도시되어 있다.

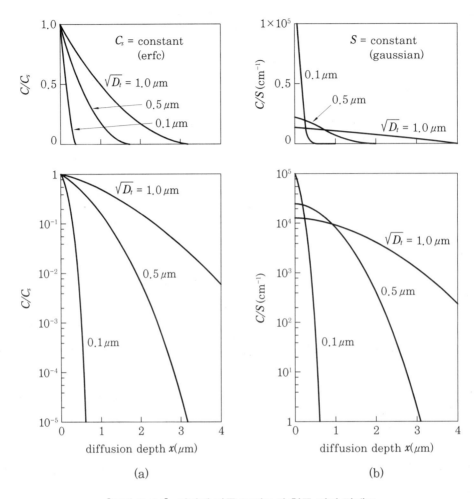

[그림 2-21] 시간에 따른 도펀트의 침투 깊이 관계도

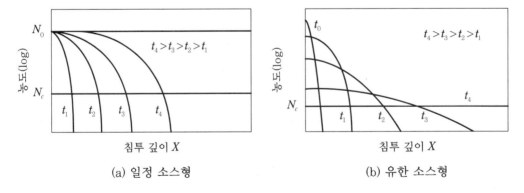

[그림 2-22] 일정 소스형과 유한 소스형의 시간에 따른 침투 깊이 비교

(5) 확산 공정 평가

① 면 저항(sheet resistance)

확산층의 저항은 4점 프로브(four point probe)를 이용하여 측정한다.

[그림 2-23]에 측정 방법이 도시되어 있다. 바깥쪽 두 프로브(probe)로 전류 I가 흐르고, 안쪽 두 프로브에서 전압 V를 측정한다.

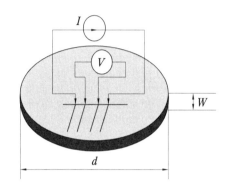

[그림 2-23] 4점 프로브 면 저항 측정 방법

직경 d에 비하여 매우 작은 값의 두께 W를 가지는 반도체의 저항(ρ)은 다음 관계식과 같다. 여기서 C는 보정 인자로 d/s의 비에 따라 다르다. $d/s > 20$일 때 보정 인자는 4.54로 접근한다.

$$\rho = WC(V/I)\ \Omega\text{-cm}$$

결국 면 저항(R_s)은 접합 깊이(x), 캐리어 이동도(총 불순물의 농도 함수), 불순물 분포($C(x)$)로 계산되며 식은 다음과 같다. 여기서 μ는 전자나 홀의 이동도이다.

$$R_s = 1/q\left(\int \mu C(x)\right)dx$$

주어진 확산분포에서의 평균저항($\rho_{평균}=R_s x$)은 표면 농도(C_s)와 추정확산분포에서의 기판의 도핑 농도와 관련이 있다. C_s와 관련된 설계 커브(curve)는 erfc나 가우시안 분포 같은 간단한 확산분포에 대해 계산된다. 이 curve를 바르게 사용하기 위해서는 확산분포와 추정분포가 일치하는지 반드시 확인해야 한다.

저농도/깊은 확산(deep diffusion)에 대하여는 확산분포를 앞서 언급한 간단한 함수에 의해 일반적으로 나타낼 수 있지만 고농도/얇은 확산(shallow diffusion)은 확산분포를 간단한 함수로 나타낼 수 없다.

② 확산분포(diffusion profile)

정전용량(capacitance)-전압(voltage) 기법으로 측정할 수 있다.

측정 후 계산식은 다음과 같다. 여기서 q는 전하량, ε은 반도체의 유전률, C는 정전용량이다.

$$N = 2/q\varepsilon[-1/\{d(1/C^2)/dV\}]$$

불순물이 전부 이온화되어 불순물 분포가 다수 운반자(majority carrier) 분포와 같고 이것은 p-n 정션(junction) 또는 schottky 장벽 다이오드의 역전압 정전용량을 측정함으로써 결정된다.

이차 이온 질량 분석(secondary ion mass spectroscopy, SIMS)은 정확한 확산분포를 측정할 수 있다. 이온 빔(ion beam)이 반도체 표면으로부터 물질들이 튀어나오게 하고, 그 이온 성분이 검출되어 질량이 분석된다. 붕소(B)나 비소(As)와 같은 많은 원소에 대하여 높은 감도를 가지고 측정할 수 있다. 고농도나 얇은 확산의 분포를 정확하게 측정할 수 있는 검사 장비이다.

3-2   산화막(SiO_2)의 용도

이온 주입은 제2장 6절에서 다루기로 하고 이번 절에서는 열 확산을 이용한 산화막 성장에 대하여 알아보기로 한다.

(1) 표면 보호

반도체 제조 공정 중에는 여러 가지 의도하지 않는 오염이 발생되는데, 그중 불순물(impurity)에 의해 실리콘의 비저항 또는 전도율이 변화하여 소자의 특성을 떨어뜨리는 경우가 있다. 산화막이 이 불순물들을 방지하여 소자의 전기적 특성을 보호하며 먼지, 긁힘, 오염 물질로부터 실리콘 표면의 오염을 방지한다. 메카니즘은 산화막이 웨이퍼 안쪽으로 성장하여 산화막 표면의 오염 물질을 산화막에 의해 차단하는 것이다.

(2) 소자 분리

소자의 크기가 작아지게 되면 소자 분리 영역도 좁아져 기존의 로코스(LOCOS) 기술로는 분리가 불가능하다. 이때 Si를 식각하고 산화막을 채워 소자를 분리한다. 흔히 STI라 불리는 공정 기술을 사용하는데, 트렌치(trench)라는 도랑 안에 채워지는 산화막은 CVD(chemical vapor deposition) 방법으로 증착하며, 산화막 증착 전 트렌치 식각 계면을 안정화시키기 위해 트렌치 측벽에 열 산화막을 형성시킨다. 메카니즘은 산화막으로 채워진 트렌치가 [그림 2-24]에서 보는 바와 같이 소자 1영역과 소자 2영역을 절연하여 전기적으로 연결되지 않도록 분리하는 것이다.

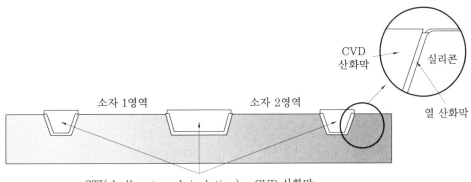

[그림 2-24] 4점 프로브 면 저항 측정 방법

(3) 이온 주입 시 마스크와 유전체

웨이퍼 표면에 산화막으로 패턴을 형성하고 이온 주입법으로 불순물을 주입할 경우 선택적인 영역에 이온을 주입할 수 있다. 또한 유기막 패턴을 형성하고 이온 주입할 경우 이온이 유기막을 통과하는 경우와 대치하여 사용할 수 있다. 메카니즘은 산화막을 마스크처럼 사용하여 선택적 영역에 이온을 주입하는 것이다. [그림 2-25]에 이온 주입 시 마스크 역할을 보여주고 있다.

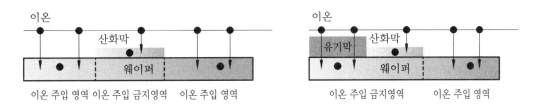

[그림 2-25] 이온 주입 시 산화막의 마스크 역할 모습

산화막은 전기적 기능을 담당하는 유전체의 역할을 한다. 산화막은 수동소자의 하나인 캐패시터 구성 요소인 유전체로써 게이트와 실리콘, 메탈과 메탈 사이에 삽입되어 캐패시터를 구성한다. [그림 2-26]에 캐패시터의 유전체로써의 역할을 보여주고 있다.

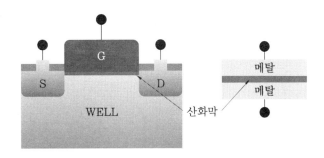

[그림 2-26] 캐패시터의 유전체 역할 모습

(4) 열 산화막 조정 변수

열 산화막 공정의 중요한 변수는 4가지이다.

① 첫 번째는 온도 의존성으로 산화 온도가 증가함에 따라 산화막의 두께가 증가한다. [그림 2-27]에서 보는 바와 같이 습식과 건식 산화 방법 모두 같은 시간을 가지고 산화막을 성장할 경우 산화막의 두께가 900℃보다는 1200℃가 더 두꺼운 막을 형성한다.

② 두 번째는 압력의 의존성으로 동일 온도에서 성장될 경우 [그림 2-28]에서 보는 바와 같이 대기압 상태와 20기압의 상태를 산화온도 900℃에서 비교해 볼 때 10배가량 차이가 있음을 알 수 있다.

③ 세 번째는 열 산화를 하고자 하는 실리콘 기판의 결정 방향 의존성으로 기판의 결정 방향에 따라 온도와 압력의 의존성처럼 큰 차이는 없지만 다소의 차이가 있음을 알 수 있다.

[그림 2-27]에서 보는 바와 같이 (111) 방향이 (100) 방향보다 같은 온도와 압력에서 더 두껍게 성장됨을 알 수 있다.

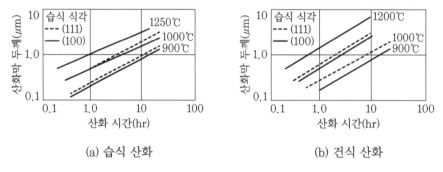

(a) 습식 산화   (b) 건식 산화

[그림 2-27] 온도에 따른 산화막의 두께 변화

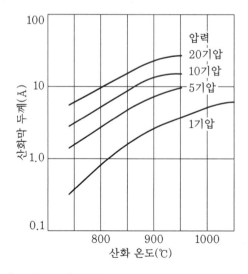

[그림 2-28] 압력에 따른 산화막의 두께 변화

4. 평탄화(Planarization) 공정

4-1 ## 4-1 평탄화 공정의 개요

선폭(line width)이 $0.25\,\mu m$ 이하의 ULSI 소자 세대는 칩의 집적도의 증가로 다중금속층의 도입을 요구하게 되었다. 다중금속층 배선은 수백만의 트랜지스터가 개별 IC상의 필요 요소와 상호연결이 가능하게 해준다. 그러나 다층의 금속은 소자의 밀도를 더욱 가중시켜 과도한 표면 지형도가 발생한다. 즉 표면상의 모습에서 굴곡이 심한 단차를 형성한다는 의미이다.

이 웨이퍼 상의 단차는 포토 공정의 노광기들이 렌즈의 초점을 모두 만족시킬 수 없어 표면 패턴의 불균형을 발생시킨다. 이와 같은 문제를 해소하기 위해서 평탄화 기술이 개발되었다.

[그림 2-29]에 평탄화 공정의 필요성을 강조하는 실제 소자의 SEM 단면 사진을 보여주고 있다. 평탄화된 소자와 평탄화되지 않은 소자의 상층 구조의 패턴 프로파일이 현격한 차이를 보임을 알 수 있다.

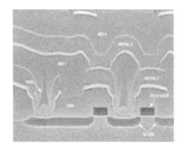 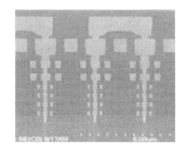

(a) non-planarized IC   (b) planarized IC

[그림 2-29] 평탄화되지 않은 소자와 CMP 기술로 평탄화된 소자

평탄화 기술의 분류는 크게 4가지로 분류할 수 있다.
   ㉮ 에치백(etchback)
   ㉯ 유리 환류(glass reflow)
   ㉰ 스핀-온 필름(spin-on films)
   ㉱ CMP(chemical mechanical planarization) 평탄화

(1) 에치백(etchback) 평탄화

에치백(etchback) 공정 기술의 핵심은 부가 물질을 이용하여 평탄화를 이루는 것이다. 표면 특성으로 생성되는 지형도는 절연체의 두꺼운 층이나 평탄화 물질의 제거 층의 적용에 의해 생

겨난 다른 물질에 의해서 평탄화될 수 있다. 주로 쓰이는 물질은 감광막과 스핀 도포에 의한 유리(spin-on glass, SOG)질이다. 이 물질들은 공극들을 모두 꽉 채울 수 있는 장점이 있다. 그러나 미세 박스(box) 부분은 잘 채워지지 않는 단점이 있다.

공정 순서는 먼저 [그림 2-30] (a)와 같이 평탄화할 A물질 위에 (b)의 B물질을 도포한다. 이후 (c)와 같이 도포된 B물질이 완전히 제거될 때까지 건식 식각을 가하면 평탄화가 이루어진다.

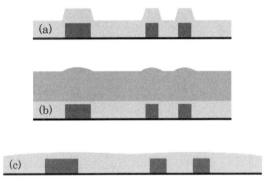

[그림 2-30] 에치백 공정 순서도

(2) 유리 환류 평탄화

유리 환류(glass reflow) 공정 핵심은 유리질 상태의 물질을 열처리하여 재결합되는 현상을 이용하는 것이다. 재결합 시 표면장력이 평탄화의 요인이 되며, 물질은 보론과 인이 도핑 된 산화막인 BPSG를 사용한다. 공정 순서는 단순하게 유리질을 증착한 다음 열처리하면 된다.

[그림 2-31]에 공정 순서도가 나타나 있다.

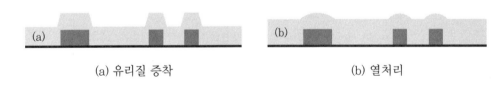

(a) 유리질 증착   (b) 열처리

[그림 2-31] 유리 환류 평탄화

(3) 스핀 온 필름 평탄화

스핀-온 필름(spin-on films) 공정의 핵심은 웨이퍼 표면에 다른 종류의 액체 물질을 공급하고 층간 절연체를 위한 평탄화를 얻기 위하여 회전시키는 도포 방식이다. 이 기술은 $0.35\mu m$ 이상 소자 제작에 있어서 공극 채우기(gap fill)에 사용된다. 작은 패턴에는 다소 어려운 점이 있으며 일반적으로 큰 패턴을 가진 소자 제작에 이용된다.

사용되는 용액은 용질의 능력, 분자량, 점도 등의 요소로 평탄화 능력이 좌우된다. 사용 물질은 감광액(포토레지스터, PR), SOG(spin-on glass), 다양한 종류의 수지 등이 사용된다.

공정 순서는 [그림 2-32]에서처럼 먼저 평탄화할 A물질에 회전 방식으로 B물질을 도포한다. 이후 열처리를 하고, 그 위에 C물질의 박막을 증착시킨다.

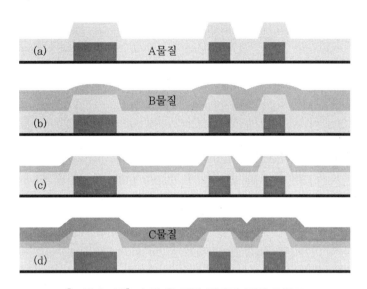

[그림 2-32] 스핀 온 필름 평탄화 공정 흐름도

공정 순서는 다음과 같다.
  (a) 평탄화할 구조
  (b) 평탄화할 A물질 위에 회전 방식으로 B물질 도포
  (c) 열처리
  (d) C물질의 박막을 증착 평탄화

(4) CMP 평탄화

현재 미세 구조 소자 제조에 가장 널리 사용되는 평탄화 공정 기술이다. CMP 공정은 화학적 반응과 역학적 방법을 이용한 기계식 연마 방식이다. 연마를 위해 슬러리(slurry) 분말을 사용한다. 이 슬러리 분말의 종류에 따라 산화막, 질화막 등의 절연막 평탄화, 실리콘, 폴리 실리콘 평탄화, 금속인 텅스텐, 구리 평탄화 공정에 쓰인다.

공정 순서는 매우 간단하다. 평탄화할 구조를 직접 연마하여 연마하지 않아야 될 하층 구조와 동일 선상까지 공정을 진행한다. 진행 후 화학적 작용을 멈추고, 입자들을 제거하기 위하여 세정 공정을 거친다. CMP 평탄화의 공정은 3단계로 분류한다.

[그림 2-33]에서 보는 바와 같이 평탄화 대상 설정, 평탄화, 세정으로 간단히 공정을 마친다.

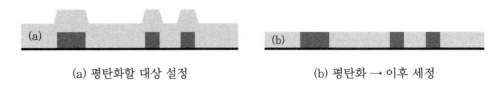

(a) 평탄화할 대상 설정   (b) 평탄화 → 이후 세정

[그림 2-33] CMP 평탄화 공정도

(5) 평탄화 분류

평탄화의 분류는 평탄화 정도에 따라 크게 4가지 영역으로 분류된다.

⒜ 첫 번째는 매끄러운(smoothing) 평탄화로 스텝 높이 모서리가 둥글고 측벽이 기울어진다. 높이는 크게 감소하지 않는다. 유리 환류(glass flow) 평탄화 방식에 의한 평탄도가 이 범주에 속한다.

⒝ 두 번째는 일부분 평탄화(partial planarization) 수준으로써 매끄러운 평탄화에서 스텝 높이가 국부적으로 낮아지는 평탄도를 갖는다. 스핀-온 필름(spin-on films) 방식이 이 범주의 평탄도에 속한다.

⒞ 세 번째는 국부적인 평탄화(local planarization)로써 다이(die) 안의 국부적인 영역에서 작은 틈을 완전하게 채우고 평탄화되는 범주로 에치백(etchback) 평탄화 방식이 이 범주의 평탄도를 가진다.

⒟ 마지막으로 광역 평탄화(global planarization)로써 전체적인 스텝 높이가 균일화되는 평탄화 범주이다. CMP 평탄화 공정기술이 이 범주에 속한다.

4-2   CMP 공정 개요

(1) CMP 공정의 특징

CMP 공정의 특징은 슬러리(slurry)와 웨이퍼의 화학적 반응과 연마 패드(pad)을 이용한 역학적 연마를 혼합한 공정이라는 것이다.

① 공정 진행

먼저 웨이퍼를 폴리우레탄(poly-urethane) 재질의 연마 패드에 밀착시킨 상태에서 수백 nm 크기의 연마제(abrasive)가 함유된 슬러리(slurry)를 연마패드 표면에 분사하여 박막의 화학적 반응을 유도하면서 웨이퍼를 지지하는 연마 캐리어(polishing carrier)와 연마 패드가 부착된 연마 플레이튼(polishing platen)을 고속 회전시켜 개질된 박막 표면을 기계적으로 제거하는 순으로 이루어진다.

② CMP의 CMOS 제조에서의 적용 공정

　금속 절연막의 평탄화, 컨텍(contact), 비아 플러그 금속 평탄화, 소자 분리를 위한 트렌치 산화막 평탄화 등이다.

③ 공정 유의 사항

　연마 패드의 표면 거칠기를 일정하게 유지하는 것은 매우 중요한 사항이다. 수백 마이크로미터(μm) 크기의 다이아몬드 입자가 고정된 패드 컨디셔너(pad conditioner)를 이용하여 주기적으로 연마 패드를 드레싱(dressing) 해주어야 한다.

　[그림 2-34]는 CMP 공정 진행 모습을 보여 주고 있다.

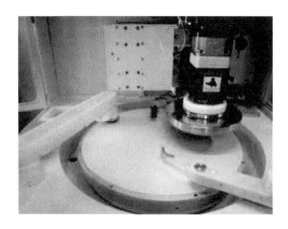

[그림 2-34] CMP 공정 진행 모습

(2) 제조 공정상의 CMP

　CMP 공정은 층(layer) 형성 공정상에서 가장 마지막 단계의 단위 공정이다.

　일반적으로 진행해야 할 기판 또는 선 공정이 진행된 웨이퍼에 포토 패턴과 식각이 이루어지고, 그 공극을 채운 다음 CMP 공정이 수행된다. 중요한 사실은 선행 공정이 많이 이루어진 웨이퍼의 과다 연마는 발생되지 않도록 해야 한다.

　이러한 문제점을 예방하기 위하여 다음과 같은 공정을 수행한다.

　㈎ 공정이 진행되지 않는 웨이퍼로 장비 점검을 통해 공정 레시피(recipe)를 작성한다.

　㈏ 실제 진행 롯(lot)에서 테스트 과정을 거친다.

　㈐ 전체 웨이퍼에 적용하여 공정을 수행한다.

　[그림 2-35]는 제조 시 CMP 공정 흐름도를 나타낸다.

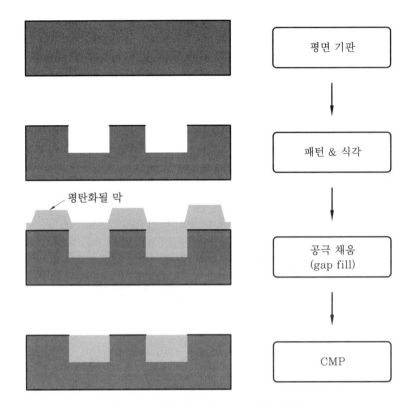

평면 기판

패턴 & 식각

공극 채움
(gap fill)

CMP

평탄화될 막

[그림 2-35] 제조상 CMP 공정 흐름도

(3) 공정 변수

CMP 공정에서 중요시되는 변수들에 대하여 살펴보면 다음과 같다.

(개) 평탄도 : 층간 절연막 CMP 공정에서 중요한 평가지표로써 반도체 소자 내 셀과 주변회로 간 광역적 단차 감소 정도로 표현되며, 관계하는 공정 변수로는 연마 패드의 탄성 변형성, 슬러리(slurry) 공급의 균일성, 디바이스의 패턴 형상, 연마 압력 및 연마의 상대속도 등이 있다.

(내) 균일성 : 연마 후 웨이퍼 내, 롯(lot) 내, 롯(lot)별 잔류 막 두께의 편차로 정의되며, 공정 변수로는 연마 압력의 분포, 연마 헤드의 형상 및 연마 압반(platen)의 형상, 슬러리 공급의 균일성 등이 관계한다.

(대) 연마 속도 : 단위 시간당 제거되는 막의 두께로 정의되며, 공정 변수로는 연마 압력, 연마의 상대 속도, 슬러리 내 연마 입자(abrasive)의 크기와 함량, 화약품, 슬러리 유량, 연마 헤드의 표면 상태 등이 관여한다.

(래) 손상 방지에 관한 변수 : 패임(dishing)과 침식(erosion) 문제인데 STI CMP, 플러그 CMP 공정 후 회로 배선 내 후 움푹 들어가는 현상(recess) 정도로 정의하며, 연마되는 두 물질 간의 연마 속도, 패드 특성, 슬러리 화학 작용에 의해 유발되는 미시적인 현상으로

결함 및 소자의 전기적 특성 차이를 유발한다.

㉣ 결함 문제 : 연마 후 웨이퍼 표면에 잔류하는 입자, 잔류성 물질과 긁힘(scratch)및 금속 불순물(metal impurity)로 슬러리와 역학적 공정에 의해 공정을 진행하는 CMP 공정에 있어서 반드시 유발되는 현상이며, 이에 대한 정확한 제어가 필요하다. 이를 위해 CMP 시스템(system)은 연마 후 습식 상태에서 웨이퍼를 세정할 수 있는 후 CMP 세정 시스템을 동반한다.

① 연마 속도

　CMP 공정의 목적은 빠른 시간 내에 주어진 물질을 연마하는 것이다. 이 부분은 연마 속도의 세밀한 조정을 요구한다. 연마 속도는 주어진 시간 Δt(델타 티)와 연마된 높이 ΔH(델타 에이치)의 비로 정의된다. 연마 속도에 대한 실험식은 프레스톤(Preston)이 세운 방정식에 따르면 연마 압력(p), 웨이퍼에 대한 테이블의 선 속도(V), 그리고 프레스톤의 계수(Kp)의 곱으로 표현된다. 여기서 연마 속도는 연마 압반(platen)의 회전 속도와 웨이퍼에 가해지는 압력에 비례한다. [그림 2-36]에 CMP 장비의 정면도와 상면도가 도시되어 있다.

　연마 속도(R/R)는 다음 식과 같다.

$$R/R = \Delta H/\Delta t = KpPv : \text{Preston equation}$$

ΔH : 연마된 높이

Δt : 연마 시간

P : 연마 압력

Kp : preston 계수

$V = \Delta s/\Delta t$: 웨이퍼에 대한 테이블의 선 속도(linear velocity)

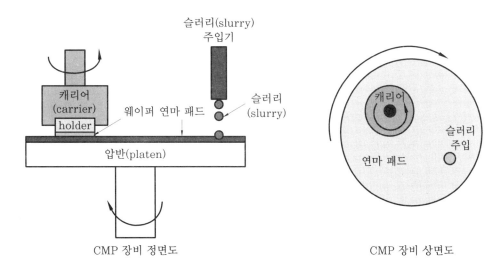

CMP 장비 정면도　　　　　　　　　　CMP 장비 상면도

[그림 2-36] CMP 장비 정면도와 상면도 모습

② 평탄도(planarity)

CMP는 앞서 설명한 두께 변화와 표면 평탄도를 높여 지형도에 의한 영향을 최소화하기 위한 공정 기술이다. 평탄도는 웨이퍼의 사이즈가 커짐에 따라 지형도 변화를 최소화하는 공정 최적 조건을 찾아야만 한다.

균일성은 전체 웨이퍼를 가로지르는 막의 두께의 변화를 나타내는데, 이 두 조건을 모두 만족하면 가장 좋은 공전 조건을 갖고 있는 것이다.

때로는 평탄화는 이루었지만 균일도가 좋지 않고 균일도는 양호하지만 평탄도가 떨어지는 상황도 발생한다. 이 상황은 평탄화된 웨이퍼의 여러 지역들이 어떻게 균일화를 이루었는지 관찰하는 것이다.

웨이퍼 상의 두 부분은 평탄화를 다른 부분보다 양호하게 이루었지만 나머지 지역은 평탄화를 이루지 못하였다면 즉, 두 부분과 두께가 달라 평탄화를 국소적으로 이루었지만 전체적인 평탄화는 이루지 못한 것이다.

평탄화 정도(DP)는 다음 식과 같이 계산할 수 있다. 단위는 백분율로 표시한다.

$$DP(\%) = (1-SH2/SH1) \times 100$$

여기서 SH1은 CMP 전 웨이퍼 표면의 특정 지점에서 스텝(step)의 최고 높이와 최저 높이 사이의 거리이며, SH2는 CMP 후 웨이퍼 표면의 특정 지점에서 스텝(step)의 최고 높이와 최저 높이 사이의 거리이다.

완전히 평탄화를 이룰 경우 평탄도는 SH2가 영(zero)이 되어 100%가 된다.

[그림 2-37]에 관련 사항이 도식되어 있다.

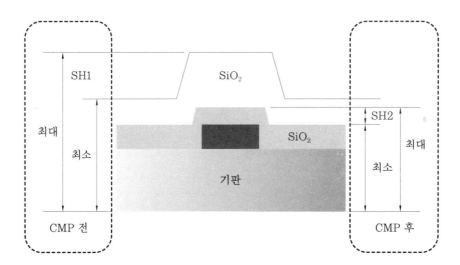

[그림 2-37] 평탄도를 계산하는 기하학적 모습

4-3　CMP 적용 공정

(1) 실리콘 웨이퍼 백 그라인딩(back grinding)

　단결정 또는 폴리 실리콘 박막 연마 메카니즘은 실리콘과 실리콘(Si-Si) 결합으로 이루어진 실리콘 박막을 슬러리 내에 함유된 물 분자(H_2O)가 실리콘과 실리콘(Si-Si) 결합에 침투하여 실리콘과 수산 기(Si-OH)의 결합으로 변화시켜 박막의 표면 경도를 약화시킨다. 이후 낮은 경도의 박막 표면을 연마제의 물리적인 마찰에 의해 실리콘과 수산 기(Si-OH)의 결합을 이탈시킨다.

　이때 사용되는 실리콘 막 연마액은 산성도 칠(pH7) 정도로 중성 상태이다. 연마제는 알루미나(Al_2O_3) 또는 실리카(SiO_2) 계열이 주류를 이루고 있다. 실리콘 기판의 제조는 성장된 단결정 원통을 일정 두께의 기판으로 분리하고, 그라인딩(grinding), 래핑(lapping), 열처리, 식각 에칭(etching), 연마(polishing) 및 세정(cleaning) 순으로 수행된다. 실리콘 기판의 편평도는 선폭이 낮아질수록 점점 강화된다.

　[표 2-9]에 반도체 소자 기술 향상에 대한 평탄도의 요구치가 제시되고 있다.

[표 2-9] 반도체 소자 기술 향상에 대한 평탄도의 요구치

연도	1997	1999	2001	2003	2006	2009	2012	2015
기술 세대	250 nm	180 nm	150 nm	130 nm	100 nm	70 nm	50 nm	30 nm
편평도 (SFQR, nm)	< 250	< 180	< 150	< 130	< 100	< 90	< 70	< 50

(2) 산화막 CMP

　산화막의 CMP 화학반응은 알칼리 수용액이 산화막에 작용하고, 물 분자가 산화막 표면에 침투하여 수화작용을 일으켜서 실리콘과 산소(Si-O)의 결합력이 약화된다. 이 상태에서 실리카 입자 표면의 실리콘에 연결된 수산 기(OH)와 산화막 표면의 수산 기(OH)가 결합하여 실리콘 표면에 실리콘과 수산 기(Si-OH) 결합이 일어난다. 실리카 입자의 물리적 마찰에 의해 산화막 표면의 실리콘과 수산 기(Si-OH) 결합이 이탈되어 산화막 표면이 제거된다.

　산화막용 연마액은 산성도가 10에서 12(pH10~12) 정도의 염기성인 수산화칼륨(KOH)이다. 연마제는 실리카(SiO_2) 또는 세리아(CeO_2) 계열을 주로 사용하고 있으며 전통적으로 유리 렌즈 가공에 많이 쓰이고 있는 화합물이다. 반도체 배선 미세화에 따라 트랜지스터 특성 향상을 위해 질화막에 대한 연마 선택비가 높은 세리아 슬러리가 필요하게 되면서 필터 등 제반 기술의 향상에 의해 현재는 STI(shallow trench isolation) 공정에서 일반적으로 사용하고 있다.

　[그림 2-38]에 화학적 반응 과정이 나타나 있다.

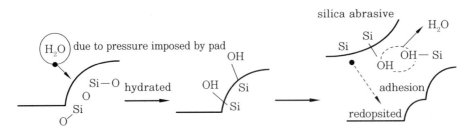

[그림 2-38] 산화막 CMP 시 화학적 반응 과정

(3) STI(shallow trench isolation) CMP

기존의 소자 격리 방법으로 사용한 로코스(LOCOS) 공정 기술에서 단차와 새 부리(bird beak) 모양의 횡 방향의 산화에 의한 활성(active) 영역의 손실이 일어나 절연 특성이 좋지 않았다. 이 문제를 해결하기 위해서 얇은 깊이의 우물형 구조의 절연막 형성 기술인 STI 기술이 도입되었다.

STI 기술의 장점은 트렌치(trench) 깊이를 조절하여 소자에 전압 인가 시 확장 공핍 층의 조정이 가능하고 확산층의 기생 용량 성분을 감소시키며 디바이스의 속도를 증가할 수 있는 것이다. 이 공정은 RIE(reactive ion etching) 기술, 공극(gap fill), CMP 기술을 채용하여 재현성 있는 STI 기술을 이용한 소자 분리가 가능해지고, $0.20\,\mu m$ 기술 이하 공정의 소자격리 기술로 상용화되었다.

STI CMP 공정 과제는 상부의 공극 채우기 산화막(gap fill oxide)을 완전히 제거하고 하부 층인 질화막(nitride film)의 일정량을 제거하는 것이다. 공정 지표는 질화막의 균일도, 패임(dishing), 침식(erosion), 결함을 최소화하는 것이다.

[그림 2-39]에 CMP 전·후의 평탄화 모습을 보여주고 있다.

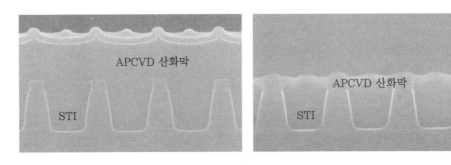

(a) STI CMP 전   (b) STI CMP 후

[그림 2-39] STI CMP 전과 후의 평탄화 비교

(4) 금속 배선 절연막 CMP

배선과 배선을 절연하기 위해 절연막 증착이 필요하다. 하부 패턴의 형상을 따라 증착 양상이

달라져 단차(step height)가 형성되고, 이런 단차는 후속 배선 공정 패턴 형성을 위한 포토 공정의 노광기 초점 깊이 허용도가 협소하여 노광의 한계가 유발된다.

이 문제점을 해결하기 위해서는 각 층을 절연한 후 웨이퍼 전면에 걸친 평탄화 공정이 필수적이다. 관통의 역할을 하는 비아 플러그(via plug) 간의 절연막인 ILD(inter layer dielectric), 금속 상층과 하층 간의 절연을 위한 IMD(inter metal dielectric) 절연막, 소자 구성 요소인 게이트, 소스, 드레인을 연결하는 관통 플러그인 컨텍들 간의 절연막인 PMD(poly-metal dielectrics)의 평탄화 과정에 CMP 기술을 사용한다.

이때 산화막들은 BPSG 막, HDP CVD 산화막, PE-TEOS 산화막 등이 있다. 층간 절연막 CMP 지표는 잔류 산화막의 균일도 유지, 단차 제거 능력, 결함 개선, 생산성(throughput), 공정의 장비 내 관찰(in-situ monitoring) 등의 개선에 있다.

[그림 2-40]에 ILD CMP 전과 후의 비교 사진을 보여주고 있다.

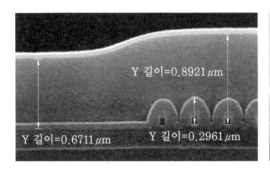 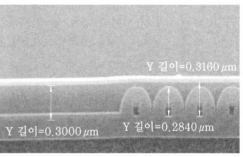

(a) ILD CMP 전   (b) ILD CMP 후

[그림 2-40] ILD CMP 전과 후의 평탄화 비교

(5) Cu 다마신(damascene) CMP

반도체 소자의 고 집적화와 칩 사이즈(chip size)의 축소화는 배선의 미세화 및 다층 배선화를 요구하고 있다. 로직 디바이스(logic device)에서는 구리(Cu) 배선 기술의 적용이 증가하고 있다. 이는 시간 지연 현상을 줄이기 위해 필요하다. 배선의 저항(R)과 커패시턴스(C)값의 곱(RC)이 시간 지연 상수값이기 때문이다. RC 지연의 대응으로써 배선의 저 저항화, 절연막의 저 비유전율화가 필요하다.

이런 이유로 구리를 배선 물질로 사용하고 구리와 구리를 일체화하는 금속 배선 공정인 다마신(damascene) 공정이 도입되었다. 다마신 공정은 유전체에 식각을 이용하여 티(T)자형 공극을 만들고 유전체와 구리 간의 접착력 증가를 위해 배리어 층을 형성하며, 이후 구리가 도금이 될 수 있도록 씨드(seed) 층을 형성한다. 씨드 층이 완성되면 구리를 도금 공정으로 공극을 채운다. 공극이 채워지면 연속된 다마신 공정을 위해 평탄화 CMP 공정을 수행한다.

구리 다마신 공정 CMP에서 중요한 기술 요구 사항은 패임(dishing)과 침식(erosion) 억제 공정 기술이다. 또한 구리의 부식(corrosion)과 슬러리 입자들에 의한 긁힘(scratch)을 억제해야 한다. [그림 2-41]에 공정 흐름도를 보여주고 있다.

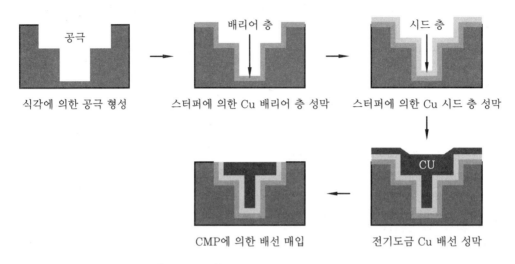

[그림 2-41] 다마신 CMP 공정 흐름도

(6) CMP 세정 공정

CMP 후 세정 공정의 특징 중 하나는 식각 공정이나 이온 주입 공정 후 세정과는 달리 브러쉬(brush)를 사용하여 역학적 문지름 세정 방법을 사용한다는 것이다. 그 이유는 CMP 공정 중에 슬러리나 연마된 입자 등이 웨이퍼 표면에 박히거나 강한 힘으로 고착되기 때문에 일반 화학세정제로는 떼어내기 쉽지 않기 때문이다. 그래서 CMP 공정에서는 화학세정제와 더불어 강력한 역학에너지를 사용하는데, 이 역학적 에너지원으로 양면브러쉬(double sided scrubber, DSS)를 사용한다. 양면브러쉬를 사용하는 이유는 웨이퍼 앞과 뒷면을 동시에 세정해야 하기 때문이다.

일반적으로 세정 공정은 습식 세정으로부터 시작하여 양면브러쉬 증류수 세정, 1차 양면브러쉬 수산화암모늄(NH_4OH) 세정, 2차 양면브러쉬 수산화암모늄(NH_4OH) 세정과 불산(HF) 세정, 양면브러쉬 부가 화학세정제 세정, 마지막으로 증류수로 화학세정제를 완전히 제거하는 린스 과정과 수분을 완전히 제거하는 건조 공정으로 마무리한다.

CMP 후 세정 공정은 크게 세 부분으로 나누어지는데 산화막 CMP 후 세정 공정은 모든 세정 공정 절차 중에서 양면브러쉬 부가 화학세정을 제외하고 진행되며, 텅스텐의 경우는 제1차, 2차 양면브러쉬 수산화나트륨 세정 공정만 시행하고 증류수 헹굼과 건조를 거친다. 마지막으로 구리의 경우는 단지 브러쉬와 부가 화학세정만 실시한다.

[그림 2-42]에 양면브러쉬 장비를 보여주고 있다.

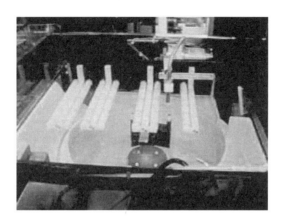

[그림 2-42] 양면브러쉬 모습

5. 세정(Cleaning) 공정

5-1 세정 공정 개념

　세정 공정은 공정 진행 전이나 공정 진행 후 생성되는 실리콘 표면에 존재하는 모든 오염 물질을 제거하는 공정이다. 오염 물질의 종류로는 실리콘을 공기 중에 노출하면 자연적으로 성장하는 자연 산화막, 공기 중의 입자, 흡착 분자, 무기 물질, 감광막과 같은 유기물이 있다. 또한 전기적으로 음이온들과 양이온 금속들이 있다. 이들 모두 구조적 측면과 전기적 측면에서 존재하면 소자의 성능을 떨어뜨리는 주요 요소이다. 이들의 세정은 각기 공정별로 세정 용액이 다르게 사용된다.

　공정은 제조라인에서는 배치 형태로 진행되고 진행 순서는 [그림 2-43] (b)와 같다.

　㈎ 진행할 웨이퍼를 석영이나 테플론으로 가공된 화학내성이 강한 카세트에 웨이퍼를 장착한다.

　㈏ 로딩부에서 로봇 암(arm)을 세정조 안으로 이동시킨다.

　㈐ 주 용액인 A용액 속에 카세트를 담그고 일정 시간이 되면 증류수 조로 이동한다.

　㈑ 보조 용액인 B용액을 거치고 다시 증류수 조로 이동한다.

　㈒ 건조 과정을 거쳐 다시 로봇 암에 의해 로딩부로 이동되어 공정을 완료한다.

　화학조의 편성은 거치는 세정 용액에 달려 있다. 화학조들을 거치면 증류수를 거치는데 그 이유는 다음 화학조의 세정액과 혼합되지 않도록 하기 위해서이다.

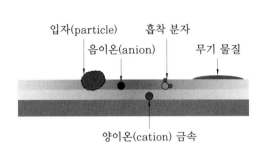 

(a) 실리콘 웨이퍼 표면에 존재하는 오염 물질   (b) 세정조

[그림 2-43] 실리콘 웨이퍼 표면에 존재하는 오염 물질과 세정조

5-2   습식 세정 주요 공정

(1) 입자 세정 방법

표면에 오염된 입자 제거 방법은 두 가지로 나누어진다.

① 리프트 오프(lift-off) 방식

가벼운 에칭 또는 메가소닉 진동을 통해 떨구어 낼 수 있다. 사용되는 세정액은 SC1으로 화학조성비는 암모니아(NH_4OH), 과산화수소(H_2O_2), 증류수(H_2O)의 비가 각각 1:4:20이고, 80℃에서 혼합한 경우이다.

실리콘을 과산화수소 처리하면 산화막과 물 분자가 생성되고, 다음 이 산화막과 암모니아가 반응하여 물과 트리 실리콘 옥사이드 암모늄 침전이 일어난다.

② 제 흡착 방지 방법

제 흡착 방지 방법은 세정된 부분이 다시 흡착되는 것을 막는 방법으로, 이 현상은 동일 극성을 가지는 입자와 기판 사이에 발생한다.

SC1같은 알칼린 용액을 사용하고 통칭하여 APM(ammonium peroxide mixture)이라 한다. 다음으로 계면활성제를 포함하는 산성 용액으로 세정한다. 반도체의 제조 공정에서 표준화된 세정 공정을 RCA라 부르는데, RCA는 집적회로의 반도체 웨이퍼 표면을 세정하기 위한 화학적 습식 클리닝 방법의 대표적인 이름으로, 1970년대 미국 RCA사의 컨(W. Kern) 등에 의해 제안되었다.

[표 2-10]에 관련된 세정 용액의 화학반응식과 내용을 정리하였다.

[표 2-10] 입자 세정에 관한 SC1 용액의 화학반응식과 정리사항

오염 물질	특 성
입자(particles)	• 리프트 오프(lift-off) 가벼운 식각 또는 메가소닉 진동 용액 : SC1 　　　NH_4OH(암모니아) : H_2O_2(과산화수소) : H_2O(증류수) = 1 : 4 : 20(at 80℃) 　　　$Si + 2H_2O_2 = SiO_2 + H_2O$(실리콘 표면) 　　　$SiO_2 + 2NH_4OH = (NH_4)_2SiO_3 + H_2O$ • 제 흡착 방지 동일 극성을 갖는 입자와 기판 사이 용액 : SC1과 같은 알칼린 용액, 계면활성제를 포함하는 산성 용액

(2) 유기금속물 세정 방법

표면에 오염된 금속 제거 방법은 세정 용액이 고착된 금속의 전자를 빼앗고 양이온들로 용액 안에 분해하는 방법이다. 사용되는 세정액은 SC2로 화학조성비는 염산(HCl), 과산화수소(H_2O_2), 증류수(H_2O)의 비가 각각 1:1:6이고, 80℃에서 혼합한 경우이다.

이 화합물 용액의 총칭을 HPM(hydrochloric peroxide mixture)이라 부른다. 표면에 오염된 유기불순물의 제거 방법은 이산화탄소(CO_2)나 물 분자(H_2O)처럼 작은 분자로 분해하는 것이다. 황산(H_2SO_4)과 과산화수소를 90℃와 130℃에서 3:1과 4:1로 희석하여 사용한다. 화학반응 과정은 황화수소물들이 물과 이산화탄소로 바뀌는 것이다.

이때 사용하는 피라나 화합용액의 총칭을 SPM(sulfuric peroxide mixture)이라 하며, 주로 감광막 제거에 사용된다. [표 2-11]에 관련된 세정 용액의 화학반응식과 내용을 정리하였다.

[표 2-11] 금속과 유기화합물 세정에 사용되는 세정 용액의 화학반응식

오염 물질	특 성
금속(metals)	• 세정 방법 세정액이 고착된 금속의 전자를 빼앗고 양이온들로 용액 안에 분해 M^0(metallic state) in UPW $M^0 \rightarrow M^+ + e^-$(ionic state in SC2) • 용액 SC2, HCl(염산)/H_2O_2(과산화수소)/H_2O(물분자) = 1:1:6(at 85℃) HPM(hydrochloric peroxide mixture) : SC2 화합용액의 총칭
유기불순물 (organic impurities)	• 용액 SPM(sulfuric peroxide mixture) : 피라나(piranha) 화합용액의 총칭 H_2SO_4(황산) : H_2O_2(과산화수소) = 3 : 1~4 : 1(at 90~130℃) $H_2SO_4 + H_2O_2 = H_2SO_5 + H_2O$ $H_2SO_5 + 탄소 화합물 = CO_2 + H_2SO_4 + H_2O_2$

(3) 박막 식각 세정

공정을 진행하고 제거되어야 하는 박막도 오염 물질로 취급된다.

① 질화막(Si_3N_4)

80~85%의 인산(H_3PO_4) 용액을 사용하여 식각에 의한 박막 제거 세정을 한다. 인산 용액 내에 수분이 감소하면 인산 용액 농도가 증가하여 질화막의 식각률이 감소하고, 인산 용액 내에 수분이 증가하면 인산 용액 농도가 감소하여 질화막 식각률이 증가한다. 이때 용액 온도는 150℃ 이상이고 온도 상승은 식각률을 증가시킨다.

② 산화막

물에 희석된 불산(HF) 용액을 사용한다. 불산 용액에 일정 불화암모늄을 혼합한 버퍼불산(BHF) 용액은 세정액으로써 암모늄 이온이 있어 파티클 제거가 용이하고 불산에 비해 식각률도 높다.

③ 금속 식각 후 잔류물

금속이 부식될 우려가 있기 때문에 매우 주의를 요한다. 이때 사용되는 세정 용액은 부식 방지제와 폴리머 용해제를 포함하는 유기용제를 사용한다. 대개 금속 식각 후 폴리머 제거에 사용된다.

④ 장비 등 복잡한 형상물의 오염

일반 세정액만 가지고는 제거하기가 어렵다. 이럴 경우 초음파를 이용하여 세정의 강도를 더하는데 사용되는 주파수는 MHz 단위이다. 반도체에서는 주로 이런 비접촉 음파에너지를 SC1이나 초순수에 사용하여 공정 후에 발생되는 입자들을 제거하거나 CMP 공정 후 웨이퍼에 잔류하는 오염 물질을 제거하고 오염된 장비의 부품을 세척하는데 사용한다.

5-3　건식 세정 주요 공정

(1) 건식 세정 개요

① 습식 세정의 보완적 측면

웨이퍼 세정은 IC 제조에서 가장 자주 반복되는 공정이며 세정 능력이 뛰어난 습식 세정이 주로 사용된다. 생산 경비를 줄이는 목적 외에도 클러스터(cluster) 도구로의 통합, 물(water)과 화학제의 높은 사용으로 인한 환경 문제, 서브마이크론(submicron)의 파티클 제거를 위하여 화학 약품의 사용을 줄이고 그를 대체할 수 있는 공정 기술이 꾸준히 연구되고 있다. 이에 대하여 건식 세정(dry cleaning) 기술은 습식 세정(wet cleaning)을 대체할 수는 없지만 보완할 수 있으며 나아가 습식 세정을 행하기 부적당한 공정에도 사용될 수 있다.

② 주용도

모든 웨이퍼 처리 공정은 오염으로 인하여 결함을 형성하고 소자 불량을 유도할 가능성이 있다. 따라서 IC 제조에 있어서 고온 공정을 하기 전과 각각의 단위공정 후에 웨이퍼 세정이 반드시 실시되어야 한다. 식각, 산화(oxidation), 증착, 포토레지스트 제거 전후의 세정과 CMP 이후의 잔류물 제거를 위한 세정 등이 이러한 표면 상태 준비에 해당한다.

웨이퍼 표면에는 파티클이나 유기 잔류물(organic residue), 무기(대부분 금속) 잔류물 같은 여러 가지 다른 오염 물질들이 존재한다. 웨이퍼 세정의 목표는 이러한 오염 물질을 제거하고 표면의 산화막(oxide)을 화학적으로 미세하게 조절함에 있다.

③ 습식과 건식의 차이점

대부분의 세정 방법은 간단히 습식과 건식의 방법으로 분류된다.

㈎ 액체 화학제를 이용하는 과정은 일반적으로 습식 세정으로 일컬어진다. 이 습식 세정은 웨이퍼 표면으로부터 오염물을 제거하기 위해 용매와 산(acid), 계면 활성제와 물을 혼합하여 spray, scrubbing, 산화나 식각 그리고 용해시키는 공정에 의존한다. 그리고 각각의 화학제 사용 이후에는 초순수(UPW)로 세척해주는 것이 필수적이다.

㈏ 건식 세정의 과정은 가스 상태의 화학약품을 사용하며 일반적으로 웨이퍼 세정에 적합한 화학반응을 일으킬 수 있는 여기(excitation)에너지에 의존한다. 이 에너지는 열(heat), 플라즈마, 복사(radiation)로부터 얻어질 수 있다. 또한, 건식 세정은 물리적 상호작용에 있어 운동량 전이로써 수행된다.

④ 건식 세정의 목표

세정 작업의 목적은 반도체나 산화표면 또는 금속표면으로부터 불필요한 오염 물질들을 선택적으로 제거하는 데 있다. 건식 세정 공정에서는 오염 물질들이 다음과 같은 서로 다른 세 가지 과정 중 어느 한 가지에 의하여 제거되는 것이다.

㈎ 스퍼터 작용

㈏ 오염 물질들을 휘발성 물질로 변화

㈐ 오염 물질이 놓여 있는 아래층의 물질이 함께 제거(lift-off)

(2) 플라즈마 에싱(Ashing)

플라즈마 에싱은 유기물(photoresist, PR)을 탄화시키는 novolak(노볼락)계 PR을 플라즈마 에싱을 통하여 알아본다. novolak계 PR은 벤젠 고리로 이루어져 있고 화학적으로 상당히 안정된 구조이다. 산소 플라즈마 중 산소 radical(라디칼)이 이와 반응하여 벤젠 고리가 분해된다. 이를 화학식으로 나타내면 다음과 같다. 여기서 O*는 산소 라디칼이다.

$$C + O^* \rightarrow CO_2 \uparrow$$

그러나 실제의 플라즈마 에싱 공정에서는 산소 라디칼만의 반응으로는 어렵고, 산소 플라즈마 중의 이온이 기여하고 있다고 생각하고 있다. 이 경우 현상들의 특징은 다음과 같다.

㈎ 이온이 웨이퍼 위의 PR과 충돌하여 생긴 충돌 에너지가 산소 라디칼이 벤젠 고리를 분해하는데 유효하게 작용하여 반응을 촉진시킨다.

㈏ PR 제거에서 이루어지는 작업의 에너지는 13.56 MHz의 RF power, 250℃의 열, 그리고 산소이다.

㈐ 산소 가스는 높은 산소 원자를 생산하는 RF power에 의해 이온화된다. 그때 그것은 열에 가해진 웨이퍼 표면으로 흘러나온다.

㈑ 상당히 높은 반응성을 보이는 산소는 초기 반응 동안 CO_2와 H_2O와 같은 휘발성 있는 물질로 화학반응을 일으키면서 PR과 반응을 나타낸다.

㈒ 그 PR은 다른 가능한 화학작용들을 계속해서 분해시킨다.

㈓ RF power에 의해서 고조되었을 때 이 반작용들은 탄소-산소 활동의 특성인 파란 빛을 발한다.

㈔ PR 또는 CO_2의 산출 없이는 극도로 고조된 산소는 흰색 빛을 낸다.

㈕ 이들 플라즈마 색의 변화는 PR 제거 공정의 end point(작업 완료 시점)를 확인하는데 사용된다.

에싱의 화학반응 단계는 다음과 같다.

$$CH_3 + O \rightarrow H_2CO + H$$
$$HCO + O \rightarrow OH + CO$$
$$OH + O \rightarrow O_2 + H$$
$$O + CO + M \rightarrow CO_2 + M$$
$$OH + H_2CO \rightarrow H_2O + HCO$$
$$O + H_2CO \rightarrow CO + H_2O$$

① CMP 공정 후의 금속오염물 제거

다층배선구조에서 필수적인 평탄화 기술인 CMP(chemical mechanical polishing) 공정 후에는 슬러리(slurry) 찌꺼기가 남게 되므로 이것을 효과적으로 제거하는 기술이 필요하다. particle들의 제거는 물리적인 세정 방법으로 제거 가능하지만 슬러리 내의 잔류 금속 성분들은 제거가 어려우며, 이 금속 성분들이 이후에 형성되는 contact hole이나 via hole 내부로 이동할 경우 제거가 더욱 어려워진다.

따라서 CMP 공정 중 제거된 막과 연마재의 찌꺼기를 제거하기 위하여 일반적으로 사용하는 scrubbing과 같은 기계적인 세정법만으로는 충분히 낮은 오염도를 얻기 어렵다.

이러한 기계적인 세정법에 이어 충분히 제거되지 못한 금속 오염물을 제거하기 위한 2차 세정이 요구된다. 리모트 수소 플라즈마 세정 결과에 의하면 세정 시간이 길지 않고 RF-power가 증가할수록 세정 효과가 우수하며, CMP 공정 후 웨이퍼 표면에 특히 많이 존재하는 금속 불순물인 K, Fe, Cu 등의 오염 제거에 매우 효과적인 것으로 나타났다. RF-power의 증가에 따라 표면 거칠기가 미소하게 증가하는데, 이것은 플라즈마에 의한 손상 때문인 것으로 보이나 그 정도는 무시할만하다. 리모트 수소 플라즈마 및 UV/O$_3$ 세정 방법에 의한 Si 웨이퍼 표면의 금속 불순물 제거 기구는 Si 표면 금속 오염의 하단층에 생성된 SiO$_2$가 H$^+$ 및 e$^-$와 반응하여 SiO 상태로 휘발될 때 금속 불순물이 SiO에 묻어서 함께 제거된다.

② 웨이퍼 표면의 유기 오염물 제거

유기 오염물의 제거에 가장 효과적인 건식 세정은 광화학적 오염 제거 방법인 UV/O$_3$ 세정이다. 이 세정법은 산화 공정 및 금속막 증착 공정이나 Si 에피 성장 이전 등의 다양한 전처리 세정에 적용되어 유기 오염물을 제거할 뿐만 아니라 세정 후 표면에 산화막을 형성시켜 기판 표면을 보호하기도 한다. 생성된 산화막은 HF 처리, HF/H$_2$O 기상 세정 또는 Ar/H 플라즈마 세정으로 제거될 수 있다.

UV/O$_3$ 세정에 의한 유기 오염물 제거는 O$_2$가 UV(184.9 nm)에 의해 O로 분해되고, 분해된 O가 O$_2$와 결합하여 O$_3$를 생성시키며, 생성된 O$_3$는 다시 UV(253.7 nm)에 의해 O와 O$_2$로 분해되는 순환 반응을 통해 생성된 O와 O$_3$가 여기된 유기 오염물을 휘발성 화합물로 변화시켜 제거한다.

이와 같은 유기 오염물 제거 외에도 UV/O$_3$ 세정은 Si 표면의 탄소, 탄화수소 등의 제거 효과에 관하여 많이 연구된 바 있으며, RIE 공정 후 표면에 존재하는 고분자막을 제거하거나 감광막을 벗겨내는 데에도 적용될 수 있다.

③ 파티클 제거

파티클 제거용 건식 세정법은 드라이아이스(CO$_2$ snow), 얼음조각(H$_2$O), 레이저 에너지를 이용한 스크러빙법들이 있다.

㈎ 드라이아이스와 얼음조각을 이용한 기술 : 액체 질소 내에서 30-300 마이크론 크기의 드라이아이스나 얼음조각들을 노즐에 통과시킨 다음, 웨이퍼 표면에 강하게 충돌하게 함으로써 파티클들이 기판으로부터 떨어져 나가게 하는 방법으로 오일, 그리스와 같은 유기물의 박막이나 파티클 등을 제거하는 데에 효과가 있다. 그러나 극초음파 세정의 세정 효과와 거의 차이가 없고 파티클이 웨이퍼를 때려 웨이퍼를 손상시킬 가능성 때문에 아직도 많은 개선이 요구된다.

㈏ Ar aerosol jet법 : 고순도의 아르곤과 질소를 냉각시킨 다음 노즐을 통하여 팽창시킴으로써 aerosol로 만들고, 이 직경 1마이크론 정도의 aerosol 입자들을 오염된 웨이퍼 표면에 분사시켜 파티클을 제거하는 방법을 사용하고 있다.

웨이퍼 표면에 별로 손상을 주지 않고 서브마이크론 크기의 라텍스 입자, Si debris, 그리스(grease)막 등을 효과적으로 제거할 수 있다. 이 방법은 액체를 전혀 사용하지 않기 때문에 드라이아이스 스크러빙법과 함께 건식 세정 기술로 사용될 전망이다.

(다) 레이저를 이용한 파티클 제거 : 응축된 얇은 습기 박막이 웨이퍼에 부착된 파티클과 웨이퍼 표면 사이에 형성되며, 이를 급격히 증발시키기 위해 파장이 조절된 레이저로 표면을 때리면 습기가 증발하여 파티클을 떼어낸다. 그러나 이 같은 입자 제거용 건식 세정 기술들은 모두 매우 초보적인 연구 단계에 있다.

6. 이온 주입(Implanting) 공정

6-1   이온 주입 개요

이온 주입 공정은 이온(dopant)을 생성시킨 후 일정한 에너지로 생성된 이온을 가속시켜 그 이온을 웨이퍼에 균일하게 주입하는 공정이다. 이온 주입은 반도체 생산라인인 팹 공정에서 반도체 소자인 트랜지스터, 다이오드, 저항 등의 전기적 특성을 조절하는 기능을 담당하며 열 확산 기술과 더불어 실리콘 웨이퍼 내로 불순물을 주입하는 공정 기술이다.

전기 소자의 고직접화, 고밀도화에 대응하여 점점 더 정밀한 불순물 제어가 요구되는 현재의 반도체 기술에서 소자의 전기적 특성을 좌우하는 중요한 기술 중의 하나이다.

(1) 이온 주입 장 · 단점

① 장점

(가) 이온 주입의 확산(diffusion) 공정을 이용한 도핑에 비하여 측방 분포를 감소시키고, 실리콘 웨이퍼에 정확한 양의 도펀트를 균일하게 분포시킬 수 있다.

(나) 이온 주입기는 질량분석기를 통하여 원하는 도펀트만을 도핑할 수 있다.

(다) 한 장비로 상호간 오염 없이 여러 도펀트들을 이온 주입할 수 있다.

(라) 옥사이드나 질화막 등과 같은 스크린 층(screen layer)을 투과하여 이온을 직접적으로 주입할 수 있다.

(마) 저온 공정으로 포토 마스크를 이용한 선택적 도핑이 가능하다.

(바) 고 진공 상태에서 이온 주입이 진행되기 때문에 오염을 억제할 수도 있다.

② 단점

㈎ 강제 이온 주입으로 웨이퍼에 역학적 손상을 주어 심각한 격자 결함을 생성시킬 수도 있다.

㈏ 장비가 고가이며 구성이 복잡하고 독가스와 고전압 등 위험 요소가 많다.

[그림 2-44]에 확산과 이온 주입 공정의 차이점을 나타내고 있다.

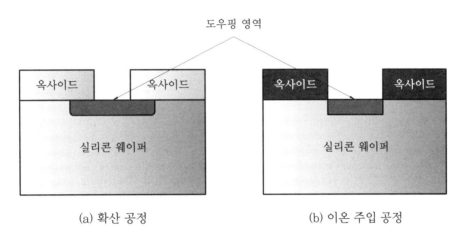

(a) 확산 공정   (b) 이온 주입 공정

[그림 2-44] 확산과 이온 주입 공정의 도우핑 영역의 차이점

(2) 이온 주입 깊이 조정과 농도 분포

① 깊이 조정

웨이퍼 전면에 이온 주입된 이온들은 실리콘 원자들과 충돌하는 과정에서 에너지 손실이 생기며 3가지 경우로 설명된다.

㈎ 실리콘 원자들과 무작위로 충돌하는 경우

이온들이 실리콘 원자와 전자와 상호작용으로 에너지 손실을 하고 결정 내에 정지한다.

㈏ 원자와의 충돌 없이 마치 채널을 타고 흐르듯 이동하는 경우

이온은 단지 전자와의 상호작용만이 있으므로 에너지 손실이 적어 결정 내의 깊은 곳까지 이르러 정지한다. 이를 방지하기 위하여 웨이퍼 척을 임계각보다 크게 기울여 직접 통과하지 못하고 산란하도록 공정을 최적화하고 있다.

[표 2-12]에 이온 채널링에 대한 임계각이 이온 별로 정리하여 나타내었다.

㈐ 실리콘 원자와 충돌하여 웨이퍼 전면으로 다시 되돌아오는 경우

실리콘 원자와의 직접적 충돌로 후면으로 산란되고 에너지를 잃게 되어 웨이퍼 전면 쪽으로 정지한다.

[그림 2-45]에 3가지 경우가 도시되어 있다.

[표 2-12] 실리콘에서의 이온 채널링 임계각

이온	에너지(keV)	채널 방향(°)		
		[110]	[111]	[100]
B	30	4.2	3.5	3.3
	50	3.7	3.2	2.9
N	30	4.5	3.8	3.5
	50	4.0	3.4	3.0
P	30	5.2	4.3	4.0
	50	4.5	3.8	3.5
As	30	5.9	5.0	4.5
	50	5.2	4.4	4.0

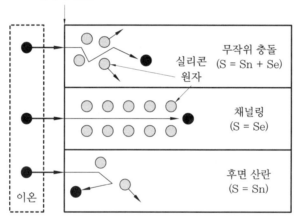

[그림 2-45] 이온들의 실리콘 격자 사이를 진행하는 3가지 방법

② 이온 주입 농도 분포

웨이퍼에 주입된 고 에너지 이온들은 실리콘 원자들과의 충돌(collision) 및 산란 (scattering)에 의해 그 에너지가 점점 감소하게 되며, 이러한 과정에서 완전히 그 에너지를 잃어버리게 되는 위치에서 멈추게 된다. 또한 개개의 이온들이 실리콘 웨이퍼 내부에서 이동 하는 경로 및 실리콘 웨이퍼 표면으로부터 도달하는 깊이는 서로 동일하지 않다. 다만 주입되 는 이온들의 이온 범위(ion range)는 확률적 분포를 갖게 되고 확률적 함수로 묘사될 수 있다. 이온 주입 농도 분포에 대한 접근 방법은 크게 두 부분으로 나뉜다.

㉮ 통계적 접근 방법 : One Gaussian, Two Gaussian, Pearson IV

㉯ 이론적 접근 방법 : LSS 이론

투사된 이온 범위 내에서의 이온 농도 분포는 그림에서 보는 바와 같이 투사된 평균점을 중심으로 가우시안 분포를 이루고 있음을 알 수 있다.

[그림 2-46]에 이온의 투사 범위와 농도 분포가 나타나 있다.

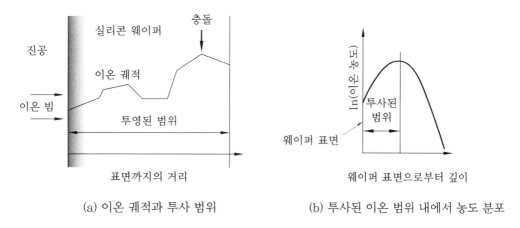

(a) 이온 궤적과 투사 범위　　　　(b) 투사된 이온 범위 내에서 농도 분포

[그림 2-46] 이온의 투사 범위와 농도 분포

6-2　이온 주입 공정 변수

(1) 첨가물의 양(dose)

첨가물의 양은 웨이퍼 표면의 단위 면적당 주입된 이온들의 수이다. 관계식은 다음과 같고 여기서 전자 전하량은 $1.6 \times 10^{-19} C$이다.

$$첨가물의\ 양 = \frac{(빔\ 전류 \times 주입\ 시간)}{(전자\ 전하량 \times 이온당\ 전자의\ 전하 \times 주입\ 거리)}$$

이온 주입의 양은 각 이온의 양전하의 효력에 의하여 결정된다. 빔(beam)의 형태일 때 양의 도펀트 이온들의 흐름은 mA로 측정되는 빔 전류를 나타내는데, 높은 빔 전류는 10~25 mA까지, 낮은 빔 전류는 0.1~10 mA까지이다.

위 식에서 보는 바와 같이 빔 전류의 크기는 도펀트의 양을 정의하기 위한 주요 변수이고, 빔의 전류가 증가한다는 것은 단위 시간당 주입 이온 수를 증가시킨다는 의미이다.

생산성을 위해 빔 전류를 증가시킬 수 있지만 균일성 문제가 발생할 수 있다. 낮은 전류부터 중간 전류 영역은 펀치 스루 정지(punch through stop) 영역을 형성하는 이온 주입에 주로 사용되고, 높은 전류 영역은 소스/드레인 접합 형성 시 이온 주입에 사용된다.

(2) 범위(range)

이온 범위는 이온 주입 동안 실리콘 격자 안에서 이온이 이동하는 전체 거리이다. 범위의 특성은 에너지 개념이 포함된다. 이온이 가속될 때 이온은 자체 운동에너지를 갖는다. 이온은 강한 전기장 속에서 전하량과 전기장의 곱으로 그만큼의 힘을 받는다.

운동에너지(kinetic energy, KE)는 전하수(n)와 가속 전압(V)의 곱으로 표시할 수 있다.

즉, KE=nV이다. 높은 에너지일수록 주입 원자는 실리콘 격자 내의 더 깊은 곳까지 침투할 수 있음을 의미한다. 높은 에너지의 경우 0.2~수 MeV까지 증가하며 퇴보하는 우물(retro−well)과 매몰 층(embedded layer) 형성에 사용된다.

6-3   결정 손상 부분 열처리

(1) 결정 손상 현상

이온 주입된 하전 입자들은 전자적 상호작용에 의한 탄성 충돌(elastic collision) 및 핵반응에 의한 비탄성 충돌(inelastic collision)을 하게 된다. 탄성 충돌은 주로 결정 원자들의 격자 진동을 유발하지만 비탄성 충돌은 결정 원자들의 변위를 유발한다. 이러한 변위는 결정 내에서 결정 결함, 결정의 비틀림을 유발하기 시작하여 한계점을 벗어나면 결함 덩어리 및 비정질 층(amorphous layer)을 형성한다. 이러한 격자는 열처리에 의한 결정회복(crystal recovery) 과정에 의해 복원되어야 한다.

[그림 2-47]에서 보는 바와 같이 원자의 반경에 따라 가벼운 이온과 무거운 이온의 격자 손상 정도가 다르다. 무거운 이온인 경우 격자 손상 범위가 넓음을 그림에서 비교하여 볼 수 있다.

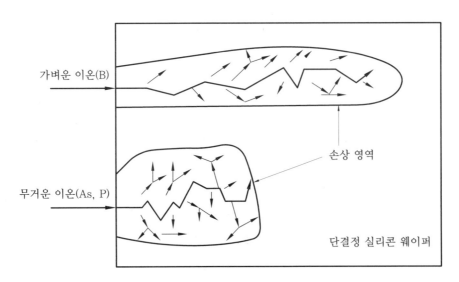

[그림 2-47] 무거운 이온과 가벼운 이온에 의한 실리콘 격자 손상도

이온과 격자 원자 간의 충돌에 의해 전달되는 에너지를 D_e, 격자 내의 위치로 떼어내는데 필요한 변위에너지를 E_d라 할 때 에너지의 범위에 따른 흐트러짐 정도는 다음과 같다.

$D_e < E_d$인 경우는 변위가 없고, $E_d < D_e < 2E_d$인 경우는 하나의 변위와 단순한 고립 결함이 존재하며, $D_e > 2_{Ed}$인 경우는 안정된 결함과 2차 변위가 존재한다.

$De \gg Ed$인 경우는 다수의 2차 변위가 존재하여 결함 덩어리(defect cluster)를 형성한다.

단위면적당 변위 타겟 원자의 수인 변위밀도 N_{dis}는 표면으로부터의 전 범위에 걸쳐 다음 식으로 표현된다. 다음 식에서 변위 밀도는 원자의 변위 안에 내재된 총에너지 Q_D에 비례하고, 타겟 원자에 대한 변위에너지 E_d에 반비례함을 알 수 있다.

$$N(X)_{dis} = \left(\frac{\Phi}{E_d}\right) * \left|\frac{dE}{dx}\right|_{\text{핵}} = \left(\frac{\Phi}{E_d}\right) * Q_D$$

Q_D : 원자의 변위 안에 내재된 총에너지 (단위 : eV/A)

E_d : 타겟 원자에 대한 변위에너지 (Si의 경우 : 약 15 eV)

(2) 결정 손상 복원

이온 주입이 된 실리콘 결정에 손상(damage)이 발생하고, 이로 인하여 전기적으로 목적했던 활성화가 일어나지 않는다. 이 상태로는 우리가 원하는 전기 소자를 만들 수가 없으므로, 이 문제점을 해결하기 위해서 500~1100℃ 사이의 고온에서 열처리 하여 전기적 활성화를 만든다. 이 과정을 열처리 공정이라 부른다. 열처리는 크게 두 가지 방법이 사용된다.

① 확산로(furnace)를 이용하는 방법

가장 기본적인 열처리 방법이며 수직 전기로(vertical furnace)를 사용하고, 균일도가 우수하며 시간은 5~6시간 정도 소요되는데 조건에 따라 조금씩 달라진다.

② RTP(rapid thermal process) 방법

급속 열처리 공정에 속하는 방법이며 할로겐 램프(hallogen lamp)를 사용하여 공정 시간이 수 초~수십 초 사이에서 진행이 완료된다. 이온 주입 후 열처리는 RTP로 이루어지는 추세이다.

㈎ RTP는 일반적으로 1000℃의 온도에서 빠르고 짧은 시간을 이용하여 웨이퍼를 열처리한다.

㈏ 빠른 온도 기울기와 짧은 열처리 시간은 격자의 손상을 복원하고 실리콘에서 도펀트의 확산이 최소화되는 반면 도펀트를 전기적으로 활성하기 위하여 열처리한다.

㈐ RTA는 전이 강화 확산이라고 알려진 현상을 최소화한다. 전이 강화 확산이란 주입 후 열처리 단계에서 발생되는 TED(transient enhanced diffusion)라고 알려진 도펀트 확산을 말한다. TED는 실리콘에 주입된 도펀트 이온으로부터 여분의 틈새 원자들에 의해서 발생되지만 실리콘 손상과는 연관이 없다. 단지 TED는 매우 얇은 접합을 형성할 때 모든 도펀트의 확산을 최소화할 필요성 때문에 중요하다.

7. 박막(Thin Film) 공정

박막 공정 기술은 주어진 기판 위에 얇은 금속과 유전체 막을 증착하는 기술이다. 박막 기술의 주요 공정 인자는 두께이다. 이 두께를 웨이퍼상 단차를 극복하고 균일하게 유지하는 기술이 매우 중요하다. 기판과 근접된 박막은 물리적, 기계적, 화학적, 전기적 특성에 영향을 미친다.

7-1   기상 증착법

(1) 물리적 기상 증착법(physical vapor deposition, PVD)의 개요

PVD(physical vapor deposition) 공정 기술은 반도체용 기판, 즉 웨이퍼에 기체 상태의 금속이나 합금을 물리적인 방법으로 증착시키는데 사용된다. CVD 공정과 달리 6~10 torr 이하의 고진공 챔버 내에서 진행된다. 즉 화학적 반응이 없이 생성하려는 박막과 동일한 재료를 진공 중에서 증발시켜 마주 보는 웨이퍼 위에 증착시키는 기술이다. 종류는 크게 두 가지로 나누어진다.

　㈎ 증발법 : 열이나 전자 빔을 박막이 될 재료를 기상화하여 웨이퍼에 증착하는 방법

　㈏ 스퍼터링(sputtering) : 박막이 될 재료를 플라즈마 안에서 이온으로 가격하여 웨이퍼 위로 증착시키는 스퍼터링(sputtering) 방법

① 열적 증발법(thermal evaporation)

열적 증발법은 금속 재료를 웨이퍼 위에 증착시키기 위해 고 진공($5 \times 10^{-5} \sim 1 \times 10^{-7}$ torr)에서 저항 열 소스를 이용하여 보트(boat)를 가열하고, 보트 위에 금속을 녹여 증발시킨 후 이때 증발된 금속을 차가운 웨이퍼 표면 위로 응축시키는 공정 기술이다.

용융점이 낮은 재료인 알루미늄(Al), 구리(Cu), 은(Ag), 금(Au) 등의 증착에 유리하며, 저항 열 재료로 쓰는 필라멘트에 공급되는 전류량을 조절함으로써 증착 속도를 변화시킬 수 있다.

[그림 2-48]에 열적 증발법에 대한 개요도가 도시되어 있다.

② 전자 빔 증발법(electron beam evaporation)

전자 빔 증발(E-beam evaporation) 공정 기술은 주로 용융점이 높은 금속인 텅스텐(W), 실리콘(Si)과 유전체 산화막 박막을 기판 위에 증착할 수 있는 방법이다.

반도체 공정 및 멤스(MEMS) 공정에 필요한 전극 제작에 주로 사용되는 공정으로, 전자 빔 소스(E-beam source)인 필라멘트에 전류를 공급하여 나오는 전자 빔을 전자석에 의한 자기장으로 유도하여, 증착 재료에 위치시키면 집중적인 전자의 충돌로 증착 재료가 가열되어 증발한다.

전자 빔 증발법의 장점은 증착 속도가 빠르고 고융점 재료의 증착이 가능하며, 다중 증착(multiple deposition)이 가능하다는 것이고, 단점은 엑스레이(X-ray) 발생과 전자 빔 소스 위

에 원자의 농도가 크기 때문에 와류 또는 방전이 심하다는 것이다.

[그림 2-49]에 전자 빔 증발(E-beam evaporation) 반응 방법이 도시되어 있다.

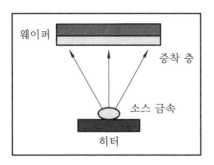

[그림 2-48] 열적 증발법에 대한 개요도

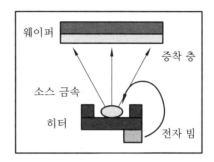

[그림 2-49] 전자 빔 증발 반응 방법

반응 매카니즘의 특징을 정리하면 다음과 같다.

㈎ 필라멘트 열 가열

㈏ 열전자 발생

㈐ 자장으로 전자 빔 형성

㈑ 금속재료 기체화 웨이퍼에 증착

③ 스퍼터링(sputtering)

스퍼터링(sputtering) 현상은 고체의 표면에 고 에너지의 입자를 충돌시킬 때, 그 고체 표면의 원자나 분자가 고 에너지 입자와 운동량을 교환하여 표면에서 밖으로 튀어나오는 현상이다.

[그림 2-50]에 반응 메카니즘이 도식되어 있다.

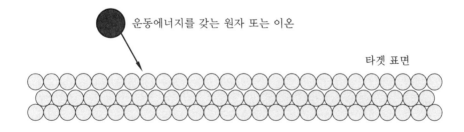

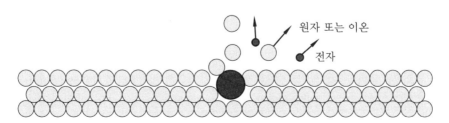

[그림 2-50] 스퍼터링 메카니즘

스퍼터링 증착 기술의 특징을 정리하면 다음과 같다.

⑦ 합금이나 화합물도 조성을 유지하면서 모든 원소 증착이 가능

㉯ 증착 시 증착물의 조성을 바꿀 수 있음

㉰ 내화 재료의 증착, 절연막의 증착, 금속 박막 증착 등에 사용

㉱ 증착 막 두께의 균일성 양호

㉲ 큰 면적의 타겟 이용 가능 → LCD 공정에서 롤(roll-to-roll) 공정 가능

㉳ 열적 증발(thermal evaporation)이 없음

㉴ 아크 증착(arc deposition)과 같은 거시적 입자(macro-particle)가 형성되지 않음

㉵ 낮은 공정 온도 → 저온 또는 상온 증착 가능

⑺ DC 스퍼터링 : DC 스퍼터링은 챔버(chamber) 안에 충분한 농도의 반응 가스가 존재할 때 300~5000 V 정도의 큰 직류 전압을 걸어주면 챔버 안에 플라즈마가 형성된다. 이 플라즈마에 의해 가스 원자들의 적은 양이 이온화되고, 이온이 가속되어 음극으로 이동하며 음극에 부착되어 있는 타겟 금속과 충돌하여 스퍼터링을 일으킨다.

　　DC 스퍼터링에서는 타겟에 공급된 전력의 75~95 %가 냉각수에 의해 소비되므로 타겟 물질의 열전도도가 중요한 변수이다. 타겟의 재료는 전도체만 가능하고 절연체는 불가능하다. [그림 2-51]에 DC 스퍼터링 발생 장치도가 도시되어 있다.

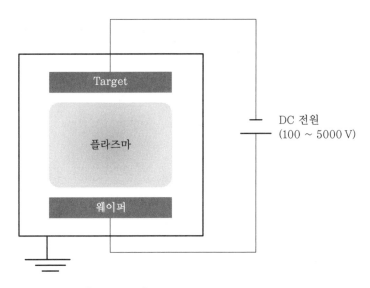

[그림 2-51] DC 스퍼터링 발생 장치도

⑻ RF 스퍼터링 : RF 스퍼터링은 챔버(chamber) 안에 고주파 전압을 걸어 타겟 표면에 축적된 전하를 중화시킨다는 점에서 DC 스퍼터링의 단점인 전극의 방전 문제를 해결한다. 또한 플라즈마와 전위차를 적당히 유지시켜 스퍼터링을 지속시킬 수 있다.

쓰이는 고주파의 주파수 영역은 플라즈마 장비에서 공통적으로 사용되는 공업용 해당 주파수인 13.56 MHz를 사용한다. 공업용 주파수로 국제적 표준은 13.56 MHz의 정수배 주파수만 허용된다. 고주파 전위를 전극에 걸어주었을 때 음의 반주기 동안은 양이온을 끌어들여 스퍼터링 되고, 양의 반주기 동안은 전자를 끌어들여 축적된 양전하를 중화시키고 방전을 지속시킴으로써 플라즈마를 공정 중 일정하게 유지한다.

[그림 2-52]에 발생 시스템이 도시되어 있다.

RF 스퍼터링에서 중요한 사항은 RF 소스와 내부 플라즈마와의 정합이 잘 이루어져야 균일한 플라즈마 속에 연속적으로 공정을 수행할 수 있다는 것인데, 이 사항은 플라즈마를 사용하는 모든 장비에 필수적인 사항이다.

이런 역할을 맡고 있는 모듈이 [그림 2-52]의 정합 네트워크(matching network)이다.

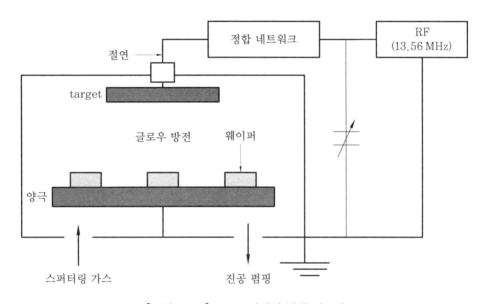

[그림 2-52] RF 스퍼터링 발생 시스템

(2) 화학기상증착(chemical vapor deposition, CVD)의 개요

화학기상증착법(chemical vapor deposition, CVD)이라는 CVD 공정은 외부와 차단된 반응실(챔버) 안에 웨이퍼를 넣고 반응할 가스를 공급하여 열, 플라즈마, 빛(UV 또는 LASER) 또는 임의의 에너지로 열분해를 일으켜 웨이퍼의 특성을 변화시키지 않고 고체 박막을 증착하는 합성 공정이다.

① 특징

CVD 공정에서는 기체 상태를 취급하는 관계로 챔버와 웨이퍼의 온도, 압력, 부피가 가장 큰 공정 제어 요소가 된다. 박막(film)이 형성되는 과정은 크게 두 가지로 나누어진다.

㈎ 동종(homogeneous) 반응 : 기체 상태(gas phase)에서 일어나며 형성된 박막의 질 측면

에서 나쁜 특성을 나타내고 불량입자(particle)가 많이 발생되는 단점이 있다.

㈏ 이종(heterogeneous) 반응 : 웨이퍼 표면에서 일어나는 반응으로 고 순도 박막을 얻을 수 있기 때문에 이종 반응 위주로의 공정 조건을 유도해야 한다.

② 적용 공정

이 CVD 공정 기술은 CMOS 제조 공정에서 산화막(SiO_2), 질화막(Si_3N_4) 등 절연체와 유전체 막을 형성하는데 사용되고, 텅스텐(W) 플러그(plug)와 같은 금속 막을 증착할 때 사용된다.

(3) 화학기상증착법 공정 분류

CVD 방법은 크게 열원과 챔버 압력에 따라 분류할 수 있다. 챔버의 진공도가 대기압 상태를 유지하면서 화학반응 시 히터 열에너지에 의존하는 APCVD(atmospheric pressure CVD) 방법, 챔버의 진공도가 저압 상태를 유지하면서 화학반응 시 히터의 높은 열에너지에 의존하는 LPCVD(low pressure CVD) 방법, 챔버의 진공도가 저압 상태이며 낮은 열에너지와 RF(radio frequency) 전력에 의한 플라즈마로 반응을 유도하는 PECVD(plasma enhenced CVD) 방법이 있다.

㈎ APCVD : 챔버 압력이 760 torr, 증착 온도는 500~550℃, 히터 열에너지를 이용하고 챔버의 유형은 벨트형이며, 산화막과 PMD 막으로 사용되는 BPSG(boron phosphorus silicate glass) 막을 증착하는데 쓰인다. 대기압 상태에서 증착하므로 빠른 시간 안에 두꺼운 막을 증착할 수 있는 장점이 있으나 막의 질이 양호하지는 않다.

㈏ LPCVD : 챔버 압력이 10~100 torr, 증착 온도는 400~900℃, 히터 열에너지를 이용하고 챔버의 유형은 단일 챔버형과 확산로가 있으며, 텅스텐(W), 산화막, 질화막, 폴리 실리콘막의 증착에 사용된다.

㈐ PECVD : 챔버 압력이 3~15 torr, 증착 온도는 350~400℃, 플라즈마 에너지를 이용하고 챔버의 유형은 단일 챔버형과 다중 챔버형이 있으며, 산화막과 질화막 증착에 사용된다. 챔버의 유형에서 벨트형이란 벨트를 타고 챔버 안을 웨이퍼가 연속적으로 이송되어 공정을 진행하는 형태이다.

㈑ 확산로 : 웨이퍼를 석영 카세트에 150~200매 정도 장착하여 노 안에서 한 번의 공정으로 완료하는 형태이며, 단일 챔버는 웨이퍼 한 매, 다중 챔버는 여러 매를 수행하는 구조를 갖는다. 종류별로 그 특성을 비교해 보면 [표 2-13]과 같이 정리할 수 있다.

[표 2-13] 금속과 유기 화합물 세정에 사용되는 세정 용액의 화학식

공 정	압 력(torr)	증착온도(℃)	에너지	챔버 유형	박 막
APCVD	760	500~550	히터 열	벨트(belt)	SiO_2/BPSG
LPCVD	10~100	400~900	히터 열	단일 챔버 확산로	W/SiO_2/Si_3N_4/Poly-Si
PECVD	3~15	350~400	플라즈마	단일 챔버 다중 챔버	SiO_2/Si_3N_4

① APCVD 산화막 형성 공정

APCVD 산화막 공정은 상압 하에서 TEOS(tetra ethyl ortho silicate)와 오존(O₃)을 반응물질로 산화막(SiO₂)을 형성시키는 공정이다. 오존(O₃)을 사용함으로써 저온에서도 박막 증착이 가능하다. 다른 CVD 방법에 비해 대기압에서 반응이 일어나도록 설계되었기 때문에 반응이 단순하고, 압력이 높은 상태에서 가스의 평균 자유이동 경로(mean free path)가 짧기 때문에 공극 채움(gap fill) 능력이 우수하다는 장점이 있다.

㈎ 공극 : 우물 형태의 빈 공간을 말하고, 평균 자유이동 경로는 입자 1이 입자 2와 충돌하기 전까지의 이동 거리를 말한다. 이에 관한 이해는 [그림 2-53]을 통해 알 수 있다.

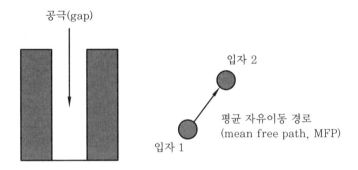

[그림 2-53] 공극과 평균 자유이동 경로의 개념도

㈏ 공정의 원리

㉮ 상압 챔버를 일정 압력으로 분사되는 질소(N₂) 막에 의해 외부와 차단하고, 컨베이어 벨트를 따라 웨이퍼가 지나가면서 주입구(injector)로 주입되는 가스가 500~550℃ 열에 의한 반응으로 증착되는 방식이다.

㉯ 반응 물질로 TEOS와 오존(O₃)에 의해 생성된 산화막(SiO₂)을 불순물(doping)이 미첨가된 NSG(nondoped silica glass) 또는 USG(undoped silica glass) 형태로 STI(shallow trench isolation) 공극 채움 공정에 이용한다.

㉰ 반응 물질 이외의 불순물로 인(P)의 소스가 되는 TMP(tri methyl phosphate : P(CH₃O)₃), 보론의 소스가 되는 TMB(tri methyl borate : B(CH₃O)₃)를 첨가함으로써 PMD 막으로 사용하는 BPSG 막을 얻을 수 있다.

② 일반 CVD 반응 과정

LPCVD와 APCVD 공정에서의 화학결합 반응은 유사하다.

㈎ 먼저 외부로부터 반응 챔버 안으로 반응 가스가 유입되면 열에 의해서 반응 가스들이 분해되어 새로운 반응물을 형성한다.

㈏ 형성된 반응물은 웨이퍼 쪽으로 이동하여 경계층을 형성한다. 이들 반응물은 웨이퍼 표면에 이르고 웨이퍼 표면 결정 원자들과 결합하면서 증착 막을 형성시킨다.

㈐ 반응 후 새로이 형성된 부산물들은 반응하고 남은 가스들과 함께 외부로 배기된다.

㈑ APCVD의 경우 반응 시 대기압을 사용하므로 챔버 내의 압력 조절은 필요 없고, 단지 웨이퍼의 온도를 조절하여 생성된 반응가스와 표면에서 결합하도록 장비가 구성된다.

㈒ LPCVD의 경우 압력 조절이 필요하므로 외부와 차단된 챔버 안에서 챔버 자체를 열 가열하여 진공펌프로 챔버 내의 압력을 일정히 유지하면서 화학반응을 하는 장비 구조로 이루어진다. [그림 2-54]에 일반적인 CVD법에 의한 화학결합 과정이 도식되어 있다.

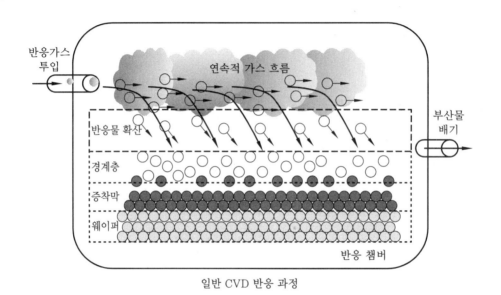

일반 CVD 반응 과정

[그림 2-54] 일반 CVD 방법에 의한 박막 형성 과정

[그림 2-54]에서 보는 바와 같이 챔버 내에서 반응 과정 층은 4개의 층으로 나누어져 있다. 상층에서는 챔버 안으로 반응물들이 확산하여 웨이퍼 표면을 향하고, 그 하부 층은 화학결합 전의 혼합된 상태, 또 그 하부 층은 박막이 형성되는 층이며, 마지막층은 웨이퍼와 증착 막의 경계면이다.

③ PECVD 반응 과정

웨이퍼 표면에서 플라즈마에 의한 CVD 반응은 다소 복잡하다.

㈎ 플라즈마 증착 막의 특성을 좌우하는 공정 인자

㉮ 플라즈마 전원 공급 방식

㉯ 사용 가스들의 구성

㉰ 챔버 내의 압력 조절

㉱ 웨이퍼의 온도 등

㈏ 막의 구성 흐름도

㉮ 반응 챔버의 진공 상태에서 RF 에너지가 가스 분자를 분해시키고 플라즈마 상태를 형성함으로써 시작된다.

㉯ 플라즈마 상태에서 가스와 함께 주입된 반응물(반응 분자, reactants)들은 RF 전기장에 의하여 분리된다.

㉰ 이 분리된 반응 분자들은 새로운 전구(precursor)를 형성한다.

㉱ 이 형성된 전구들은 막이 증착되어지는 웨이퍼에 이르고 흡착된다.

㉲ 흡착된 전구들은 웨이퍼 안으로 확산하여 들어가고, 웨이퍼에 가한 열의 도움으로 표면에서 새로운 막을 형성시킨다.

㉳ 웨이퍼와의 계면에 일차적인 씨드(seed) 원자 층이 형성되면 그 원자층 위로 규칙적 결정 구조를 유지하면서 막은 원하는 두께까지 증착된다.

㉴ 이런 증착 과정이 진행되는 동안 반응에서 분리된 분자들은 새로운 휘발성 가스를 형성하며 진공 펌프에 의해서 배기 층으로 빠져나간다.

여기서 중요한 사항은 휘발성이 아닌 고체성 화합물이 형성되면 성정된 박막으로 떨어져 막의 특성을 저하시킨다.

이런 이유 때문에 화합물 막을 생성하기 위해 사용되는 최종 부산물이 무엇인지 확인하여 소스 가스를 설정해야 한다. 물론 챔버의 플라즈마 균일성, 온도, 압력의 정확한 조절도 필수적이다.

[그림 2-55]에 반응 메카니즘이 나타나 있다.

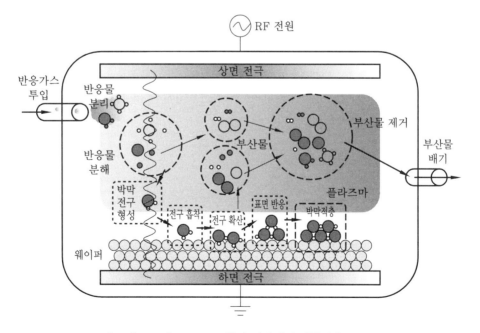

[그림 2-55] PECVD 챔버 내에서의 화학반응 과정

반응 과정을 정리해 보면 다음과 같다.

> 반응가스 투입 → 반응물 분리 → 반응물 분해 → 박막 전구 형성 → 전구 흡착 → 전구 확산
> → 표면 반응 → 박막 적층

④ HDPCVD 공정

HDPCVD 공정 과정은 먼저 1차 두께로 증착한다. 이 두께는 공극이 맞닿게 되어서는 안 된다. 이후 이온 스퍼터 공정이 이어지고 증착막이 식각된다. 기준은 경사막이 45° 정도이다. 이후 2차 증착 막을 올리고 CMP 평탄화 공정으로 마무리하여 평탄화된 절연막을 얻어낸다.

여기서 공극이 좁고 깊을수록 증착과 식각은 여러 번 반복되는데, HDPCVD 공정의 특성상 패턴 상이 45°가 되는 부분에서 스퍼터 식각(sputter etch)이 가장 극대화되어 증착 비율과 식각되는 비율이 1:1이 되는 것을 나타낸다.

HDP 공정이 진행된 뒤 단면 SEM 사진을 촬영하여 보면 좁은 금속막 위에는 삼각형 형태의 박막이 형성되고, 폭이 넓은 금속 막 위에는 윗변이 밑변보다 작은 사다리꼴 형태의 HDP 모형이 형성된다.

도식적으로 정리해 보면 [그림 2-56]과 같다.

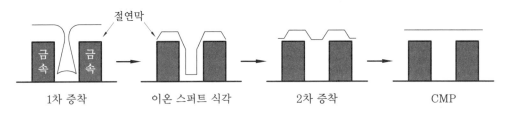

(a) 공정 순서

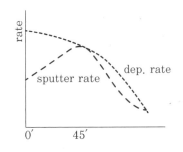

(b) 각도에 따른 식각(sputter)과
증착(dep.) 비율(rate)

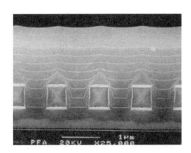

(c) 4번복된 공정 후 모습

[그림 2-56] HDPCVD 공정 순서와 조건, 그리고 결과

기본 평가 항목

1. 사진 공정의 전체 흐름도를 작성할 수 있는가?

2. 웨이퍼 표면 처리 공정을 하는 이유를 이해하였는가?

3. PR 고형화, 잔여 용매 및 수분을 제거하는 베이크 공정을 이해하였는가?

4. 감광막 도포 두께 조정 인자에 대하여 설명할 수 있는가?

5. 감광액 3요소와 스핀 도포 3단계를 열거할 수 있는가?

6. 해상도 관계식과 초점도 관계식을 쓰고, 인자들을 설명할 수 있는가?

7. 현상이 부족하면 일어나는 패턴 형상에 대하여 설명할 수 있는가?

8. 식각률에 대하여 설명할 수 있는가?

9. 식각 공정에서 선택비와 마이크로 로딩 효과에 대하여 설명할 수 있는가?

10. 과도 식각을 하는 목적을 이해하였는가?

11. 건식 식각과 습식 식각의 차이점을 이해하였는가?

12. 질화막 습식 식각 용액과 산화막 습식 식각 용액이 무엇인지 설명할 수 있는가?

13. 식각 공정의 세 가지 방식에 대하여 기술할 수 있는가?

14. 식각 균일도에 대하여 설명할 수 있는가?

15. 이방성 식각과 등방성 식각에 대하여 설명할 수 있는가?

16. 반도체에서 불순물 원자의 역할을 이해하였는가?

17. 확산 공정이란 무엇을 하는 공정인지 이해하였는가?

18. 도펀트 이동에서 공공 침입형(interstitial type)과 치환형(substitutional type)에 대하여 설명할 수 있는가?

19. 열 산화막 두께 조정 변수에 대하여 설명할 수 있는가?

20. 이온 주입과 확산의 차이점을 이해하였는가?

21. 에치백(etchback) 공정 기술에 대하여 설명할 수 있는가?

22. 유리 환류(glass reflow) 공정 기술에 대하여 설명할 수 있는가?

23. 스핀-온 필름(spin-on films) 공정 기술에 대하여 설명할 수 있는가?

24. CMP(chemical mechanical planarization) 공정 기술에 대하여 설명할 수 있는가?

25. 다마신 공정에 대하여 설명할 수 있는가?

26. 세정 용액 중 SC1과 SC2의 구성 화학용액은 무엇인지 설명할 수 있는가?

27. 이온들의 실리콘 격자 사이를 진행하는 3가지 방법에 대하여 설명할 수 있는가?

28. 이온 주입 후 결정 손상 복원 열처리 공정의 목적을 이해하였는가?

29. 박막 공정 중 PVD 방법과 CVD 방법에 대하여 설명할 수 있는가?

30. 평균 자유이동 경로에 대하여 설명할 수 있는가?

31. HDPCVD에 대하여 설명할 수 있는가?

32. 플라즈마 공정에서 주로 사용되는 주파수 대역을 설명할 수 있는가?

33. 이온 주입 공정 목적을 이해하였는가?

34. 스퍼터링 원리에 대하여 설명할 수 있는가?

35. CD(critical dimension)에 대하여 설명할 수 있는가?

36. 사진 공정에서 정렬도에 대하여 설명할 수 있는가?

37. 플라즈마 에싱 공정에 대하여 설명할 수 있는가?

공정 장비

1. 사진(Photo) 공정 장비
2. 식각(Etch) 공정 장비
3. 확산 및 이온 주입 장비
4. 박막 증착 장비
5. CMP 장비

학 / 습 / 목 / 표

- 사진 공정 장비의 개념, 종류, 구성모듈, 작동원리에 대하여 설명할 수 있다.
- 식각 공정 장비의 개념, 종류, 구성모듈, 작동원리에 대하여 설명할 수 있다.
- 확산 공정 장비의 개념, 종류, 구성모듈, 작동원리에 대하여 설명할 수 있다.
- 이온 주입 공정 장비의 개념, 종류, 구성모듈, 작동원리에 대하여 설명할 수 있다.
- 박막 증착 공정 장비의 개념, 종류, 구성모듈, 작동원리에 대하여 설명할 수 있다.
- CMP 공정 장비의 개념, 종류, 구성모듈, 작동원리에 대하여 설명할 수 있다.
- 공정의 작업 순서와 절차를 파악하여 수행 중인 단위 공정의 특성을 확인할 수 있다.
- 장비의 핵심 구성부품의 동작원리를 숙지하여 이상 상황 발생 시 문제를 해결할 수 있다.
- 장비의 효율적인 운영을 위하여 장비에 연결된 설비시설의 인자를 확인할 수 있다.

CHAPTER 3

공정 장비

1. 사진(Photo) 공정 장비

1-1 노광 장비 개요

DRAM(dynamic random access memory) 메모리 소자가 반도체 제품의 대량생산으로 이어지고, 평탄화(CMP) 기술의 발전과 더불어 사진 공정 기술 개발이 고집적 소자의 선두에 서게 되었다. logic 제품은 다소 2~3년 늦게 뒤따라오고 있지만 발전을 거듭하고 있다. 반도체 소자의 소형화는 설계된 마스크 상의 복잡하고 다양한 패턴을 웨이퍼에 정확하게 전사하는 노광 장치의 해상력 역할이 매우 중요하다.

노광 장치의 해상력은 노광 광원의 파장에 반비례한다. "step and repeat"의 노광 방식을 채택한 초기의 stepper에서 사용한 광원의 파장은 436 nm(g-line)에서 365 nm(i-line)를 거쳐 현재는 248 nm(KrF excimer laser) 파장의 DUV light를 이용하는 stepper나 scanner type의 노광 장비를 주로 사용하고 있다.

주 노광 장비 모듈은 다음과 같다.

① 높은 구경 수(numerical aperture, NA)를 갖는 렌즈와 하드웨어(hardware)
② 마스크와 웨이퍼의 정교한 이동을 위한 스테이지(stage)
③ 정렬(alignment) 시스템
④ 광원

물론 사진 공정 기술은 장비와 더불어 CAR(chemically amplified resist) type resist와 같은 재료의 개발, 공정 측면에서 TLR(tri layer resist), TSI(top surface imaging), ARC(anti reflective coating), mask에서 PSM(phase shift mask)과 OPC(optical proximity correction) 등 많은 기술의 개발이 이루어져 왔다. 광원 측면에서는 엑시머 레이저를 이용한 248 nm(KrF)와 193 nm(ArF) DUV 노광 시스템 구축과 양산, 기술 개발이 활발하다.

그러나 이러한 DUV 사진 공정에서 해상력을 높이기 위한 여러 가지 기술을 조합한다 하여도 $0.1\,\mu m$ 이하의 패턴(pattern)은 불가능하므로 새로운 광원을 갖는 노광 시스템의 개발이 활발히 진행되고 있다. 현재 가장 근접한 기술로는 전자 빔(electron beam)과 X-ray를 광원으로 하는 노광 장비 개발이 있고, 그 외에 EUV(extream ultra-violet)와 이온 빔(ion beam)을 광원으로 하는 기술이 개발되고 있다.

초기의 노광 장비는 접촉식(contact printer)으로써 웨이퍼 위에 바로 마스크를 대고 현미경으로 웨이퍼를 정렬한 후 노광하는 방식이었다. 그러나 접촉 방식이라 마스크의 오염, 웨이퍼의 깨짐 현상이 발생되는 문제점을 갖게 되었다.

이 문제점은 기술을 조금 더 발전시켜 마스크와 웨이퍼 간의 거리(gap)를 줄여서 해상력을 높임으로써 거리의 차이에 따라 soft contact, hard contact($10 \sim 20\,\mu\text{m}$ 이하), 그리고 vacuum contact 등의 종류를 갖는 근접식(proximity printer) 방법으로 노광하게 되었다.

그 후 1970년대 초반에는 반사나 굴절을 이용한 광학 시스템을 적용한 투영 방식의 노광 장비의 개발로 해상력은 물론이고 마스크의 수명 연장과 웨이퍼 크기의 대구경화 제품 개발에 적용이 가능하게 되었다.

반도체 대량 생산에 획기적인 기여를 한 것은 스테퍼(stepper) 노광 시스템이다. stepper란 "step and repeater"의 줄임말로, 이 방식의 노광 장비를 사용하여 해상력은 물론이고 정렬도(alignment accuracy)의 향상이 이루어졌다.

초기 스테퍼는 mask pattern 대 wafer 상에서의 pattern 비율이 1:1이나 5:1 또는 10:1의 축소 투영 노광 방식으로 설계되었으나 mask patterning과 size의 한계로 인하여 5:1 축소 투영 방식이 주류를 이루게 되었다.

다시 1990년대 초반부터 개발된 "step and scan" type의 scanner는 4:1 축소 방식으로 mask patterning의 부담을 주기는 했지만 점점 커지는 칩 사이즈에 대응하여 생산성을 높일 수 있도록 한 노광 장비이다.

1-2   노광 장비 분류

본 교재에서는 축소 투영 방식을 이용한 노광 장비를 중심으로 설명하고자 한다. 특히 양산에 사용되는 stepper와 scanner 노광기를 중심으로 설명하고자 한다.

(1) 광원 종류에 따른 분류

노광 시 사용되는 빛, 즉 광원에 따라 크게 MUV(middle UV), DUV(deep UV)로 노광기를 구별한다. MUV 노광기의 경우 노광기 내부에 장착된 램프를 이용하여 광원을 얻는 반면, DUV 노광기의 경우 외부에서 레이저 발진 장치를 사용하여 단색광 레이저 광원을 얻어 사용한다.

[표 3-1]에 여러 가지 광원에 대한 분류를 정리하였다.

[표 3-1] 광원에 따른 노광 장비 및 해상도

종 류	파 장(nm)	표 현	CD 해상도(μm)
MUV	436	g-line	0.5
	405	h-line	0.4
	365	i-line	0.35
DUV	248	KrF	0.25
	193	ArF	0.18
	157	F2	0.13

(2) 노광 방식에 따른 분류

노광 방식에 따라 크게 두 종류, 즉 stepper와 scanner로 구분한다. stepper의 경우 레티클 스테이지를 고정시키고 웨이퍼 스테이지만 움직여서 일괄 노광하는 방식이다. 반면에 scanner의 경우는 레티클 스테이지와 웨이퍼 스테이지가 동시에 움직여 노광 과정을 실행하는 방식이다. 이때 레티클과 웨이퍼 스테이지의 방향은 서로 반대 방향이다.

[그림 3-1]에 stepper와 scanner의 노광 방식이 도식화되어 있다.

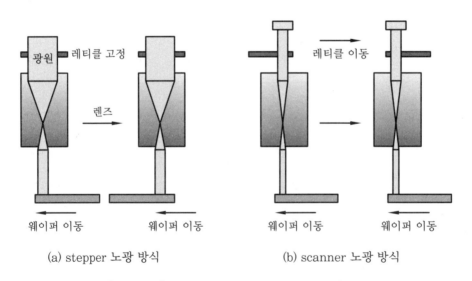

(a) stepper 노광 방식   (b) scanner 노광 방식

[그림 3-1] stepper와 scanner 노광 방식 비교도

웨이퍼 상의 shot의 형태는 [그림 3-2]와 같이 stepper의 경우 레티클이 고정된 상태에서 웨이퍼만 상하, 우좌로 일렬로 이동하면서 shot이 이루어지고, scanner의 경우 웨이퍼는 좌우로, 레티클은 상하로 이동하면서 shot이 이루어진다.

[그림 3-2] (b)에서 플러스(+)와 마이너스(-) 부호는 레티클의 상하로의 이동 방향을 나타낸다.

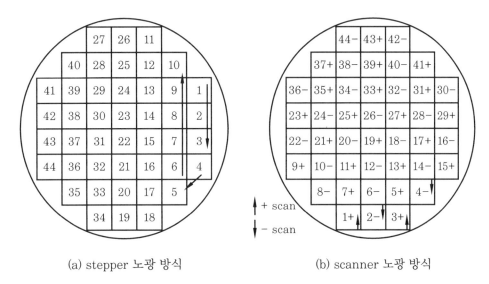

(a) stepper 노광 방식   (b) scanner 노광 방식

[그림 3-2] stepper와 scanner의 웨이퍼 상의 shot 이동 방식

1-3 Stepper 노광 장비 모듈

노광 장비는 마스크 상의 회로도를 광원을 이용하여 웨이퍼 상의 감광막에 전사시키는 장비이다. 노광기에는 여러 가지 종류가 있으나 스테퍼 노광기의 구조를 살펴보면, 이 노광기는 크게 레티클 상까지 빛을 유도하는 조명광학계, 레티클의 마스크 상에 그려진 회로 패턴을 웨이퍼의 1/5(오분의 일)배로 축소하여 웨이퍼에 투영시켜주는 축소 투영 렌즈부, 웨이퍼의 이동을 담당하는 웨이퍼 스테이지부로 나누어진다. [그림 3-3]에 모듈 구성도가 도시되어 있다.

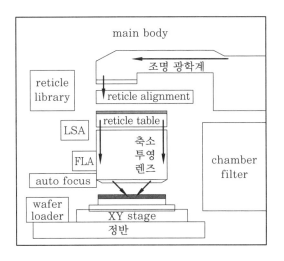
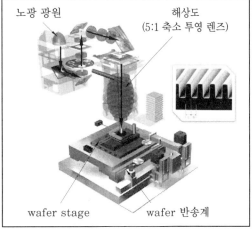

[그림 3-3] stepper 노광 시스템의 주요 구성 모듈

동작은 다음 순서로 진행된다.

① 감광막이 도포된 웨이퍼가 웨이퍼 스테이지에 고정되어 위치한다.

② 레티클이 레티클 스테이지에 정렬한다.

③ 조명 광학계에서 마스크에 노광 광원이 입사한다.

④ 입사된 광원은 축소 투영 렌즈를 통과하여 웨이퍼 렌즈 중심에서 셔터에 구동으로 첫 번째 shot을 전사한다.

④ 웨이퍼 스테이지가 좌우, 상하로 움직이면서 주어진 웨이퍼에 모든 shot을 완성한다.

1-4 Scanner 노광 장비 모듈

scanner 노광 장비도 stepper 노광 장비 모듈과 유사하나 scanning을 위한 이동형 레티클 스테이지가 부가된다. 레티클 스테이지의 부가와 레티클 상까지 빛을 유도하는 조명 광학계, 레티클의 마스크 상에 그려진 회로 패턴을 웨이퍼에 1/5(오분의 일)배로 축소하여 웨이퍼에 투영시켜주는 축소 투영 렌즈부, 웨이퍼의 이동을 담당하는 웨이퍼 스테이지부로 나누어진다.

[그림 3-4]에 모듈 구성도가 도시되어 있다.

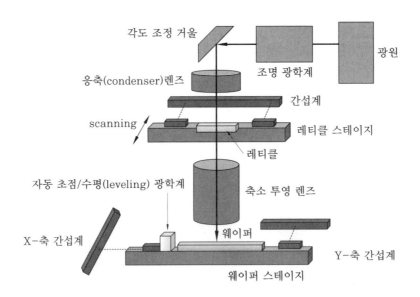

[그림 3-4] stepper 노광 시스템의 주요 구성 모듈

동작은 다음 순서로 진행된다.

① 감광막이 도포된 웨이퍼가 웨이퍼 스테이지에 고정되어 위치한다.

② 레티클이 레티클 스테이지에 정렬한다.

③ 조명 광학계에서 마스크에 노광 광원이 입사한다.

③ 입사된 광원은 축소 투영 렌즈를 통과하여 웨이퍼 렌즈 중심에서 셔터에 구동으로 첫 번째 shot을 전사한다.

④ 웨이퍼 스테이지가 좌우로 이동하고 레티클 스테이지가 상하로 움직이면서 주어진 웨이퍼에 모든 shot을 완성한다.

1-5　조명 광학계

조명 방법은 크게 두 가지로 일반 조명과 변형 조명으로 나누어진다.

(1) 일반 조명 광학계

균일한 조도가 요구되는 projector용 kohler 조명과 현미경과 같이 좁은 영역에서 강한 빛이 요구되는 critical 조명 두 가지가 있다. 노광 공정에서 사용되는 조명법은 일반적으로 균일한 조도로 칩 내부에 균일한 선 폭을 제공해 줄 수 있는 방법을 사용한다.

Kohler 조명법은 [그림 3-5] (a)에서와 같이 유효 광원에서 출발한 빛이 축소 투영 렌즈의 입사동(entrance pupil)에 상이 맺히도록 꾸미는 조명법으로, 레티클이 있는 면에서는 균일한 조도를 얻어낼 수 있다. 유효 광원이 위치한 곳에는 여러 종류의 개구(aperture)를 두어 mask 층에 따라 최적의 노광 조건을 선택한다.

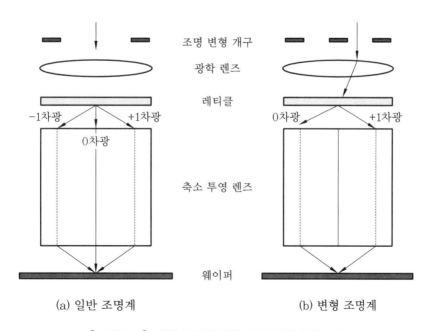

(a) 일반 조명계　　　　　　　　(b) 변형 조명계

[그림 3-5] 일반 조명과 변형 조명 광학계 비교도

(2) 변형 조명 광학계

[그림 3-5]에서 개구(aperture)가 원형이면 축소 투영 렌즈에 동일한 모양으로 상이 생기면서 노광을 하는데, 이러한 조명법을 일반 조명(conventional illumination)법이라 한다. 변형 조명은 이러한 조명법과는 달리 reticle에 입사되는 빛이 경사지게 입사하도록 꾸미는 조명 방법인데 다른 용어로 사입사 조명법(off-axis)이라고 부른다.

[그림 3-6]은 일반 조명과 사입사 조명의 동작 원리를 비교해 놓은 그림이다.

사입사 조명을 선택하는 가장 큰 이유는 다음과 같다.

reticle에 있는 패턴을 전사하려면 패턴의 정보를 담고 있는 1차 항이 가능한 렌즈 내부로 많이 들어가도록 꾸며야 하는데, 일반 조명에서 레티클의 패턴 크기가 줄게 되면 레티클에 의한 회절각이 점차로 커지게 되어 렌즈 내부로 레티클의 1차 항 정보가 들어가지 않게 된다.

이 결과는 레티클의 정보가 웨이퍼 면에 전달되지 않기 때문에 아무것도 기대할 수 없게 된다. 결국 레티클의 정보를 렌즈에 넣어주기 위해 0차광을 레티클에 대해 경사지게 입사시켜서 레티클에 의한 회절각이 커져도 1차광이 lens 속으로 들어가도록 꾸며야 하는데, 이러한 조명법을 사입사 조명이라 한다.

변형 조명의 광학계는 변형 조명이 이루어지도록 개구의 모형으로 조정하는데, [그림 3-6]에 그 모형이 나타나 있다.

[그림 3-6]에서 광이 통과하는 부분은 흰색 부분이다. (a)는 일반 조명의 개구 모형이고 (b)는 개구의 중앙 부분을 가려서 광 분할을 이루는 annular 방식이며 (c)는 광을 4분할하여 입사시키는 quadrupole 개구의 모형이다.

(a) 일반 조명 개구   (b) annular 방식 개구   (c) quadrupole 방식 개구

[그림 3-6] 변형 조명 방식의 개구 모형

(3) 광학계 구성 부품

광학계는 광의 회절, 간섭, 굴절의 성질을 이용하여 보다 강한 광을 생성하기 위한 부품으로 구성된다. 램프를 이용한 광원 사용 시 광학 시스템과 부품들의 배치도가 [그림 3-7]에 도시되어 있다.

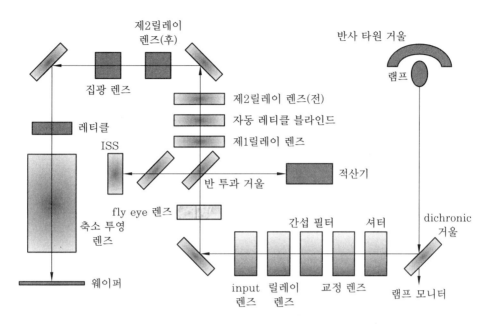

[그림 3-7] 조명계 광학 구성도

구성 부품의 렌즈와 거울들의 기능은 다음과 같다.

① 반사 타원 거울 : 램프로부터 나온 광을 집광하여 광선을 만든다.

② dichronic 거울 : 타원 거울로부터 집광된 광을 직각으로 반사시킨다.

③ 교정렌즈 : 평행광을 집광시킨다.

④ 간섭 필터 : 램프에서 오는 광원 중 특정 파장만 통과시킨다.

⑤ input 렌즈 : 집광된 단일 파장의 빛을 평행 광속으로 조정한다.

⑥ fly eye 렌즈 : 타원 거울로부터 오는 조명의 균일도를 조정한다.

⑦ 제1릴레이 렌즈 : fly eye 렌즈로부터의 광을 레티클 블라인드에 결상시킨다.

⑧ 레티클 블라인드 : 레티클 상에 조사되는 광의 면적을 조정한다.

⑨ 제2릴레이 렌즈 : 레티클 블라인드를 통과한 광을 평행광으로 만든다.

⑩ 집광렌즈 : 각각의 fly eye 렌즈의 상을 레티클에 결상시킨다.

⑪ ISS, 적산기 : 노광되는 광량을 측정하고, 적산노광을 자동으로 수행한다.

⑫ 반 투과 거울 : 광원을 이원화하여 보내는 광의 정보를 얻을 수 있도록 하는 거울이다.

1-6   웨이퍼 스테이지

웨이퍼 스테이지는 stepper와 scanner 노광기에서 매우 중요한 구성 모듈이다.

웨이퍼의 정확한 이동이 요구되는 정교한 모터와 이동거리 센서가 필요하고, 기울임(leveling)이 없는 평탄도가 매우 우수한 적층이 되어야 한다. 물론 진동도 없어야 한다.

스테이지는 X, Y 방향으로 평면 이동하는 X-축, Y-축 스테이지와 상하 방향으로 이동하는 Z-축 스테이지, 회전을 하기 위한 θ-축 스테이지로 구성된다. 맨 하단은 이들을 지지하는 평탄도 높은 정반이 위치한다. 외부로부터 진동을 제거하기 위해서 정반 아래에 평탄도와 진동 흡수에 강한 재질의 제진대가 설치된다.

[그림 3-8]에 스테이지의 수직 구성도와 상면에서의 구성도가 도시되어 있다.

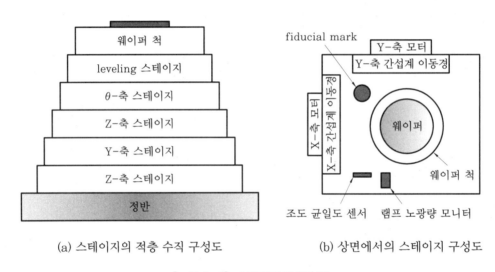

(a) 스테이지의 적층 수직 구성도   (b) 상면에서의 스테이지 구성도

[그림 3-8] 스테이지의 구성도

(1) X-Y 스테이지의 기능 및 구성

노광할 웨이퍼를 고진공으로 합착하여 일정한 노광 면적을 step & repeat 하는 부분으로, 스테이지는 간섭계 이동경, 노광량 모니터, 조도 균일도 측정 센서, 웨이퍼 척으로 구성된다. Z-축 스테이지는 자동 초점을 위해 상하로 이동할 수 있고, θ-축 스테이지는 웨이퍼의 회전량을 보정하는데, 웨이퍼 상에 형성된 정렬(alignment) 표시 검출을 통해 회전량을 보정한다. 이는 웨이퍼의 notch, flat zone을 이용하여 웨이퍼 정렬 시 사용한다.

간섭 이동경은 웨이퍼 스테이지의 이동량 측정 및 이동량을 측정하여 신호를 스테이지 driver에 피드백 하고 스테이지의 이동량을 제어한다. 이때 사용되는 간섭계는 마이켈슨 간섭계를 기본으로 Zeeman 효과를 응용한 고주파 방식의 주파수 안정화 저출력 He-Ne 레이저를 광원으로 도플러 효과를 응용한 AC 간섭계를 사용한다.

노광량 모니터는 램프에서 오는 노광량을 측정하고, 조도 균일도 측정 센서는 이미지 field 내의 램프 세기 균일도를 측정한다.

(2) X-Y 스테이지 구동

AC 간섭계에서 얻어지는 정보를 driver 시스템에서 제어하면서 볼(ball) 스크루를 이용하여 역학적으로 이동한다. 장비 점검 상황에서 이 볼 스크루의 윤활 상태 점검은 매우 중요하다. 현재는 이러한 복잡성을 배제하기 위하여 공기압을 이용한 이동 방식이 채택되어 사용되고 있다.

1-7 축소 투영 렌즈

(1) 분해능과 초점 심도

사진 공정에서 가장 중요한 변수는 마스크 패턴을 웨이퍼에 전사하는데 있어서 한계점인 분해능(resolution, R)이다. 분해능은 마스크 패턴을 노광하였을 때 전사될 수 있는 최소 크기의 척도이다. 광학 렌즈의 분해능은 Heisenberg의 불확정성 원리에 따라 파동의 회절 현상에 의해 제한되어 있으므로 이론적으로 리소그래피에서 구현할 수 있는 최소 선 폭의 한계는 사용되는 광학계와 공정에 의해 다음과 같은 식으로 표현된다.

$$R = k_1\lambda/NA$$

위 식에서 k_1은 노광 설비의 공정 인자이고, λ는 사용되는 광원의 파장이며, NA는 노광 광학계가 가지는 개구수(numerical aperture, NA)이다. 공정 인자를 제외하면 정교한 패턴을 전사하기 위해서 보다 짧은 파장을 사용하고 렌즈 구경이 크고 높은 NA의 광학계를 이용해야 한다. 그러나 실제 패턴을 반도체 공정에서 구현하기 위해서는 분해능을 유지할 수 있도록 마스크와 광학계 그리고 웨이퍼를 상대적으로 정렬할 때 허용 가능한 수직 정렬 오차의 척도인 초점 심도(depth of focus, DOF)를 함께 고려해야만 한다. 초점 심도는 다음 식과 같다.

$$DOF = k_2\lambda/NA^2$$

여기서 k_2는 앞서 기술된 식과 동일하게 공정 인자이다. 일반적으로 사진 기술에서 초점 심도가 클수록 공정 여유도가 커져서 패턴 형성이 쉬워진다. 분해능의 관점에서 좀 더 큰 NA의 광학계를 설계했을 때 해상도는 좋아지지만 NA^2에 반비례하는 초점 심도가 줄어들어 공정에 대한 여유도가 줄어드는 것을 확인할 수 있다. 렌즈의 크기는 노광 설비 내에서 공간적인 제한과 정밀제작의 한계로 인해 NA값의 지속적인 증가는 불가능하다. 이 문제를 극복하기 위해서는 단파장의 광원을 사용해야 한다.

현재까지 해상도의 개선은 g-line(436 nm)에서 i-line(365 nm)을 거쳐 KrF laser(248 nm)와 ArF laser(193 nm)와 같이 점차 단파장의 광원을 사용함으로써 실현해 왔다.

k_1, k_2 factor를 조정하여 해상력을 증가시킬 수 있지만 공정 인자는 포토레지스트의 감도, 리소그래피 장비의 유연성, 마스크 제작의 난이도, 현상 공정의 난이도 등 복잡한 상황을 내포하고 있어서 극미세 패턴 구현이 필요한 현재의 사진 공정 기술은 해상도와 초점 심도와의 역관계를 고려하여 단파장을 사용하는 경향으로 발전하고 있다.

EUV, X-ray 사진 공정이 그 주류를 이루고 있다. 그러나 이 사진 공정 역시 마스크 제작, 포토레지스트 개발 등 해결해야 할 문제점이 많이 남아 있다.

(2) 렌즈 제어

렌즈는 온도, 습도, 압력에 따라 초점과 배율이 변화한다. 거시적 관점에서는 별 문제가 되지 않지만 미시적 관점, 즉 극미세 패턴 형성의 경우는 문제가 심각하다. 초점의 협소화로 공정 여유도 좁아지고, 이는 저수율로 직결된다.

또한 배율의 제어가 어려워지면 이전과 이후 shot의 크기가 배율의 변화에 의해 달라지기 때문에 정렬도 문제가 유발된다. 당연히 같은 층에서도 배율 변화에 의해 한번의 shot에 다중 칩이 형성되는 경우는 중심과 가장자리 칩의 특성이 달라질 수 있다.

초점의 경우 자동 초점 시스템을 통하여 항상 관리해야만 한다. 렌즈에 조명광이 입사하면 에너지가 포화될 때까지 축적된다. 이로 인해 렌즈가 열화되고 배율이 변하게 된다. 이때 포화될 때까지의 초점 및 배율을 렌즈 제어기가 자동 보정하며, 렌즈 내의 환경 변화는 대기압, 광 조사량을 측정함으로써 알 수 있다.

렌즈의 온도는 렌즈 온조(LLTC) 시스템을 이용하여 제어가 가능하다. 이 시스템은 렌즈의 온도를 +/- 0.01℃로 제어할 수 있다. 위에서 기술한 문제점은 scanner의 경우 렌즈 중앙 범위만 열어서 shot을 시행하기 때문에 다소 완화시킬 수 있다. 그러나 본질적인 열화 문제는 과제로 남아 있다.

1-8   장비의 점검

(1) 정렬도(alignment)

정렬 공정은 stepper와 scanner 모두 중요한 장비 점검 항목이다. 이 점검을 위해서 각 노광기 회사에서는 자체 제작한 테스트 마스크를 제공한다. 이 마스크는 회로가 포함되지 않은 순수한 다양한 패턴으로 구성되는데, 다양한 광학적 현상 규명을 위해 패턴의 모양과 크기가 매트릭스로 구성되어 있다. 기본적인 개념은 1층의 shot을 먼저 시행하고 2층의 shot을 실시하여 노광기의 렌즈, 레티클, 웨이퍼 스테이지의 정확도를 검증하는 것이다.

검증 패턴은 정사각형으로 구성하여 1층은 크게, 2층은 작게 제작되어 그 비율을 측정한다.

[그림 3-9]에 예시가 도시되어 있다.

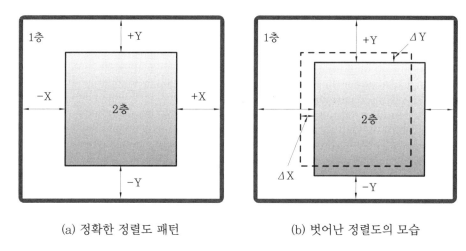

(a) 정확한 정렬도 패턴　　　　(b) 벗어난 정렬도의 모습

[그림 3-9]　정렬도 검증을 위한 마크

(2) 정렬도(alignment) 검증 방법

① X/Y 이동

스테이지의 이동이 불안정하여 일어나는 현상으로 [그림 3-10]처럼 2층의 shot이 1층의 shot에서 X축과 Y축으로 정렬되지 않고 벗어나는 현상이다.

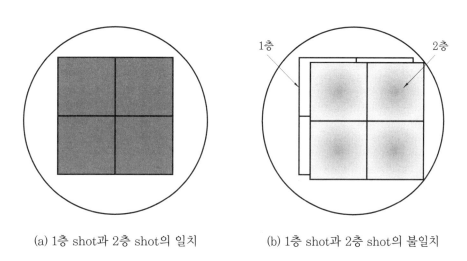

(a) 1층 shot과 2층 shot의 일치　　　　(b) 1층 shot과 2층 shot의 불일치

[그림 3-10]　X/Y 이동 불량 현상

② X/Y 크기 변형

중심 shot에 대하여 크기가 달라지는 불량 현상이다. [그림 3-11]에 그 현상이 도시되어 있다.

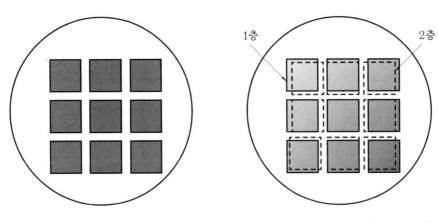

(a) 1층 shot과 2층 shot의 크기 일치   (b) 1층 shot과 2층 shot의 크기 불일치

[그림 3-11] X/Y 크기 변형

③ 직교도 변형

대각선 방향으로 중심 shot이 이동되는 불량 현상이다. [그림 3-12]에 예시가 도시되어 있다.

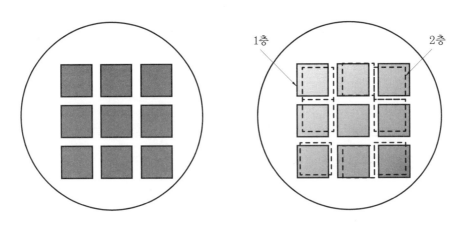

(a) 1층 shot과 2층 shot의 대각선 일치   (b) 1층 shot과 2층 shot의 대각선 불일치

[그림 3-12] 대각선 불일치 모습

④ 웨이퍼 회전

1층과 2층 사이에서 웨이퍼가 회전할 경우의 불량 현상이다. 이 현상은 장비의 전 정렬에 관한 문제와 연관성이 깊다.

[그림 3-13]에 이 현상이 발생되었을 때의 모습이 도시되어 있다.

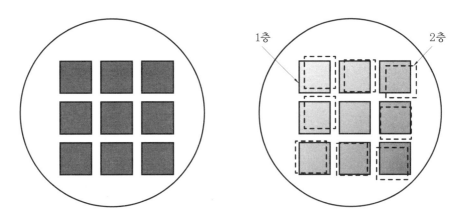

(a) 1층 shot과 2층 shot의 회전 변화가 없는 상태   (b) 1층 shot과 2층 shot의 회전 변화

[그림 3-13] 웨이퍼 회전에 의한 shot의 변화

⑤ 배율 변형

배율의 변화는 렌즈의 변화가 가장 근본적인 문제이다. 렌즈 환경의 변화가 배율 변형을 야기하는 요소인데 온도, 압력 변화가 주요한 인자이다. 배율의 변화는 축소, 확대의 두 종류로 분류되는데 그 모습이 [그림 3-14]에 나타나 있다. 이 부분의 검증은 shot 단위로 이루어 분석할 수 있다. [그림 3-14]에서 테스트 패턴은 마스크 상에 설계된 패턴이 웨이퍼 상에 전사될 경우 어떻게 변화하는지를 검증하기 위한 패턴이다.

양호한 경우 상자 안의 패턴이 중심에 위치하여야 하는데, 그렇지 않고 [그림 3-14] (a)처럼 확대된 모습으로 변화하고 (b)처럼 축소된 모습으로 표현될 경우 배율의 변화를 조정해야만 한다. 즉 실제 이미지 상과 마스크 상의 이미지가 일치하도록 노광 장치를 조정해야 한다.

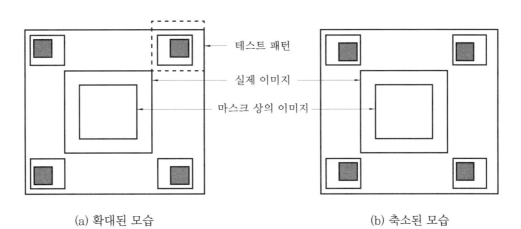

테스트 패턴
실제 이미지
마스크 상의 이미지

(a) 확대된 모습   (b) 축소된 모습

[그림 3-14] 배율 변화에 의한 패턴 변형 모습

(3) CD(critical dimension) 검증 방법

① line & space

노광기의 성능 평가에 있어서 또 다른 항목은 마스크 상에 주어진 패턴의 모양과 사이즈를 주어진 사양 안에서 웨이퍼에 정확히 전달해야 하는 조건을 설정하는 작업이다.

패턴은 기본적으로 전기적 신호를 전달하는 입장에서 저항과 관련이 깊다. 패턴 크기는 여러 종류가 존재하는데 [그림 3-15]와 같이 소자 제작에 필요한 다양한 부분이 존재한다. 메모리 소자의 경우 단순한 구조로 이루어지지만 로직 소자의 경우는 상황이 복잡하다. 즉 다양한 패턴이 존재하고, 광학적 간섭과 회절 현상 때문에 같은 크기의 패턴이라도 노광기의 조건에 따라 패턴 형성의 결과가 달라진다.

패턴은 크게 홀로 존재하는 iso 패턴, 여러 선들이 주기적인 거리를 두고 존재하는 dense 패턴으로 구분된다. 선 폭(line width)은 전기적 신호의 저항 성분과 관련이 깊고, 선 공간 (space)은 절연과 관련이 깊다. 결국 사진 공정은 선과 공간을 분명히 구별하여 진행되어야만 시간과 절연을 정확히 할 수 있음을 시사한다.

노광기 회사들은 노광기의 CD 검증을 위해 다양한 모습과 크기의 패턴이 그려진 마스크를 제공한다. 광학적 보정을 위해 계산에 의한 각 패턴의 사이즈를 제공한다. 주어진 광원의 한계에서 패턴 형성 시 노광기 회사에서 주어진 검증 마스크를 통해 철저한 조건을 설정하는 작업은 매우 중요하다.

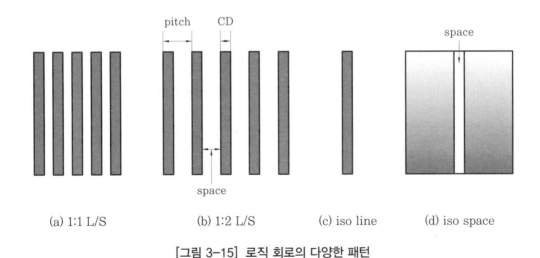

| (a) 1:1 L/S | (b) 1:2 L/S | (c) iso line | (d) iso space |

[그림 3-15] 로직 회로의 다양한 패턴

② contact hole & island 패턴

다층 배선 구조에서는 하층 메탈 배선과 상부 메탈 배선을 연결하기 위해서 hole 구조를 이용한다. 광학적 간섭과 회절 현상 때문에 마스크 상에서는 사각형으로 설계 제작되고, 실질적으로 웨이퍼 상에서는 원형의 패턴을 구성한다. 이 부분도 선 폭과 선 공간처럼 다양한 패턴이 존재한다. 또한 배선의 길이를 짧게 하는 설계 구조에서는 선형 구조가 아닌 독립된 패턴을 사용한다. 패턴들의 예시가 [그림 3-16]에 도시되어 있다. L/S 패턴처럼 노광 조건이 다르기 때문에 공통적인 노광 조건을 설정하는 것이 무엇보다 중요하다.

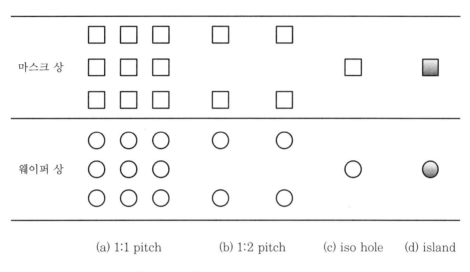

(a) 1:1 pitch   (b) 1:2 pitch   (c) iso hole   (d) island

[그림 3-16] 배선 hole의 다양한 패턴

③ serif 패턴

패턴의 형상이 다양하게 존재하는 이유로 같은 면에서 광학적 크기의 변화가 발생한다. 이런 문제점을 해결하기 위해서 마스크 상에서 조정을 하는데, 이런 패턴을 총칭하여 serif 패턴이라 부른다. [그림 3-17]에 그 예시가 나타나 있다. 광학적 원리는 가장자리 부분에 광이 강하게 간섭하여 일반 자리보다 감광막이 더 많이 분해되는 원리이다. 이 부분을 마스크 상에서 조절하여 원래 패턴보다 부가하여 마스크 상에서 보완한다.

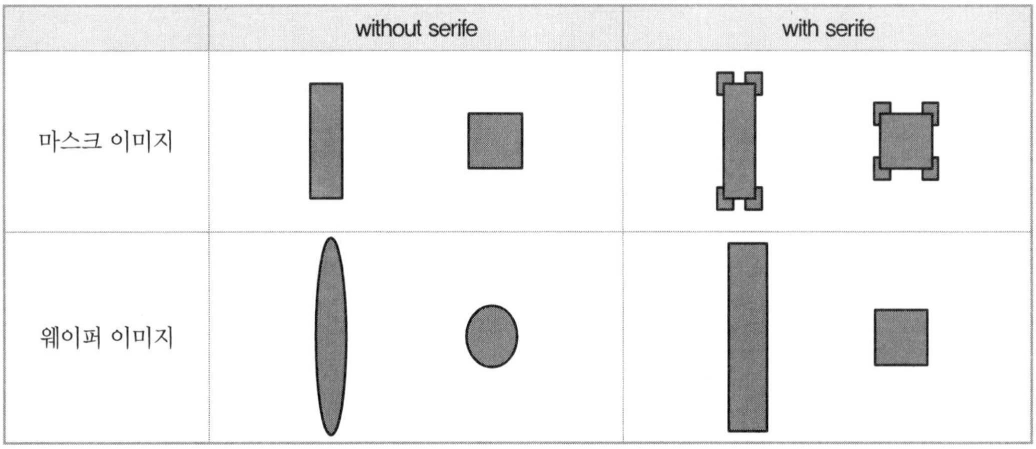

	without serife	with serife
마스크 이미지		
웨이퍼 이미지		

[그림 3-17] 배선 line의 serif 효과

④ 크기 변형 패턴

  hole 패턴의 경우 밀도의 차이에 따라 광량이 달라져 밀한 패턴은 광량이 많아 사이즈가 커지지만 소한 패턴은 사이즈가 작아진다. 이런 문제점을 해결하기 위하여 소한 패턴을 크게 그리는 작업을 한다. [그림 3-18]에 예시가 도시되어 있다.

  장비 점검에 있어서 이 부분은 매우 중요한 사항이다. 소자의 특성이 양호하기 위해서는 배선의 저항 문제가 중요하기 때문이다. 패턴의 크기가 달라지면 신호 전달에 있어서 문제점이 발생하고 신호 지연 상수가 커지는 현상이 발생한다. 결국 소자의 동작 특성이 달라지는 문제를 야기한다. 이 부분은 결국 모든 소자의 구성 요소에 필요한 패턴의 모습이 웨이퍼 상에서 동일한 전기적 특성을 가져야 함을 명시한다.

  반도체 공정의 장점은 한 번의 공정에서 우리가 원하는 기본 소자들의 특성이 양호하다는 것이며, 무엇보다 중요한 사항은 패턴의 유형이 무엇이든지 전기적 특성이 동일하도록 장비와 공정을 셋업해야 한다는 것이다.

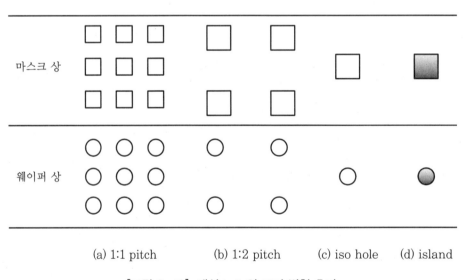

(a) 1:1 pitch   (b) 1:2 pitch   (c) iso hole   (d) island

[그림 3-18] 배선 hole의 크기 변형 효과

1-9   트랙(Track) 장비 개요

  사진 공정에 사용되는 장비는 앞서 설명한 노광기와 감광막 도포, 현상과 베이크(bake) 공정을 담당하는 트랙 장비이다. 트랙 장비는 감광막 도포에 사용되는 spinner, 베이크 공정에 사용되는 핫플레이트 오븐, 현상 공정에 사용되는 developer 등의 모듈로 구성되어 있다.

  주요 모듈의 기능을 살펴본다.

(1) 이송 로봇

카세트 내에 있는 웨이퍼의 정보를 파악하고 도포, 베이크, 현상 유닛으로 웨이퍼를 주고받는 역할을 한다. 로봇 암(arm)은 3개의 pincette로 구성되는데 웨이퍼 반송 시에는 pincette 1과 pincette 2가 교대로 각 유닛에서 웨이퍼를 반입, 반출한다. pincette 3은 cooling 유닛에서 spinner(도포, 현상) 유닛에 대한 반송만을 담당한다. 이는 처리 웨이퍼에 대한 열 영향을 차단하는 구조로 되어 있다.

(2) 핫플레이트 오븐

핫플레이트 오븐은 감광막 도포 공정, 노광 공정, 현상 공정 후 열처리를 담당하고, 일반적으로 baking 장치라 부른다. 열판 위에 웨이퍼를 올려놓고 주어진 온도와 시간 동안 열처리하는 방식이 사용되는데, 열판의 온도에 다양한 온도 제어기가 사용된다.

열판 유닛을 분류하면 다음과 같다.

① 탈수 베이크

감광막과 웨이퍼의 밀착성을 강화하기 위하여 수분을 제거하는 열처리

② 전 베이크(pre-bake)

감광막 도포 후 도포막 안의 잔류 용제를 증발시키는 열처리

③ 후 베이크(post-bake)

현상 후 표면에 남아 있는 현상액 제거와 감광막 경화, 웨이퍼와의 밀착 강화를 위해 실시하는 열처리

④ 노광 후 베이크(post exposure bake, PEB)

정상파 효과에 의해 노광 시 발생되는 측벽의 손상을 경감하기 위해 실시하는 열처리

(3) 감광막 도포기(spin coater)

감광막을 원하는 두께로 도포하는 유닛이다. 이 유닛은 배기, 배수, 온도, 입자의 관리가 매우 중요하다. 스핀 척에서 웨이퍼를 고정 시 척의 중심에 웨이퍼가 정확히 고정되어야 한다. 그렇지 않을 경우 회전 시 웨이퍼가 이탈된다.

(4) 현상기(developer)

감광막을 원하는 패턴으로 현상하는 유닛이다. 스핀 척 위에 웨이퍼를 고속으로 회전시켜 현상액을 분사하고, 시간과 현상액의 양을 조절하여 패턴을 얻도록 유닛이 구성되어 있다. 또한 현상 후 초순수로 세정하기 위한 초순수 공급 시스템이 구성되어 있다. 분사 시스템은 spray, puddle, stream, E2 노즐 방식이 있다.

(5) 표면처리기(adhesion 유닛)

감광막 도포 전 감광막과 웨이퍼의 밀착성 향상을 목적으로 웨이퍼 표면을 소수화 처리하는 유닛이다. 열판 위에 웨이퍼를 탑재하고 챔버 plate에 의해 밀폐된 상태로 된 유닛 안에 버블 탱크에서 HMDS의 대기를 도입하고 열처리하는 유닛 구성으로 되어 있다.

(6) cooling 유닛

사진 공정 중에 실시되는 열처리 공정 후 실온으로 온도를 내리기 위하여 사용하는 유닛이다.

2. 식각(Etch) 공정 장비

2-1   식각 장비 개요

식각 장비는 습식과 건식 장비로 크게 분류되는데 습식의 경우는 화학조 안에서 화학용액을 이용하여 식각하는 시스템으로 구성된다. 건식의 경우는 특정 막과 반응하는 가스를 공정 챔버 안에 공급하고, 그 챔버 안에 전원을 공급하여 플라즈마를 발생시켜서 웨이퍼 상에 기 형성된 마스크 패턴에 따라 특정 지역을 제거하는 시스템으로 구성된다.

화학용액을 사용하는 습식(wet) 식각과는 달리 대개 공정 재료로 가스, 플라즈마, 이온 빔을 사용한다. 플라즈마는 가스들을 이온화시키고 다른 라디칼(radical) 종들을 만드는데, 이들 이온과 라디칼로 식각하는 방법이다.

본 교재는 건식 식각 장비에 대하여 기술해 본다.

2-2   식각 장비 시스템 구성

식각 장비 시스템은 크게 여섯 부분의 단위 모듈로 구성된다. 첫 번째 모듈은 전원 공급과 시스템 제어를 담당하는 제어부, 두 번째 모듈은 메인 프레임을 구동시키는 구동부, 세 번째는 메인 프레임 안에 속해 있으면서 공정이 이루어지는 공정 챔버, 네 번째는 웨이퍼 척의 온도를 조절하는 온도 조절부(temperature control unit, TCU), 챔버의 진공과 배기가스 배출을 위한 펌프, 펌프에서 나온 유해가스를 분해하는 스크러버(scrubber), 플라즈마를 발생시키는 고주파 전원 발생장치(RF generator) 등의 부수적 모듈 성분들, 다섯 번째는 이들 모듈 간에 공급되는 가

스, 물 등 외부에서 공급되는 물질들의 통로가 되는 배관 연결부인 유틸리티(utility)부, 마지막
으로 웨이퍼를 위치시키고 공정 진행 동안 흔들리지 않도록 잡아주는 웨이퍼 축, 가스의 유량을
전기적으로 조절하는 MFC 등 각종 조절기기 등으로 구성된다.

팹은 크게 3층으로 구성되어 건식 식각 장비의 경우 메인 프레임은 3층의 클린룸에, 전원과 공
급가스 등은 메자닌 층인 2층에, 진공 펌프와 스크러버는 맨 아래층인 1층에 위치한다.

가스들은 팹 외부의 저장소에서 공급되는 경우와 메자닌 층에서 짧은 배관으로 직접 공급하는
두 가지 경우가 있다. 직접 공급하는 가스들은 유해한 독가스가 많으며 공정에 쓰이는 가스들이
고, 외부에서 공급되는 가스들은 대개 무해하고 다량으로 사용하는 질소나 산소 같은 경우이다.
공정에 부산물로 속출되는 가스들은 진공 펌프가 배기하고 스크러버가 정제하여 팹 외부, 즉 대
기 중으로 내보낸다.

[그림 3-19]에 구성도가 도시되어 있다.

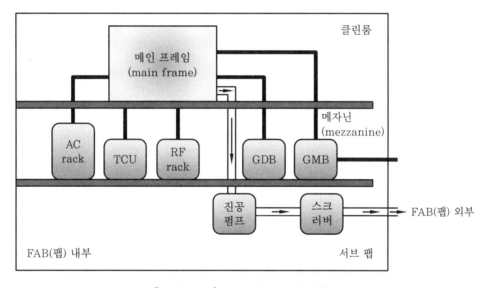

[그림 3-19] 식각 장비 모듈 배치도

(1) 제어 모듈

제어부 모듈은 유틸리티에서 공급된 전원을 구동부에 정격 전압으로 재분배하는 역할을 하
는 교류 파워(AC power) 분배부, 유틸리티에서 공급받은 교류 전원을 직류 전원으로 전환하는
역할을 하는 직류 파워 공급부, 시스템을 운용하는 메인 마더보드(main mother board) 및 기
타 구동부를 제어하는 부분별 제어 보드를 포함하고 있는 시스템 제어 보드, 구동부의 현재 상
황 또는 명령에 대한 수행 결과를 아날로그 데이터로 보여주는 기능을 하는 아날로그 입력/출력
보드, 구동부에 수행 명령을 주기 위하여 디지털 신호를 관할하는 디지털 입력/출력 보드, 로봇
(robot)의 스텝(step) 및 구동을 제어하는 로봇 조절부로 구성된다.

(2) 구동 모듈

구동 모듈은 보통 메인 프레임이라 하며, 실질적으로 제어부에서 공급되는 교류, 직류 파워 등 기타 소스를 이용하여 웨이퍼의 반송 및 공정을 진행하는 모듈이다.

로드 락은 웨이퍼 카세트를 올려놓고 로딩하는 부분이다. 웨이퍼 이송 챔버는 로드 락의 웨이퍼 카세트에서 한 장의 웨이퍼를 들여와서 대기하는 챔버이고, 이송 챔버는 각각의 공정이 시작되고 끝나면 항상 거치는 정거장과 같은 역할을 한다. 공정 챔버는 들어온 웨이퍼가 장비의 척에 정확히 위치되기 위해 정렬을 시행하는 웨이퍼 정렬 챔버, 식각이 실행되는 식각 챔버, 식각이 끝나고 폴리머 등을 제거하는 스트립 챔버, 공정에 따라 온도가 올라간 웨이퍼를 실온으로 낮추는 온도 하강 챔버 등으로 구성된다.

[그림 3-20]에 모듈 구성도가 도시되어 있다.

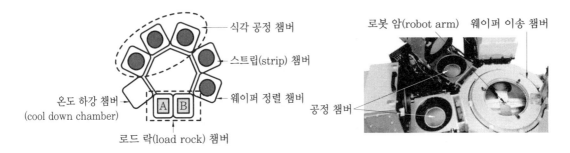

[그림 3-20] 구동 모듈의 구성도

(3) 공정 챔버(chamber)

식각 공정 챔버는 외부로부터 가스, 파워 등을 공급받아 주어진 온도와 압력 내에서 원하는 패턴을 식각하는 챔버이다. 유형별로 배럴(barrel), 플래너(planer), RIE(reactive ion etch), 스플릿(split) 알에프(RF) 파워, MERIE(magnetically enhanced RIE), CDE(chemical downstream etch), ECR(electron cycloton resonance), 헬리콘(helicon), TCP(transformer coupled plasma), ICP(inductively coupled plasma), DPS(decoupled plasma source) 등이 있다.

이들은 결국 플라즈마를 어떻게 생성하는지의 여부에 따라 그 유형이 다르게 구분된다.

고밀도 플라즈마(high density plasma, HDP) 식각 장비의 예를 들어 그 부품 요소를 보면 웨이퍼를 고정시키는 웨이퍼 척, 척을 지지하고 외부 소스 공급의 통로로 활용되는 지지대, 가스 공급을 맡고 있는 가스 캐비넷, 밸브, MFC(mass flow controller), 샤워 헤드로 구성되는 가스 공급부, 웨이퍼 척의 온도를 제어하는 냉각기, 플라즈마의 파워를 공급하는 RF 발생기, 자기장을 공급하여 고밀도 플라즈마를 형성하게 하는 마그네틱 코일부, 식각의 종점을 알려주는 EPD(end point detector), 챔버의 압력을 제어하고 부산물의 배기를 담당하는 진공 펌프 라인과 챔버의 진공도를 측정하는 진공 게이지 등이 있다.

전체적으로 보면 공정 챔버 내부와 외벽으로 나눌 수 있다. [그림 3-21]에 공정 챔버 구성도가 도시되어 있다.

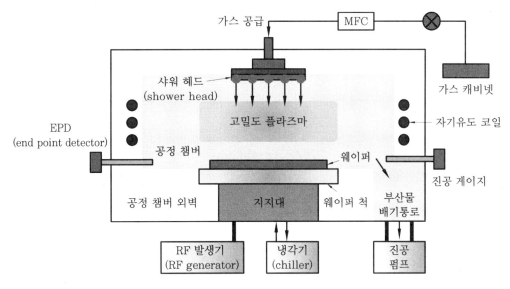

[그림 3-21] 공정 챔버 구성도

(4) 온도 제어부(temperature control unit, TCU)

온도 제어부(temperature control unit, TCU)는 반도체용 온도 제어기, 통상 칠러(chiller)라 불린다. 칠러는 반도체 공정 중 사이사이에 쓰이는 온도 제어 장비이다.

반도체나 디스플레이 공정은 상당수 작업이 고온에서 이루어지기 때문에 단계별로 온도 제어기가 필요하다. chiller는 이러한 생산 공정 중간에 정확히 제어된 온도의 냉매를 공급하여 재료 및 장비를 다음 공정에 맞는 온도로 제어해 주는 장비이다.

따라서 온도 제어 대상으로 순환하는 냉매가 따로 있고, chiller 내부에 또 하나의 냉동 사이클이 존재하는 이중 구조로 되어 있다.

반도체 제조를 위한 공정 중 웨이퍼 상에 식각(etcher) 및 증착(deposition) 공정을 수행하는 건식 식각 장치(dry etcher)와 그 외의 공정 장비인 진공 증착(sputter), CVD 등의 공정에서 과도한 열이 발생한다. 따라서 챔버 내의 웨이퍼나 척 및 주변 온도를 일정하게 유지할 수 있도록 온도의 정밀 제어가 요구되며, 온도를 일정하게 유지함으로써 공정 효율을 개선할 수 있다.

칠러(chiller)는 압축, 응축, 팽창, 증발의 과정을 거치는 냉동 사이클 및 오토 캐스케이드(auto cascade) 방식을 이용한 냉동 사이클, 냉각수를 이용한 냉수 냉각 사이클을 이용하여 반도체 공정 요구 조건을 만족시킬 수 있는 맞춤 장치라 할 수 있다.

[그림 3-22]에 구성도가 도시되어 있다. 온도는 왼쪽 그래프처럼 시간에 따라 초기에는 초과도, 과도, 정상 상태의 순으로 설정 온도에 이른다.

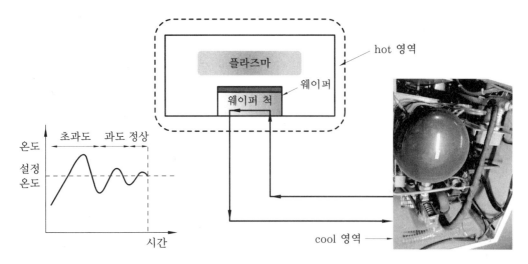

[그림 3-22] 온도 제어부 구성도

(5) 진공 펌프

건식 식각에서 펌프는 공정을 진행하는데 아주 중요한 요소 중의 하나이다. 진공을 유지하여 공정 중에 필요 없는 외부 가스들의 입자를 제거하는 역할을 하며, 또한 필요한 가스들의 유입 시 펌핑(pumping) 배기로 원하는 압력을 유지하는 기능도 담당한다. 이러한 건식 식각에서 사용되는 펌프는 드라이 펌프, 터보 펌프, 부스터형 펌프들이 있다.

드라이 펌프는 오일을 사용하지 않아 역류에 의한 배관 내 오일 오염을 막을 수 있다.

특징은 기어가 쌍을 이루며 헬리클 회전을 하면서 흡기된 가스를 배기시킨다. 부스터 펌프도 오일 없이 두 쌍의 회전자의 맞물림 운동으로 진공 흡기, 배기가 이루어지는 특징을 갖는다.

이 두 펌프는 챔버의 진공을 배기하기 전 챔버까지 연결되어 있는 선 배관(fore-line) 속의 가스를 배기한다. 이런 선 배기가 이루어진 다음 압력이 10^{-3} torr에 이르면 챔버 진공 공정을 위해 터보 펌프가 작동을 시작한다.

이들 간의 연속적인 동작은 압력 게이지를 이용한 자동화 시스템으로 이루어진다. 터보 펌프는 말 그대로 로켓 연진처럼 여러 개의 회전 날개가 고속회전하면서 챔버 안의 가스를 밖으로 배기시킨다. 물론 역류해서 들어가는 가스는 존재할 수 없어서 고진공과 더불어 챔버의 청정도를 유지할 수 있다.

이런 청정의 의미가 건식 식각 장비들이 가져야 할 필수 조건이다. 그렇지 못할 경우 의도하지 않은 불순물이 소자에 도핑 되어 소자의 성능을 저하하는 큰 문제점으로 대두된다.

[그림 3-23]에 구성도가 도시되어 있다.

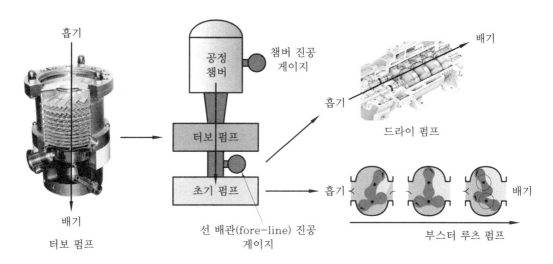

[그림 3-23] 진공 펌프 구성도

(6) RF 발생기(radio frequency generator)

RF는 범용적으로 무선주파수라 부르는데, 전자파를 이용한 무선 장비들의 통칭이다. RF 발생기는 반도체 제조 공정 중 플라즈마를 사용하는 식각, 화학기상증착(CVD), 스퍼터(sputter) 등의 공정에서 플라즈마를 발생시키기 위한 전력 공급기이다. 상용주파수로 13.56 MHz의 주파수가 사용되며, 플라즈마 장비에서는 이들 RF가 손실 없이 챔버까지 도달하게 하기 위해 정합 네트워크 또는 정합기(matcher)를 사용한다.

RF 정합기(matcher)는 챔버의 가변적 저항의 특성을 고려하여 이를 최대한 50 ohm으로 맞춰 주기 위한 일종의 어댑터(adaptor)이다. 이것은 임피던스 자동 정합 장치로 RF 발생기에서 발생하는 고주파를 이용하여 챔버에서의 균일한 플라즈마가 발생할 수 있도록 챔버 임피던스를 자동으로 조절하는 장비이다. 즉, RF 발생기의 출력 임피던스와 부하 임피던스를 같게 만들어 주는 역할을 담당한다. RF 정합 네트워크가 50 ohm을 유지하는 이유는 전자파 전력 전송 특성이 가장 좋은 임피던스가 33 ohm이고 신호 파형의 왜곡이 가장 적은 임피던스는 75 ohm이므로, 이들 두 특성의 중간값이 49 ohm이어서 계산의 편의성을 위해 50 ohm을 사용하기 때문이다.

정합 박스는 RF로부터 입력이 들어오면 로드(load)와 위상(phase)의 검출된 신호로 정합이 되도록 바리콘(varicon)을 동작시킨다. 로드 검출 방법은 임피던스의 절대치를 검출하여 50 ohm이 아닌 경우 전압을 출력하여 바리콘을 동작시킨다. 검출된 출력이 0 V가 되면 바리콘의 동작이 멈추며, 이때 임피던스의 값은 50 ohm이다. 일련의 이런 정합기를 이용한 임피던스 정합 네트워크의 사용 목적은 결국 RF 발생기에서 출력단의 임피던스가 50 ohm으로 고정되어 있는데 공정 챔버의 임피던스는 공정 조건 및 외부환경에 따라 변화하므로 이러한 변화를 보완하여 RF 발생기의 출력 임피던스와 부하 임피던스를 같게 만들어 주기 위함이다.

[그림 3-24]에 RF 발생기 구성도가, [그림 3-25]에 RF 정합 네트워크가 도시되어 있다.

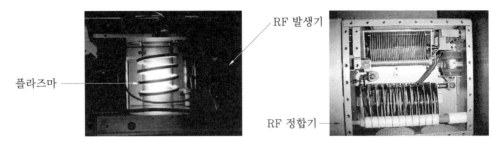

[그림 3-24] RF 발생기 구성도

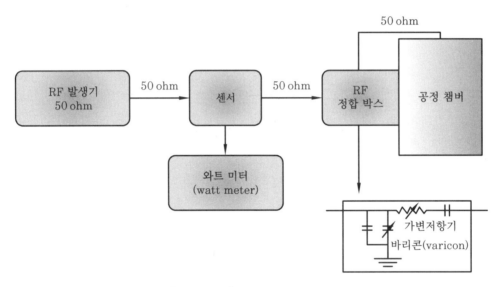

[그림 3-25] RF 정합 네트워크

(7) 유틸리티(utility)

① 가스

건식 식각에 사용되는 가스는 크게 세 가지 기능의 측면에서 분류된다. 첫 번째는 공정 가스 (process gas) 또는 소스 가스라 불리며 식각에 직접 관여하는 가스이다. 두 번째는 퍼지 가스 (purge gas)로, 장비와 연결 배관들의 세정 및 분위기 유지에 사용되는 가스이다. 일반적으로 질소나 아르곤 헬륨가스가 사용된다. 세 번째는 운반 가스(carrier gas) 또는 부가 가스라 불리며 공정에 소요되는 가스와 혼합되어 공정 챔버 안으로 공정 가스를 운반하는 가스이다. 이런 경우 소량의 공정 가스는 압력이 낮아 챔버 안으로 운반하기 어려우므로 다량의 부가 가스를 이용하여 압력을 상승시켜 낮은 압력의 공정 가스를 나른다. 나르는 역할을 수행하므로 통상적으로 운반자 가스라고도 부른다.

가스들은 식각할 물질들에 따라 다양하다. 실리콘, 산화막, 질화막은 불소를 포함하는 불화

계열 혼합가스가 사용되고, 금속인 알루미늄의 경우는 염소를 포함하는 염화 계열 혼합가스가 사용된다. [표 3-2]에서 역할 부분의 이온은 이온의 역할을 담당하여 식각에 관여함을 의미하고, 화학적이란 말은 화학적 반응에 관여함을 의미한다. 에너지원의 의미는 이온의 운동을 돕는다는 것이고, 보호자는 식각된 부분이 더 이상 식각되지 않도록 보호하는 역할을 수행함을 의미한다. [표 3-2]에 건식 식각에 쓰이는 가스에 대하여 정리되어 있다.

[표 3-2] 건식 식각에 쓰이는 주요 가스

식각 물질	식각 종(species)	소스 가스	역할
실리콘(Si)	F(불소)	CF_4, C_2F_6, SF_6 NF_3, CF_3, F_2	화학적
산화막/질화막 (SiO_2/Si_3N_4)	CFx(불화탄소물)	CF_4, C_2F_6, CHF_3	이온-에너지원
도핑 없는 실리콘 (undoped Si)	Cl(염소)	Cl_2 CF_3Cl	이온-에너지원 이온-보호자
n형 실리콘(n-type Si)	Cl(염소)	Cl_2 CF_3Cl	이온-에너지원 이온-보호자
알루미늄(Al)	Cl(염소)	Cl_2	이온-보호자

② 기타

㈎ 물(water) : 두 가지 종류가 있는데 PCW(process cooling water)는 열교환기, 냉각기(chiller), 드라이 펌프의 냉각수로 사용되고 D.I water(de-ionized water)라 불리는 순수한 물(H_2O)은 각종 공정장비 및 웨이퍼 세정에 사용한다.

㈏ CDA(clean dry air) : 장비의 구동을 전기적인 방법이 아닌 공기압(공압)으로 하는데, 이때 쓰이는 공기를 CDA라 부른다. 공기압을 이용하는 밸브를 작동하는데 많이 사용되고, 최근에는 웨이퍼의 이동을 담당하는 스테이지(stage) 구동에도 많이 사용되고 있다.

㈐ UPS(uninterruptible power supply) : 반도체 장비들은 정전에 의한 제조 손실이 막대하다. 전원 측의 전압 변동에 영향을 받아 순간적으로 전압 변동이 생기는데, 특히 여름철 장마 기간에는 이런 정전 현상이 자주 벌어진다. 전압 변동에는 통상 발생하는 정상적인 순간 전압 강하, 순간 정전 및 고조파에 의한 파형 왜곡 등이 있다. 순간의 전압 변동에 민감한 장비나 컴퓨터와 시시각각으로 데이터를 교신하는 온라인 시스템에서는 중대한 사태가 일어날 수 있음을 쉽게 상상할 수 있다. 이런 문제를 극복하기 위해서는 신뢰성을 높여주는 전원 설비가 필요한데, 이 설비를 무정전 전원장치라 한다.

동작 원리는 세 가지 경우로 나누어진다.

첫 번째는 입력전원이 정상일 때로 장비 운전 시 상용전원이 정류부 및 충전기부의 반도체 소자에 의해 교류전원을 직류전원으로 변환하여 축전지에 부동 충전을 시키는 동시에 인버터부로 공급되어지고, 인버터부는 직류전원을 교류전원으로 변환하여 부하에 공급한다.

두 번째는 입력전원에 정전 또는 전압 변동이 생길 때로 상용전원이 정상적으로 UPS의 입력 측에 전달되지 않을 때, 즉 정전이나 순간 정전, 입력 측의 과전압 혹은 저전압 시 인버터부의 전원을 축전지 방전 허용 시간 동안 축전지로부터 공급을 받아 장비에 안정된 전압과 주파수를 공급하게 된다.

세 번째는 입력전원이 복전 및 전압 안정일 때로 상용전원이 정상적으로 UPS의 입력 측에 정상적으로 전달되지 않고 있다가 정상적으로 입력 측에 전달될 때, 즉 복전이 되면 축전지로부터 전력은 중단되어지고 상용전원은 정류부에 공급되어 방전된 축전지를 재충전시키며 인버터부에 직류전원을 공급하여 인버터로부터 안정된 전압과 주파수를 정밀하게 공급하게 한다.

[그림 3-26] (a)~(c)에 기타 유틸리티 요소에 관한 부품이, (d)에 UPS의 경우 전력 구성도가 도시되어 있다.

(a) DI water 생성 장치

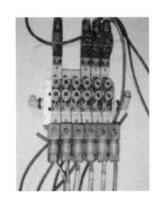
(b) 공압 밸브

(c) 공압 스테이지(air stage)

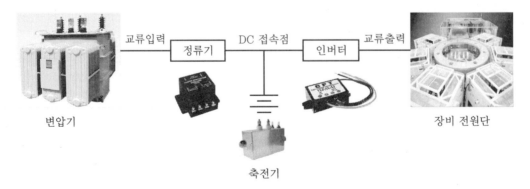
(d) UPS 전원 공급 계통도

[그림 3-26] DI water 발생기, 공압 연결 밸브, 공압형 stage, UPS 전원 공급 계통도

2-3   건식 식각 장비 종류

(1) 배럴형(barrel type) 식각 장비

배럴형 식각 장비는 식각이 이루어지는 챔버가 실린더형으로 구성되는 것이 특징이며, 여러 매수의 웨이퍼를 한 번에 식각할 수 있는 장점이 있다. RF 전원은 실린더의 양쪽 측면에 위치되는 전극에 공급된다. 일반적으로 구멍이 뚫린 금속 원통형 식각 터널은 식각 터널과 반응로 벽 사이의 외부 영역으로 플라즈마가 나가는 것을 제한한다. 웨이퍼들은 물리적 식각을 최소화하기 위하여 전기장과 평행하게 위치한다. 적용 공정은 일반적으로 식각 공정이 끝난 후 감광막을 제거하는데 사용된다.

[그림 3-27]에 배럴형(barrel type) 식각 장비의 구성도가 도시되어 있다.

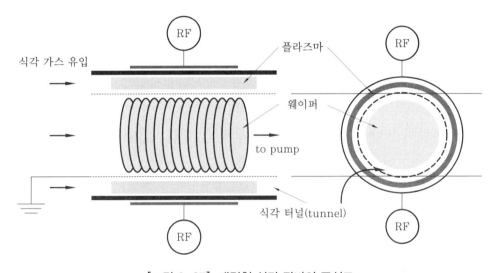

[그림 3-27] 배럴형 식각 장비의 구성도

(2) 평판형(planar type) 식각 장비

평판형 식각 장비는 식각이 이루어지는 챔버가 판형으로 구성되는 것이 특징이며, 전극이 평행하게 상부와 하부에 위치하고 플라즈마가 그 사이에서 발생된다. 웨이퍼는 RF 신호가 인가된 위쪽 전극과 접지된 음극의 판 위에 위치하는데, 한 장의 웨이퍼를 한 번에 식각하는 단일 챔버 구조이다. 이방성 식각이나 균일한 플라즈마 형성이 어려우며 전극의 산화로 인한 정전기력 아킹(arcing)의 문제가 존재한다. 적용 공정은 일반적으로 식각 공정은 산화막이나 질화막 식각에 사용된다.

[그림 3-28]에 평판형(planar type) 식각 장비 구성도가 도시되어 있다.

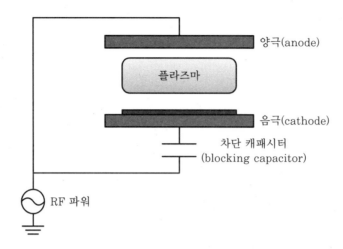

[그림 3-28] 평판형 식각 장비 구성도

(3) 하향흐름형(downstream type) 식각 장비

하향흐름형 식각 장비는 플라즈마 발생부와 공정부를 분리시켜 공정 중 웨이퍼 내의 손상을 최소화하기 위해 개발되었다. 공급된 가스를 마이크로파에 의해 여기(exite)하여 플라즈마 상태로 만들고, 생성된 이온과 라디칼(radical)을 가능한 손실 없이 공정 챔버부로 이송시켜 식각 공정이 이루어지도록 구성되어 있다.

웨이퍼 표면이 이온 충격에 반복적으로 노출되면 장비가 손상될 가능성이 높다. 이런 이유로 플라즈마 소스부(마이크로 발생기)에서 전자의 강한 에너지에 의한 여기 작용의 영향으로 인해 내부 석영(quartz)이 급속히 식각되어 석영의 수명이 단축되는 단점이 있다.

공정부의 식각 효과가 낮아서 식각보다는 감광막 제거(PR-strip) 등 약한 공정에의 적용만이 가능하며 화학반응에 의한 식각으로 이방성 식각 특성을 갖는다.

[그림 3-29]에 하향흐름형(downstream type) 식각 장비 구성도가 도시되어 있다.

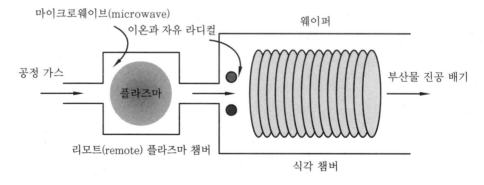

[그림 3-29] 하향흐름형 식각 장비 구성도

(4) 스플릿 RF 파워형(split RF power type) 식각 장비

스플릿 RF 파워형 식각 장비는 평판형 식각 장비의 한 형태이나 RF 파워를 하극과 상극으로 50:50으로 공급하는 것이 다른 점이다. 이유는 전극 위에 발생하는 아킹(arcing) 현상을 줄이기 위함인데, 안정된 플라즈마 균일도를 얻을 수 있는 장점을 가지고 있다. 180° 나눠진 반대 위상 파워는 챔버 벽 전위차를 최소화하고, 극간의 전위차를 최대화할 수 있도록 하는 기술이다.

[그림 3-30]에 스플릿 RF 파워형(split RF power type) 식각 장비 구성도가 도시되어 있다.

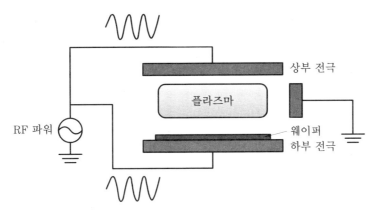

[그림 3-30] 스플릿 RF 파워형 식각 장비 구성도

(5) 반응성 이온 식각(reactive ion etch, RIE) 장비

반응성 이온 식각 장비는 화학적 방법이 아닌 이온에 충격을 이용한 물리적 이방성 식각에 쓰이는 식각 장비이다. 낮은 선택비를 갖고 있고 단일 웨이퍼 공정 장비이며 전기적 손상의 위험도도 높다. 또 양극과 음극의 전극 면적비에서 양극이 훨씬 크다. 이런 방식에서는 직류 자기 바이어스가 음극에서 발생하고 웨이퍼들은 플라즈마에 대한 커다란 전위차를 얻게 된다. 이러한 상태는 이온화된 종(species)들이 웨이퍼를 향하여 움직이도록 하는 방향성을 만들어내고, 향상된 이방성의 측벽 특성을 나타낸다. 양극에는 스퍼터링(sputtering)이 발생하지 않는다. [그림 3-31]에 반응성 이온 식각(reactive ion etch, RIE) 장비 구성도가 도시되어 있다.

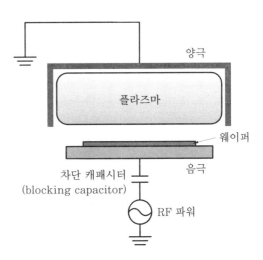

[그림 3-31] 반응성 이온 식각 장비 구성도

(6) 화학적 하향흐름 식각(chemical downstream etch, CDE) 장비

화학적 하향흐름 식각 장비는 플라즈마 생성 챔버와 공정 챔버가 도파관(wave guide)에 의해 나누어져 구성된다. 도파관은 플라즈마 생성부에서 생성된 이온과 라디칼이 이동하는 관이다.

공정 진행은 먼저 외부로부터 플라즈마 생성부에 가스가 유입되고, 마이크로파(microwave)가 공급되어 가스가 여기 상태가 되어 이온과 라디칼을 생성한다. 이후 도파관을 통해 이온과 라디칼이 공정 챔버로 이동하여 식각이 진행된다.

플라즈마 파워에 의한 직접 손상 감소는 줄일 수 있으나 석영으로 제작된 도파관이 강한 에너지에 의해 쉽게 손상되어 수명이 단축되는 결점이 있다. 등방성 식각이며 감광막 제거에 주로 사용된다.

[그림 3-32]에 화학적 하향흐름 식각(chemical downstream etch, CDE) 장비 구성도가 도시되어 있다.

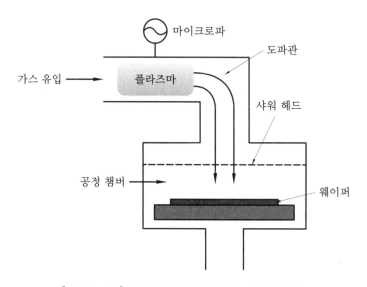

[그림 3-32] 화학적 하향흐름 식각 장비 구성도

(7) 전자 이온 가속기 공진(electron cyclotron resonance) 식각 장비

전자 이온 가속기 공진 식각 장비는 자기장과 전기장에 의한 전자의 원 운동을 마이크로파의 파워를 이용하여 전자 사이크로드론 공명을 유도하여 보다 운동량이 증가한 전자를 만든다. 이 결과 고밀도 플라즈마를 얻을 수 있다.

사용되는 자기장의 세기는 875가우스(gauss), 마이크로파의 주파수는 2.45 GHz이다. 장비가 복잡한 단점과 사이즈가 큰 웨이퍼는 전기장의 제한으로 균일도가 낮은 단점이 있다.

[그림 3-33]에 전자 이온 가속기 공진(electron cyclotron resonance) 식각 장비 구성도가 도시되어 있다.

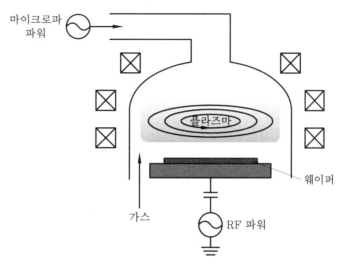

[그림 3-33] 전자 이온 가속기 공진 식각 장비 구성도

(8) 헬리콘(helicon) 식각 장비

　헬리콘 식각 장비는 전자속도에 대응하는 헬리콘파(helicon wave)를 생성하는 유도 코일과 안테나(antenna)로 구성되는 특징을 가지고 있다. 전자 이온 가속기 공진 식각 장비와 동일한 구조에 유도 코일과 안테나가 부가된 장비이고, 마이크로파의 여기가 아닌 RF에 의한 여기 방식이다. 이 RF 파동에너지는 유도 코일과 안테나를 통해 전자에 전달되고, 전자는 더 큰 에너지를 얻어 원자의 이온화를 가속시킨다. 이 결과 고밀도 플라즈마 생성이 가능하다. 그러나 장비가 너무 복잡한 단점이 있다. [그림 3-34]에 헬리콘(helicon) 식각 장비 구성도가 도시되어 있다.

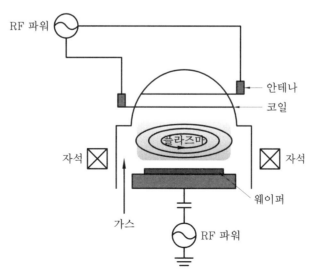

[그림 3-34] 헬리콘 식각 장비 구성도

(9) 변압기 결합형 플라즈마(transformer coupled plasma, TCP) 식각 장비

변압기 결합형 플라즈마 식각 장비는 챔버 상부에 원형 또는 나선형의 코일을 설치하고 RF 소스 파워를 공급한다. 공급 소스 파워에 의해 코일에 전류가 흐르고, 이 전류는 플라즈마 내 유도성 인덕턴스를 유기시킨다. 마치 변압기(transformer)의 원리와 같다. 전류의 흐름으로 챔버 내 수직 방향으로 자기장과 수평 방향으로 전기장이 형성된다. 이 두 장 속에서 전자의 회전 가속운동이 일어나고 유입한 가스 입자와 충돌하여 고밀도 플라즈마가 형성되며, 웨이퍼의 식각이 이루어진다.

낮은 압력에서 플라즈마 형성이 가능하고 대구경 플라즈마 형성 시 균일도가 양호하다. 또한 플라즈마 밀도와 이온 에너지 개별 조절이 가능하다. 그러나 반응가스가 고속으로 해리되어 라디칼 조성이 기존 방식들과 다르며 선택비의 저하, 반응 부산물의 재분해, 재축적으로 이물 발생률이 높고, 높은 전자온도로 자외선이 발생한다. 이 자외선은 박막들에 손상을 줄 수 있다.

[그림 3-35]에 변압기 결합형 플라즈마(transformer coupled plasma, TCP) 식각 장비 구성도가 도시되어 있다.

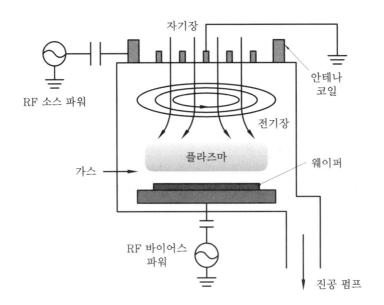

[그림 3-35] 변압기 결합형 플라즈마 식각 장비 구성도

(10) 유도성 결합 플라즈마(inductively coupled plasma, ICP) 식각 장비

유도성 결합 플라즈마 식각 장비는 챔버 상부에는 실리콘 평면판(plate)을 두고 열을 가할 수 있는 히터가 부착되어 있다. 열을 가하면 실리콘 평판으로부터 실리콘이 발생하고, 발생된 실리콘은 공정 중 발생하는 과다 불소 이온을 사염화 불화실리콘 형태로 포획하여 휘발성 가스 상태로 만들어 진공으로 배기하여 외부로 빼낸다.

챔버 측면은 유도 코일을 설치하고 RF 소스 파워를 공급하는 구조로 구성된다.

공급된 RF 소스 파워는 코일에 전류를 흘리고 챔버 안에 자기장이 형성된다. 형성된 자기장은 또한 전기장을 유기시킨다. 이 자기장과 전기장으로 이온의 밀도를 제어할 수 있다.

하부에 공급되는 RF 바이어스 파워는 이온의 고에너지를 낮추는 방향으로 조절이 가능하다. 본 장비는 단일 챔버 구조로 단순하고, 고밀도 플라즈마와 높은 식각률을 가질 수 있는 장점이 있다. 그러나 공정의 재현성에 문제가 있고, 코일이 흩어진 이온과 전자를 챔버 벽으로 끌어들여 부산물이 벽에 흡착되는 문제점을 안고 있다.

[그림 3-36]에 유도성 결합 플라즈마(inductively coupled plasma, ICP) 식각 장비 구성도가 도시되어 있다.

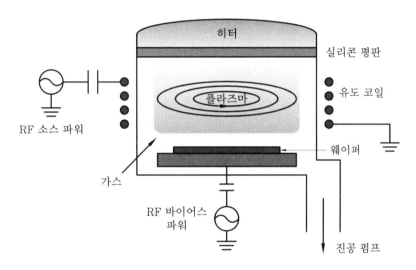

[그림 3-36] ICP 식각 장비 구성도

(11) 이중 플라즈마 소스(dual plasma source, DPS) 식각 장비

이중 플라즈마 소스 식각 장비 RF 파워는 유도 코일에 전달된다. 유도 코일은 돔(dom)의 상단 부분에 감겨져 있고, 캐패시터 조정에 의한 바이어스 파워는 고에너지를 감소하는 방향으로 이온 에너지를 조정한다. 유도적으로 결합된 소스 파워는 플라즈마 이온 밀도를 증가시킨다.

이 장비의 주요 측면은 바이어스 파워로부터 소스 플라즈마 파워 전원의 분리이다. 이런 배열은 이온 밀도와 이온 에너지의 초과에 대해서 물리적, 화학적 식각을 위한 강한 제어를 유도성, 축전 성 결합 플라즈마로 수행할 수 있다.

[그림 3-37]에 DPS 식각 장비 구성도가 도시되어 있다.

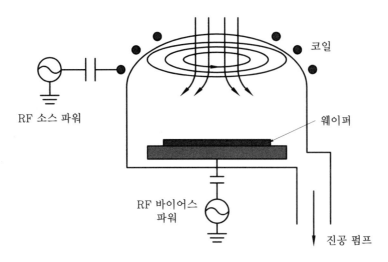

[그림 3-37] DPS 식각 장비 구성도

2-4   습식 식각 장비

(1) 장비 개요

습식 식각 장비는 세정 장비와 동일 구조를 갖는 wet station으로 구성되는 시스템으로 장비가 구성된다. 물론 강한 산성과 알카리성 화학용액을 사용하는 관계로 장비 구성 재료는 석영과 테프론 계열의 화학조가 구성된다.

(2) 장비 구성 모듈

wet station은 크게 3부분으로 구성된다. 일련의 화학용액들이 내재하는 화학반응조, 단계별 화학반응 후 화학용액 제거를 위한 단계별 헹굼조와 최종 헹굼조, 마지막으로 순수 물을 제거하는 건조조이다. [그림 3-38]에 일반적인 wet station 구조가 도시되어 있다.

	식각/세정조(cleaning baths)						
웨이퍼 로더 부	화학반응 1단계조	헹 굼 조	화학반응 2단계조	헹 굼 조	최 종 헹 굼 조	건조조	웨이퍼 언로더 부
loader	반송 로봇 암 트랙						unloader

[그림 3-38] 일반적인 wet station 구조

① 형태

  [그림 3-39]와 같이 각각 다른 전용 기능을 가진 여러 개의 bath를 일렬로 배치시켜서 웨이퍼가 거쳐 가면서 공정이 진행되도록 한 시스템이다.

② 장점

  ㈎ 생산성이 높다.

  ㈏ 전용 bath로 약액 재사용이 가능하다.

  ㈐ 세정품질이 비교적 양호하다.

  ㈑ knowhow 축적이 많아진다.

  ㈒ 고농도 약액 대응이 가능하다.

  ㈓ 폐액 분리수거로 처리가 용이하다.

③ 단점

  ㈎ 장비 가격이 비싸다.

  ㈏ 장비 설치 공간(foot print)이 크다.

  ㈐ 구성 조들의 상호 간의 오염이 잠재적이다.

  ㈑ 장비가 구성되면 다른 변형 여유도가 없다.

(3) 1-bath 세정기

  wet station 장치의 거대화로 인한 300 mm에서의 한계를 극복하기 위해 등장한 것으로, 하나의 bath로 몇 가지 공정을 하도록 제작한 세정과 식각 시스템이다.

  [그림 3-39]에 장치의 구성도가 간략하게 도시되어 있다.

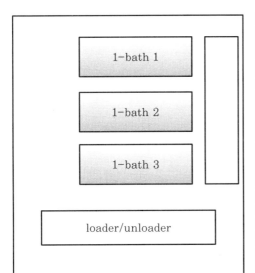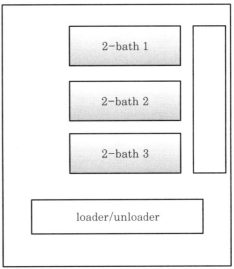

[그림 3-39] 1-bath 장치의 구성도

① 형태

㈎ 1-bath type : 하나의 bath에서 세정과 건조를 일괄처리하는 형태로 구성되어 있다.

㈏ 2-bath type : 세정과 건조를 분리시킨 형태로, 세정 bath에 건조를 위한 별도의 장치를 장착해야만 하는 1-bath 장치 제작 상의 어려움을 보완한 장치이다.

② 장점

㈎ 장비 가격이 싸다.

㈏ 장비 설치 공간(foot print)이 작다.

㈐ 구성 조들의 상호 간의 오염이 잠재적이다.

㈑ 여유도가 적다.

㈒ 낮은 약액 농도를 사용하는 전 세정용으로 적절하다.

③ 단점

㈎ 생산성이 낮다.

㈏ 하나의 세정 bath에서 몇 가지 공정을 함으로써 한 번 사용한 약액은 재사용 못하고 버려야 한다.

㈐ 세정 품질이 다소 떨어진다.

㈑ 새로운 형태로 knowhow 축적이 적은 상태이다.

㈒ 고농도 약액 대응이 불가능하다.

㈓ 폐액 분리수거를 할 수 없어 처리가 어렵다.

(4) 단일 공정 세정기

열처리 공정이나 막 제조 공정 등 세정 후 공정과 연속 처리할 수 있도록 cluster 장치에 부착하여 사용할 수 있게 제작된 세정 장치이다.

[그림 3-40]에 장치의 구성도가 간략하게 표현되어 있다.

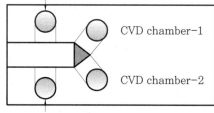

[그림 3-40] 단일 공정 세정 시스템 구성도

① 형태

열처리 공정용, 막 제조 공정용 등으로 사용하는 cluster 장치에 부착할 수 있도록 chamber 형태로 제작되어 있다.

② 장점

㈎ 타 공정용 장치와 cluster화함으로써 오염 및 시간 지연를 방지할 수 있다.

㈏ 자연 산화막 제어가 용이하다.

㈐ bath type에서 bath 내 타 웨이퍼로 인해 발생하는 반대 오염이 방지된다.

㈑ 부가 기능 추가 부착이 용이하다.

③ 단점

㈎ 생산성이 낮다.

㈏ 물 자국(water mark) 결함이 유도될 수 있다.

㈐ 새로운 형태로 knowhow 축적이 적은 상태이다.

㈑ 각 cluster 장치마다 1대씩 세정 장치를 부착함으로써 운전 효율성이 떨어진다.

(5) 통상적인 습식 세정/식각조의 사용 용어 및 기능 설명

이 세정조의 구성과 요소들은 한 세정 공정에 사용되는 일례이다. 물질에 따라 화학 물질은 달라지지만 기본적인 형태의 장비 구조는 일정하다. [그림 3-41]에 그 예를 표시하였다. 웨이퍼의 이동은 ME(mecha)에 의하여 이루어지는 구조이다.

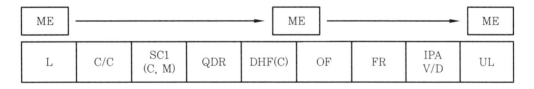

[그림 3-41] 통상적인 습식 세정/식각조 명칭 및 구성의 예

동작 원리는 다음 순서로 역할을 담당하며 진행한다.

① L : 웨이퍼 load → ME : mecha 탑재 → C/C : chuck clean

② SC1세정 : $NH_4OH + H_2O_2 + H_2O$(organic, I, II족 metal 제거)

③ DHF : $HF + H_2O$(자연 산화막, metal 제거)

④ QDR bath-DIW(탈이온수) 급수 및 배수(hot/cool shower 방식)

⑤ OF bath : QDR에서 남는 여분의 이물 제거

⑥ FR bath : 비저항 측정 및 세정 효과 확인

⑦ IPA V/D : 잔류 수분을 IPA 증기로 제거 → UL : unload

3. 확산 및 이온 주입 장비

3-1   열 확산로(Furnace)

열 확산로는 반도체 공정에서 산화, 확산, 열처리 공정에 사용하며 산화막, 질화막, 다결정 실리콘 증착막을 성장시키는 열 에너지원 장비로 사용하며, 종류는 크게 수평형과 수직형으로 분류한다. 공정 관련 조절 인자는 먼저 생성물의 원소를 함유한 가스의 반응 온도를 측정하는데, 금속의 접점 전위차 변화를 이용한 열전대 온도계(thermocouple, T/C)를 사용하여 조절한다. 두 번째는 반응하는 가스의 유량을 일정하게 유지해야 하는데, 모든 가스에 유량조절을 전기적인 시스템 안에서 조정하는 MFC(mass flow controller)가 사용된다. 반응로의 압력도 박막 성장에 중요한 인자인데, 압력의 측정은 보통 pirani 압력 센서 진공 게이지를 사용한다.

몇 가지 확산로의 구조에 대하여 알아본다.

(1) 이중 보트(boat) 확산로

2개의 boat 중 1개가 process 진행 중일 때 다른 backup boat에서 cooling & 웨이퍼(W/F) loading/unloading을 함으로써 그만큼의 공정 시간 지연을 줄일 수 있다. boat 1개가 진행하는 확산로를 일반적으로 단일 boat 확산로라 하는데, [그림 3-42]에 구조에 대한 모습이 나타나 있다.

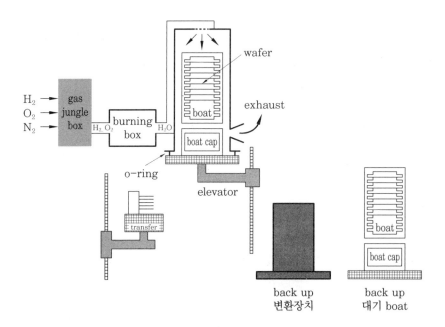

[그림 3-42] 이중 보트형 확산로

(2) 이중 챔버 확산로

장치 1대에 2개의 chamber로 구성되어 있어서 공정 지연이 boat cooling과 웨이퍼의 취급 시간보다 길면 단일형 확산로의 구조보다 2배의 생산 시간 능력을 갖출 수 있다.

[그림 3-43]에 그 구성도가 도식되어 있다.

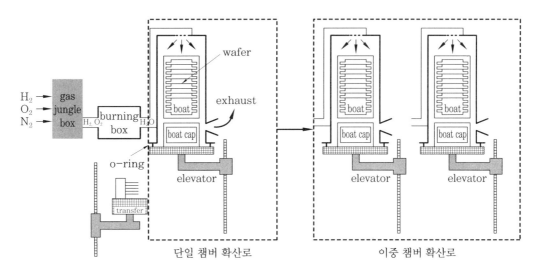

[그림 3-43] 단일 챔버와 이중 챔버와의 구성도 차이도

3-2   이온 주입 장비 구성 모듈과 기능

이온 주입 공정은 확산(diffusion) 공정을 이용한 도핑에 비하여 측방 분포를 감소시키고 실리콘 웨이퍼에 정확한 양의 도펀트를 균일하게 분포시킬 수 있는 장점이 있다.

장점은 다음과 같다.

① 이온 주입기는 질량분석기를 통하여 원하는 도펀트만을 도핑할 수 있다.

② 한 장비로 상호간 오염 없이 여러 도펀트들을 이온 주입할 수 있다.

③ 옥사이드나 질화막 등과 같은 스크린 층(screen layer)을 투과하여 이온을 직접적으로 주입할 수 있다.

④ 저온 공정으로 포토 마스크를 이용한 선택적 도핑이 가능하다.

⑤ 고 진공 상태에서 이온 주입이 진행되기 때문에 오염을 억제할 수 있다.

반면 단점은 다음과 같다.

① 강제 이온 주입으로 웨이퍼에 역학적 손상을 주어 심각한 격자 결함을 생성시킨다.

② 장비가 고가이며 구성이 복잡하고 독가스와 고전압 등 위험요소가 많다.

이온 주입 장치는 크게 3부분의 모듈로 나누어진다.

첫 번째는 불순물 가스를 아크 챔버 내부로 넣어 양이온을 생성시키는 소스 모듈이다. 두 번째는 소스에서 생성된 이온을 추출, 포커싱, 가속시켜서 주사하는 빔 라인 모듈이다. 세 번째는 최종적으로 웨이퍼에 이온 주입이 진행되고 웨이퍼를 취급하는 종단국 모듈이다. 소스 모듈은 소스 헤드, 추출 전극으로 구성된다.

빔 라인 모듈은 매스 분석기, 빔 포커싱, 에너지 여과기, 빔 변류기, 패러데이 시스템, 빔 평행화기, 가속기, 전자 중성화기, 선형 가속기로 구성되고, 종단국 모듈은 웨이퍼 핸들링 시스템과 빔 주사 시스템으로 구성된다.

[그림 3-44]에 도표 그림으로 정리하였다.

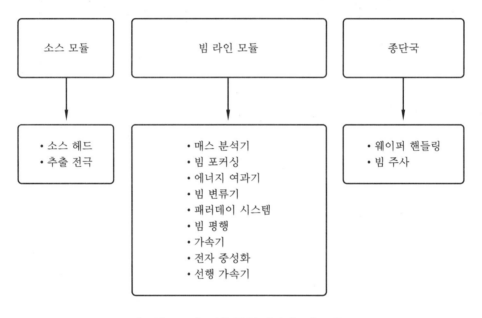

[그림 3-44] 이온 주입 장비의 3대 모듈

(1) 이온 장비 분류

이온 장비는 빔 전류의 세기와 주입되는 이온량, 에너지 대역에 따라 다음과 같이 크게 3부분으로 나누어 분류한다.

① 중간 전류 이온 주입(medium current implant) 장비
  - 빔 전류(beam current) : 1 mA 이내 수십~수백 μA 정도
  - 도즈(dose)량 : ~10^{14} ion/cm^2 이하
② 고 전류 이온 주입(high current implant) 장비
  - 빔 전류(beam current) : 1 mA~수 mA 정도
  - 도즈(dose) 량 : 10^{15} ion/cm^2 이상

③ 고에너지 이온 주입(high energy implant) 장비

- 빔 전류(beam current) : 1 mA 이내 수십~수백 μA 정도
- 도즈(dose)량 : ~10^{14} ion/cm^2 이하
- 에너지 대역 : 500 kev~1.5 Mev 정도

(2) 이온화 모듈

0~7.5 V의 전압을 필라멘트(filament)에 걸어 주면 여기에 영(zero) A부터 300 A의 전류가 흐르게 되고, 이것에 의해 필라멘트가 가열되면서 열전자를 생성한다. 이것들이 음극(cathode)에 충돌하면 다량의 전자들이 방출되는데, 이때 전자들은 플러스(+) 전압이 가해진 아크 챔버 내벽으로 튀어나가게 되며 이때부터 가스분자와 충돌이 시작된다. 가스분자와의 충돌을 원활하게 하기 위해 아크 챔버 상·하단에 위치한 마그네트에 의해 전자들은 회전 운동을 하게 되고, 가스분자들과 충돌하여 더 많은 양의 충돌을 일으킬 수 있도록 도와준다.

필라멘트의 맞은편에 자리하고 있는 리펠러는 회전 운동을 하는 전자들 중 가스분자와 충돌하지 못한 전자를 다시 되돌려서 가스분자와 충돌할 수 있도록 효율을 극대화시키는 역할을 한다.

모듈 구성도와 이온화 효율을 증대하는 구성 모습이 [그림 3-45]에 도식되어 있다.

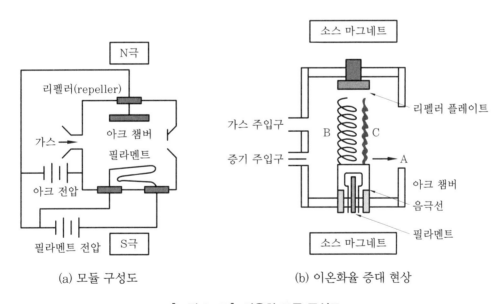

(a) 모듈 구성도   (b) 이온화율 증대 현상

[그림 3-45] 이온화 모듈 구성도

열전자가 나선형 모양으로 음극선에서 나와 리펠러 플레이트로 이동하는 자유전자는 자기장이 없을 때에는 그림에서 A의 경우처럼 아크 챔버 밖으로 바로 나가 가스의 이온화에 짧은 시간 기여한다. 그러나 정상인 자기장이 공급되는 경우는 B처럼 전자가 자기장의 영향으로 챔버 안에서 원 운동을 하며 리펠러 플레이트로 나선형을 그리며 이동한다.

이런 나선 운동은 전자가 챔버 안에 오래 머물러 가스의 이온화에 많은 시간을 기여함으로써 이온화율이 개선된다. 좀 더 높은 자기장이 인가되면 자기장의 영향으로 작은 원을 그리며, B의 경우보다 챔버에 잔류하는 시간이 짧아서 B보다 이온화 기여도가 낮다.

(3) 이온 추출 모듈

아크 챔버에서 이온화된 이온들은 외부에서 전기장을 인가하면 직선 운동으로 전기장을 따라 챔버 밖으로 추출된다. [그림 3-46]에 추출기와 추출되는 모습이 도시되어 있다.

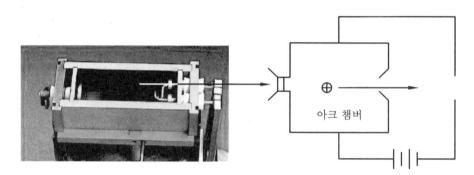

[그림 3-46] 이온 추출 모듈

(4) 이온 분석 모듈

소스(source) 지역에서 형성되는 이온의 종류는 매우 다양하다.

예를 들어 보론 도핑을 위해 소스 가스로 BF_3를 사용할 경우 14종의 주요 이온이 발생된다. 이렇게 다양한 이온들 중에서 우리가 원하는 도펀트 $^{11}B^+$(비일레븐 보론)만을 웨이퍼에 주입하기 위해 수많은 이온들로부터 원하는 이온을 가려내는 과정이 필요하다. 이러한 역할을 수행하는 장비 모듈이 바로 분석기이다.

분석기(analyzer)의 원리는 다음과 같다. 전하량 q, 질량 m을 갖는 이온이 electric field 내에서 전압 V로 가속되어 속도 v를 갖게 될 때 에너지 보존의 법칙에 의해 E field potential energy와 kinetic energy는 동일하다.

즉 다음과 같은 방정식이 성립한다.

① 자기장 안에서 이온의 운동
   ([그림 3-47] 참조)
② 전기장 에너지 = 운동에너지
   $qV = mv^2/2$

③ 자기장 구심력
   $vB\sin\theta = mv^2/r$
④ 자기장과 수직으로 운동
   $vB = mv^2/r$

따라서 구하고자 하는 이온의 반경 $r = (2mV/B^2q)^{1/2}$이 된다.

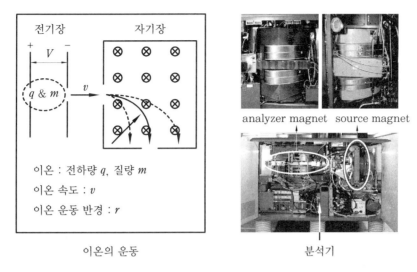

[그림 3-47] 질량 분석기와 그 안에서의 이온의 운동

(5) 빔 포커싱(focusing) 모듈

빔 라인을 통과하여 타겟(target)인 웨이퍼에 도달할 때까지 빔 흐트러짐이 일어나 손실이 되지 않도록 모아주는 역할을 한다. [그림 3-48]에 그 과정을 보여준다.

Q1으로 들어가는 빔은 X축 방향으로 압축되어 나오고, 다시 Q2로 들어가 Y축 방향으로 압축되어 최종적으로 입사 빔보다 강하고 조밀한 빔이 형성되게 된다. Q2로 들어간 빔이 Y축 방향으로 압축되지만 X축 방향으로는 분산되게 되는데, 실제 Q1에서 X축으로 압축된 빔에 대해 Q2에서 X축 방향으로 분산시키는 힘이 크게 미치지 못한다.

따라서 빔은 중심 쪽으로 포커싱 된다.

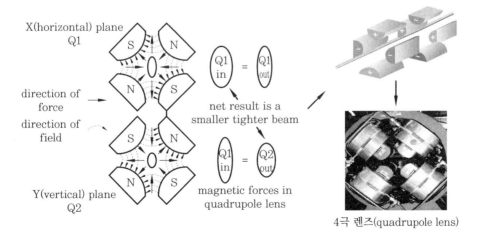

[그림 3-48] 빔 포커싱 모듈과 원리도

(6) 에너지 여과기

에너지 여과기는 이중 전하(double charge) 사용 시 빔 순도를 위하여 이용되는 것으로 전극 전압(extraction voltage)의 70% 정도의 플러스(+) 전압을 인가하여 분석기 챔버를 통과한 단전하(single charge)를 통과하지 못하도록 밀어내는 역할을 한다.

(7) 빔 변류기(beam deflector)

빔 변류기 플레이트의 목적은 빔이 웨이퍼 전면에 걸쳐 균일하게 도달하도록 빔을 스윕 (sweep)하는 것이다. 변류기 플레이트 중 하나는 접지 포텐셜이며, 다른 하나는 정전기 주사를 위해 0~-30 kV까지 변화시킬 수 있다. 이 전극에 가해지는 전압은 일반적으로 초당 1000번의 사이클을 갖는 DC 전압이다. 이러한 전압 파형은 웨이퍼에 도달되는 도즈의 균일성을 위해 타겟 컵에서 측정되는 전류를 바탕으로 변형되게 된다. 즉 낮은 마이너스 전압에 의해 낮은 각으로 변류된 빔은 일반적으로 높은 마이너스 전압에 의해 높은 각으로 변류된 빔보다 짧은 경로를 갖게 되고, 빔이 퍼지지 않기 때문에 빔의 크기도 작아지게 되어 전류밀도가 커진다. 따라서 웨이퍼 위의 균일한 도즈를 위해 낮은 전압에서는 빠르게, 높은 전압에서는 느리게 스윕(sweep)된다.

변류 플레이트의 또 다른 역할은 중성원자 혹은 입자들이 빔 스윕 시 변류되지 않으므로 직진하여 빔 덤프에 충돌하게 되는데, 이러한 현상으로 중성 빔 오염을 제거하여 도즈 오차를 막을 수 있다. [그림 3-49]에 빔 변류판의 작용도가 도시되어 있다.

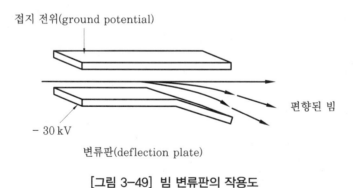

접지 전위(ground potential)

편향된 빔

- 30 kV

변류판(deflection plate)

[그림 3-49] 빔 변류판의 작용도

(8) 패러데이(faraday)

이온화 과정에서 아크 챔버 벽에 결집된 전자는 아크 공급 전원을 거쳐 접지로 빠지게 되는데 이것은 이온 주입기의 접지 환(ground loop) 내에 과잉 전자가 존재하게 됨을 의미한다. 이러한 과잉 전자는 양성 이온 빔에 의한 웨이퍼 전하 축적을 막기 위해 중성화시키기 위하여 사용된다. 만약 이러한 과정이 없다면 웨이퍼에 축적되는 양전하에 의해 설계된 소자가 손상되는 현상이 발생한다. 이온 빔 전류를 측정하는 기구를 패러데이 컵이라 부르는데, 패러데이 컵으로 들어오는 양이온 빔 전류에 해당하는 만큼 접지로부터 이를 중성화시키기 위하여 전류계를 통해 전자가 공급된다. [그림 3-50]에 패러데이 컵의 구성도가 도식되어 있다.

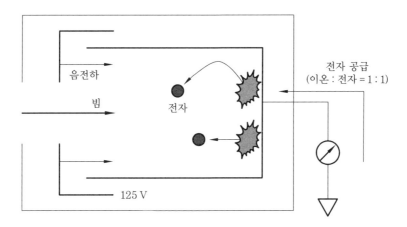

[그림 3-50] 패러데이 컵의 구성도

(9) 평행 빔 형성 모듈

변류판에서 다양한 각도로 편향된 빔을 웨이퍼에 수직으로 입사시키기 위해서는 각기 다른 각도로 들어오는 빔을 각기 다른 각도로 편향시켜서 최종적으로 평행한 빔을 만들어야 한다. 이를 가능하게 하는 것이 불균일한 자기장이다.

[그림 3-51]에서 볼 수 있듯이 중심에 좁혀진 곳의 자기선속은 더 밀집하게 되므로 상대적으로 넓은 곳보다 자기력이 크게 된다. 즉 자기력은 C 지역이 가장 크고, 그다음 B, 그리고 A 지역이 가장 작은 자기력을 받는다. 따라서 A 지역으로 입사되는 빔은 가장 작은 각으로 편향되며 C 지역으로 입사되는 빔은 가장 큰 힘을 받아 큰 각으로 편향되게 된다.

이런 결과로 이극 렌즈 자석(dipole lens magnet)을 통과하는 빔은 항상 평행하게 90°의 각도로 웨이퍼에 도달하게 된다. 여기서 빔을 구성하고 있는 이온 종들과 에너지에 따라 전체적인 자기장은 코일 전류에 의해 조절되어 덩어리가 큰 빔일 경우는 덩어리가 작은 빔의 경우보다 자기 코일에 흐르는 전류가 상대적으로 많이 흐르게 된다.

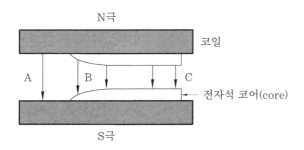

[그림 3-51] 평행 빔 형성 원리도

(10) 가속기(acceleration)

가속 공정은 빔이 최종적으로 요구되는 에너지를 갖도록 가속시키는 역할을 한다. 만약 빔이 추출될 때 갖는 에너지가 최종 에너지일 경우 가속기에서는 더 이상 가속되지 않는다. 추출 에너지에 부가적인 에너지를 가할 경우 보다 더 가속시키며, 최종 에너지가 추출 에너지보다 작을 경우 가속기에서 감속시킨다.

가속기는 6개의 분리된 링으로 구성되어 있으며, 가속 모드 링 #1과 링 #6 전위 차이에 의해 빔이 가속된다. 감속 모드에서 링 #1과 #2는 접지 단자에 접속되며 링 #3은 조정자 억류 전극 (manipulator suppression electrode)과 같은 역할을 수행하기 위해 $-1.2\,kV$의 강압 파워가 공급되며 링 #6에 최종 에너지를 위한 감속 파워가 공급된다.

[그림 3-52]에 가속기 튜브 구조도가 도시되어 있다.

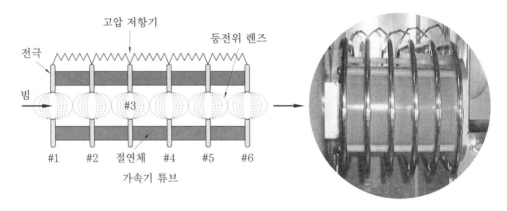

[그림 3-52] 가속기 튜브 구조도

(11) 중성화(neutralization)

고 전류의 이온 주입 공정에서 플러스(+) 이온이 웨이퍼 표면에 계속 주입되면 양전하 성분이 축척되고, 웨이퍼의 절연막 아래 음전하 성분이 집중되면 절연이 파괴되는 현상이 발생한다. 이를 방지하기 위해 전자 샤워(shower)를 사용하여 이런 현상을 방지한다.

이온 빔이 [그림 3-53]에서 보는 것과 같이 왼쪽으로 지나가면 필라멘트에서 발생된 열전자들이 (+) 이온의 인력에 의해 끌려 나오거나 바이어스로 대전되어진 샤워튜브에 충돌하게 되어 이차 전자를 생성시키고, 이 전자들은 빔에 포함되어 같이 웨이퍼로 진행된다. 이때 (+)이온의 반반력이 줄어들어 빔 흐름이 감소하고 (−) 이온들에 의해 (+) 이온의 집중현상을 해소하게 된다. 이때 바이어스 개구는 빔이 전자 샤워기 내부로 진행할 수 있도록 빔 흐름과 전자 샤워에서 생성된 (−) 전자들이 전자 샤워기 내부에서 머무를 수 있게 척력을 작용한다. 이로 인해 전체가 전기적으로 중성화가 된다.

[그림 3-53]에 관련도들이 도시되어 있다.

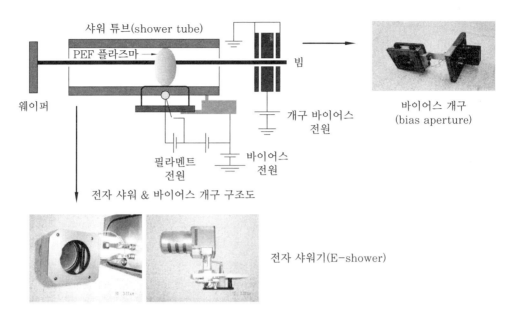

[그림 3-53] 전자 샤워 개념과 관련 부속품들의 모습

(12) 종단국(end station)

종단국 모듈은 최종적으로 웨이퍼에 이온 주입이 진행되고 웨이퍼를 핸들링(handling)하는 부분이다. 웨이퍼 카세트를 위치시킬 수 있는 테이블과 웨이퍼를 순서대로 대기하는 로드 버퍼 (load buffer), 추가적인 웨이퍼 장착을 위한 더미 버퍼, 웨이퍼의 각을 조절하는 평면 얼라이 너(flat aligner), 대기 상태 이송용 에어 로봇, 고 진공 영역 이송용 진공 카세트, 웨이퍼 홀더 (wafer holder), 웨이퍼의 부착 지점인 디스크 등으로 구성된다.

[그림 3-54] 이온 주입 장비의 종단국의 구성 모습

(13) 이온 주사 모듈

이온 빔 주사는 이온 빔을 웨이퍼 표면에 균일하게 분배하여 균일도를 좋게 하기 위한 방법이다. 보통 전기적인 방법으로 선형 주사(linear scan)와 기계적인 방법으로 수직 주사(vertical scanning)를 실시한다.

선형 주사 방법은 선형 주사 빔이 가지고 있는 빔 회절을 이용한 방법으로 [그림 3-55] (a)와 같이 보론 가스를 뿌렸을 때처럼 분극 렌즈를 통과한 후 90° 각도로 웨이퍼의 전체적인 면에 맞는 것을 볼 수 있다. 이렇게 할 경우 도즈가 많게 되어 웨이퍼를 사용하지 못하게 된다.

그러나 정확한 위치에서 1초에 앞뒤로 1회 움직이는 것을 주사라고 한다면 이것이 주기적으로 반복할 때 한 줄을 그은 것과 같은 역할을 한다. 회절자는 1KHz로 회절시켜주는 역할을 하고 있다.

선형 주사가 정확하게 진행된다면 수직 주사는 수직 방향으로 적절히 동시에 움직이게 되어 전체적으로 균일한 결과를 얻을 수 있다. [그림 3-55] (b)는 선형 베어링이 에어 실린더를 타고 움직이는 것을 표현한 것이다. 샤프트(shaft) 아래쪽이 대기 상태이고 샤프트 위쪽이 진공 상태라고 한다면, 이 샤프트를 정밀하게 제어하는 모터를 이용하여 상/하(up/down) 운동을 실시하여 완벽한 주사를 완성할 수 있다. 이때 가장 중요한 것이 빔 평행 유지로, 웨이퍼에 한정되는 빔들이 정확히 90°를 이루어야 완벽 주사 제어 기술이 된다.

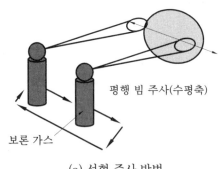

(a) 선형 주사 방법

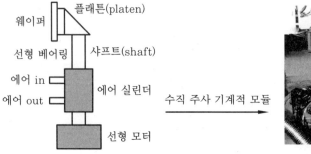

(b) 이온 주사 모듈의 구성도

[그림 3-55] 이온 주사 모듈의 구성도와 선형 주사 방법

3-3　이온 주입 후 열처리

　이온 주입이 된 실리콘 결정에 손상(damage)이 발생하고, 이로 인하여 전기적으로 목적했던 활성화가 일어나지 않는다. 이 상태로는 우리가 원하는 전기 소자를 만들 수가 없다. 이 문제점을 해결하기 위하여 500~1100℃ 사이의 고온에서 열처리 하여 전기적 활성화를 만드는데, 이 과정을 열처리 공정이라 부른다.

　열처리는 크게 두 가지 방법이 사용된다.

　첫 번째는 확산로(furnace)를 이용하는 방법으로, 가장 기본적인 열처리 방법이며 수직전기로(vertical furnace)를 사용하고 균일도가 우수하며, 시간은 5~6시간 정도 소요되는데 조건에 따라 조금씩 달라진다.

　두 번째는 RTP(rapid thermal process) 방법으로 급속 열처리 공정에 속한다. 할로겐 램프(hallogen lamp)를 사용하여 공정 시간이 수초에서 수십 초 사이에서 진행이 완료된다.

　이온 주입 후 열처리는 RTP로 이루어지는 추세이다.

　[그림 3-56]에 열 확산에 쓰이는 확산로와 RTP 장비의 모습이 도시되어 있다. 그림에서 보는 바와 같이 열 확산로가 대량의 웨이퍼를 처리하는 구조를 하는 반면, RTP 장비는 한 장씩 처리하는 단점을 가지고 있다.

(a) 수직 확산로　　　　　　　　　　　　　　(b) RTP 장비

[그림 3-56] 도펀트 확산을 위한 확산로와 RTP 장비의 비교도

4. 박막 증착 장비

4-1   CVD 박막 증착 장비의 개요

일명 화학기상증착법(chemical vapor deposition, CVD)이라는 CVD 공정은 외부와 차단된 반응실(챔버) 안에 웨이퍼를 넣고 반응을 할 가스를 공급하여 열, 플라즈마, 빛(UV or laser), 또는 임의의 에너지에 의하여 열분해를 일으켜 웨이퍼의 특성을 변화시키지 않고 고체 박막을 증착하는 합성 공정이다. 이 공정에서는 기체 상태를 취급하는 관계로 챔버와 웨이퍼의 온도, 압력, 부피가 가장 큰 공정 제어 요소가 된다.

박막(film)이 형성되는 과정은 크게 두 가지로 나누어진다.

(1) 동종 반응(homogeneous reaction)

기체 상태(gas phase)에서 일어나며 형성된 박막의 질 측면에서 나쁜 특성을 나타내고 불량입자(particle)가 많이 발생되는 단점이 있다.

(2) 이종 반응(heterogeneous reaction)

웨이퍼 표면에서 일어나는 반응으로 고순도 박막을 얻을 수 있기 때문에 이종 반응 위주로의 공정 조건을 유도해야 한다. 이 CVD 공정 기술은 CMOS 제조 공정에서 산화막(SiO_2), 질화막(Si_3N_4) 등 절연체와 유전체 막을 형성하는데 사용되고, 텅스텐(W) 플러그(plug)와 같은 금속 막을 증착할 때 사용된다.

4-2   CVD 장비 종류

(1) APCVD

APCVD 장비는 웨이퍼 카세트 로딩, 언로딩 스테이지와 이송 벨트, 주입 가스, 화학반응 시 필요한 열에너지를 공급하는 히터로 구성된다. 장비 안에서 웨이퍼의 공정 흐름은 먼저 웨이퍼가 로딩 카세트로부터 로봇 암에 의해 벨트 위에 옮겨서 연속적으로 이동한다. 웨이퍼 이동 시 히터는 열을 발산하고 위에서는 반응가스와 분위기 질소가스가 투입된다. 벨트를 따라 이송되는 동안 웨이퍼에 막이 생성된다. 웨이퍼는 시작점에서부터 끝점에 이르기까지 두께가 계속 증가되어 원하는 두께가 된다. 언로딩 컨베이어로 공정 완료된 웨이퍼가 이동하고 웨이퍼는 다시 비어 있는 아웃(out) 웨이퍼 카세트에 담겨진다. [그림 3-57]에 장비의 구조도가 도시되어 있다.

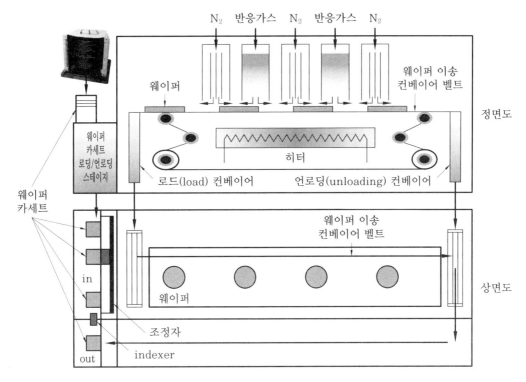

[그림 3-57] APCVD 장비 구조도

(2) LPCVD

LPCVD 공정 기술은 APCVD 공정과 화학결합 반응은 같으나 석영관 안에서 외부와 차단되고 웨이퍼가 석영보트에 실려 반응가스가 흐르면서 박막이 형성되는 장비적인 차이점이 있다. 장비는 크게 챔버의 역할을 하는 석영관, 소스가스의 양을 조절하는 가스 조절 시스템, 석영 보트에 웨이퍼를 장착하여 석영관 안으로 장착하고 봉합하는 캡 부분, 석영관의 온도를 조절하는 히터부, 반응 후 남은 가스의 배기와 챔버의 압력을 조절하는 진공펌프부로 이루어진다.

여기서 히터부는 세 영역으로 나누어지는데 이는 웨이퍼 박막 형성 과정 동안 석영관 전 영역에 균일한 온도를 유지하기 위함이다.

일반적으로 동일한 열량을 히터에 가하면 석영관 중앙에서 온도가 가장 높고 석영관 가장자리 부분으로 갈수록 온도가 낮아진다. 이는 외부와 연결 부분이 많은 가장자리에 열 손실이 많기 때문이다. 이런 이유로 [그림 3-58]의 1영역과 3영역에는 많은 열을, 중앙에는 다소 적은 열을 공급하여 석영관 전체의 온도를 균일하게 해야 한다.

공정의 흐름은 먼저 석영관 안에 웨이퍼가 석영보트에 장착되어 석영관 안으로 들어간다. 다음 석영로가 외부로부터 차단되는 봉합 캡 결선을 한다. 이후 진공 펌프가 가동되면서 석영관 안의 가스들을 제거한다. 화학반응과 관계되지 않은 가스들이 제거되고 석영관 내의 압력이 10^{-3} torr

에 이르면 히터가 가동하여 석영관의 온도를 화학반응 온도로 유지한다.

이런 상태에서 반응가스들은 소스 가스 실린더로부터 출발하여 가스 조절 시스템을 거쳐 석영관 안으로 유입되고, 석영관 안에서 웨이퍼와 반응하고 남은 잔류가스들은 진공 펌프 쪽으로 배기된다. 반응 후 나온 가스가 아닌 입자들은 진공 펌프 앞단에 설치된 트랩(trap)에 의해 일차적으로 제거되는데, 이는 진공 펌프의 관리에 매우 중요한 사항이다.

챔버가 반응하는 동안 압력은 외부로 연결된 압력계를 통해 관측할 수 있다. 온도는 열전쌍(thermocouple)이라는 고온 금속 접합 온도계로 측정하는데, 온도, 압력, 가스 양이 공정 조건상에 이르면 주어진 시간만큼 모두 평형을 유지하며 원하는 박막을 증착시킨다.

[그림 3-58]에 LPCVD 구조도가 도시되어 있다.

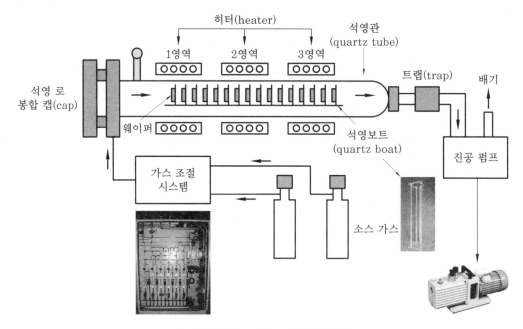

[그림 3-58] LPCVD 장비 시스템

(3) PECVD

PECVD 장비는 플라즈마를 이용하여 저온에서 박막을 형성한다는 일반 CVD 방법과 다른 특징이 있다. 주요 구성 부분은 RF 파워를 이용한 상면 전극을 포함하는 플라즈마 생성부, 반응에 소요되는 가스 공급부, 웨이퍼의 로딩 및 히터가 내장되며 하면 전극을 형성하는 부, 남은 잔류가스와 압력을 유지하는 진공 펌프 배기부로 구성된다.

[그림 3-59]에 장비 구성도가 도시되어 있다.

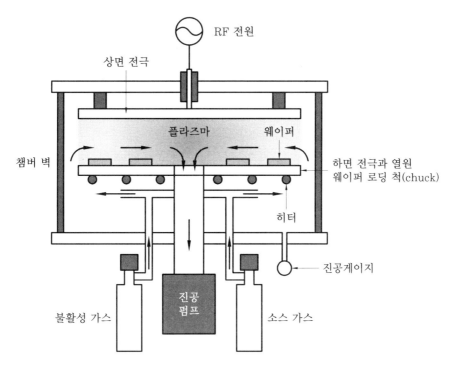

[그림 3-59] PECVD 장비 기본 구성도

(4) HDPCVD

HPD CVD 장비는 두 가지 공정이 연속하여 한 챔버 안에서 이루어져야 하는 구조로 구성된다. 먼저 식각과 증착을 하는 가스 주입구가 두 부분으로 구성되고, 챔버 내에 플라즈마를 유도하는 척 RF 파워부, 유도 코일에 파워를 공급하는 부, 웨이퍼를 고정시키는 정전 척(chuck), 가스를 챔버 전면에 균일하게 퍼지게 하는 샤워 헤드 부분으로 구성된다. RF의 주파수는 척 파워에 13.5 MHz, 유도 코일에 2 MHz가 공급된다. 가스 공급에 있어서 가스1에는 증착을 위한 아르곤 가스, 가스2에는 증착에 쓰이는 화학반응가스가 유입된다.

예로 산화막 CVD 시 실렌(SiH_4)은 가스2부분, 산소와 아르곤은 가스1부분으로 유입된다. 이 가스들은 혼합되어 플라즈마와 전기장 안에서 식각과 증착을 동시에 수행하게 된다. 증착과 식각율의 비율은 3:1로, 증착이 식각보다 3배 빠르게 진행된다. 챔버 안의 압력은 저압을 유지하기 위하여 터보 펌프에 의해 배기 및 압력이 조절된다. 낮은 압력은 이온의 방향성이 향상되어 깊은 곳까지 균일하게 증착이 되도록 도와준다.

터보 펌프 앞에는 배기라인들의 진공을 선행하여 수행하는 드라이 펌프가 위치한다. 드라이 펌프는 오일을 사용하지 않아 터보 펌프와 배기라인에 오염을 주지 않으며, 터보 펌프의 배기는 챔버와 연결되는 게이트 밸브의 여닫음으로 조절된다.

[그림 3-60]에 장비의 구조도가 도시되어 있다.

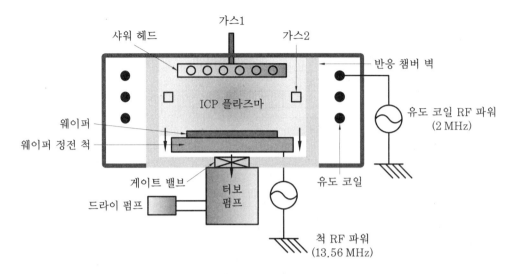

[그림 3-60] HDPCVD 장비 구조도

① 웨이퍼 정전 척

HDPCVD 공정은 고밀도 플라즈마를 생성시키기 위해 ICP를 이용한다. 웨이퍼 척은 아르곤 스퍼터 식각(Ar sputter etch)과 연관되어 아르곤 이온들의 직진성을 배가시키기 위해 디시(DC) 바이어스를 발생시키는 고주파수 RF를 인가해 주는 전극판이 되어야 한다. 또한 웨이퍼가 공정 중에 움직이지 않도록 고정해 주는 역할도 담당해야 한다.

척은 인위적인 기구로 웨이퍼를 고정시킬 수 있으나 온도가 상승하면서 열역학적 문제가 발생된다. 이 문제는 정전기 원리를 이용한 정전 척이라 부르는 ESC(electro static chuck)에 의해 해결할 수 있다.

현재는 플라즈마와 저진공을 요하는 식각과 증착 장비에 널리 쓰이고 있다. 정전 척은 정전기를 이용하여 웨이퍼를 움직이지 않도록 척에 고정시키는 수단인데, 아르곤 스퍼터 식각이 수행되면 아르곤 이온의 충돌에 의해 웨이퍼의 온도가 100~150℃가량 상승한다.

원래 증착 시 400℃가량 온도가 조성되어 있기 때문에 이 온도가 추가로 더해질 경우 척의 금속 박막(Al)이 녹는 현상이 발생된다.

이 문제는 웨이퍼 뒷면으로 흘리는 헬륨 가스(He gas) 압력에 의해 척과 웨이퍼에 차가운 열을 전달하여 식히는 절차가 필요하므로 웨이퍼와 척간의 틈새를 제공하는 정전기를 이용한 웨이퍼 고정(clamping)이 필요하다. 인위적인 척과 다른 점은 척에 헬륨 가스를 유입시킬 수 있는 통로 구멍이 나 있다는 점이다.

[그림 3-61]에 역학적 힘에 의한 인위적인 척과 정전기를 이용한 정전 척의 모습이 도시되어 있다.

(a) 인위적인 척(manual chuck)   (b) 정전 척(electrostatic chuck, ESC)

[그림 3-61] 역학적 힘에 의한 인위적인 척과 정전기를 이용한 정전 척의 모습

4-3   물리적 기상 증착법(PVD)

PVD(physical vapor deposition) 공정 기술은 반도체용 기판, 즉 웨이퍼에 기체 상태의 금속이나 합금을 물리적인 방법으로 증착시키는데 사용된다. CVD 공정과 달리 6~10 torr 이하의 고진공 챔버 내에서 진행된다. 즉, 화학적 반응이 없이 생성하려는 박막과 동일한 재료를 진공 중에서 증발시켜 마주 보는 웨이퍼 위에 증착시키는 기술이다.

(1) 장비의 종류

장비의 종류는 크게 두 가지로 나누어진다.
① 박막이 될 재료를 기상화하여 열이나 전자 빔을 웨이퍼에 증착하는 증발기
② 박막이 될 재료를 플라즈마 안에서 이온으로 가격하여 웨이퍼 위로 증착시키는 스퍼터

(2) 열적 증발기(thermal evaporation)

용융점이 낮은 재료인 알루미늄(Al), 구리(Cu), 은(Ag), 금(Au) 등의 증착에 유리하며, 저항열 재료로 쓰는 필라멘트에 공급되는 전류량을 조절함으로써 증착 속도를 변화시킬 수 있다.

[그림 3-62]에 열적 증발기의 장비 구조가 도시되어 있다. 공정이 이루어지는 챔버는 진공을 유지하는 형태의 벨자형 챔버이다. 챔버 내부에는 소스 금속을 내장하고 열을 가할 수 있는 히터가 타원형으로 제작되고, 그 위에는 일정한 증기의 흐림과 면적 조정을 위해 개구가 구성된다. 소스 금속의 상 방향 웨이퍼까지 충돌 없이 진행할 수 있도록 챔버의 진공을 위해 외부로 진공 펌프 시스템이 구성된다. 웨이퍼 탑재되는 척은 웨이퍼를 한 번에 여러 매수 진행하는 원형 척이 구성되고, 이 웨이퍼 척은 웨이퍼의 증착 균일도를 위해 회전할 수 있도록 제작된다.

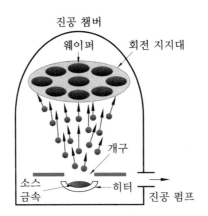

[그림 3-62] 열적 증발기 장비 구조도

(3) 전자 빔 증발기(electron beam evaporator)

주로 용융점이 높은 금속인 텅스텐(W), 실리콘(Si)과 유전체 산화막 박막을 기판 위에 증착할 때 사용하는 장비이다. 본질적으로는 열 증발기의 발생 장치와 동일하나 전자 빔을 이용하여 타겟(target)을 가격하는 전자 빔 부가 장치가 있다는 것이 다른 점이다.

장비에서의 발생 과정을 살펴보면 전자 빔 소스(E-beam source)인 필라멘트에 전류를 공급하여 나오는 전자 빔을 전자석에 의한 자기장으로 유도하여 증착 재료에 위치시키면 집중적인 전자의 충돌로 증착 재료가 가열되어 증발한다.

장점은 증착 속도가 빠르고 고융점 재료의 증착이 가능하며 다중 증착(multiple deposition)이 가능한 것이고, 단점은 엑스레이(X-ray) 발생과 전자 빔 소스 위 원자의 농도가 크므로 와류 또는 방전이 심하다는 것이다.

[그림 3-63]에 사용되는 장비의 구조와 반응 메커니즘이 도시되어 있다. 장비 구성은 열적 증발기와 유사하나 전자 빔을 발생시키고 빔의 방향을 조정하는 자기장 시스템이 추가된다.

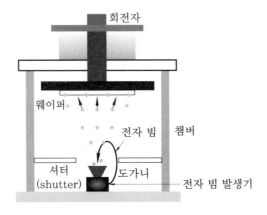

[그림 3-63] 전자 빔 증발에 사용되는 챔버 구조와 반응 방법

(4) 스퍼터링(sputtering)

스퍼터링(sputtering) 현상은 고체의 표면에 고에너지의 입자를 충돌시키면, 그 고체 표면의 원자나 분자가 그러한 고에너지 입자와 운동량을 교환하여 표면 밖으로 튀어 나오는 현상이다.

① DC 스퍼터링 장비

DC 스퍼터링은 챔버(chamber) 안에 충분한 농도의 반응가스가 존재하면 큰 300~5000 V 정도의 직류전압을 걸어줄 때 챔버 안에 플라즈마가 형성된다. 이 플라즈마에 의해 가스 원자들 중 적은 양이 이온화되고, 이온이 가속되어 음극으로 이동 음극에 부착되어 있는 타겟 금속과 충돌하여 스퍼터링을 일으킨다. DC 스퍼터링에서는 타겟에 공급된 전력의 75~95 %가 냉각수에 의해 소비되므로 타겟 물질의 열전도도가 중요한 변수이다. 타겟의 재료는 전도체만 가능하고 절연체는 불가능하다. [그림 3-64]에 구조도가 도시되어 있다.

장비 구성 요소와 기능은 다음과 같다.

㉮ DC 전원부 : 플라즈마 생성을 위한 전원 공급

㉯ 주입 가스부 : target을 가격할 가스 공급부

㉰ target 부 : 증착할 금속 제공과 음극의 역할

㉱ 웨이퍼 척 : 웨이퍼 고정 및 접지

㉲ 챔버 : 공정이 이루어지는 장소

㉳ 진공펌프부 : 챔버 내의 압력 조절

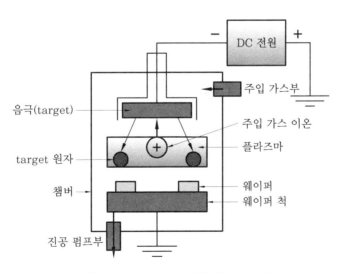

[그림 3-64] DC 스퍼터링 장비 구조도

② RF 스퍼터링

RF 스퍼터링은 챔버(chamber) 안에 고주파 교류 전압을 걸어 타겟 표면에 축적된 전하를 중화시킨다는 점에서 DC 스퍼터링의 단점인 전극의 방전 문제를 해결한다.

또한 플라즈마와 전위차를 적당히 유지시켜 스퍼터링을 지속시킬 수 있다. 고주파의 주파수 영역은 플라즈마 장비에서 공통적으로 사용되는 공업용 해당 주파수인 13.56 MHz를 사용한다. 공업용 주파수로 국제적 표준은 13.56 MHz의 정수배 주파수만 허용된다. 고주파 전위를 전극에 걸어주었을 때 음의 반주기 동안은 양이온을 끌어들여 스퍼터링 되고, 양의 반주기 동안은 전자를 끌어들여 축적된 양전하를 중화시켜 방전을 지속시킴으로써 플라즈마가 공정 중 일정하게 유지한다.

[그림 3-65]에 장비의 시스템이 도시되어 있다. RF 스퍼터링에서 중요한 모듈은 정합 네트워크(matching network) 부분이다. 이 모듈의 역할은 RF 소스와 내부 플라즈마와의 정합(matching)을 잘 이루어 균일한 플라즈마 속에 연속적으로 공정을 수행하는 것이다. 이 사항은 플라즈마를 사용하는 모든 장비에 필수적인 사항이다. 이런 역할을 맡고 있는 모듈이 [그림 3-65]의 매칭 네트워크(matching network)이다.

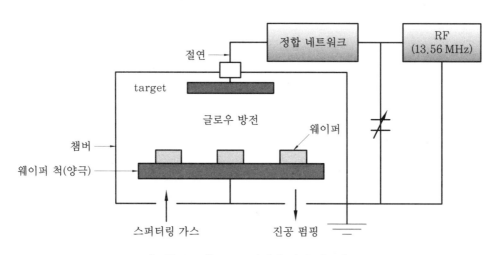

[그림 3-65] RF 스퍼터링 장비 시스템

③ 응용 스퍼터 장비

위에 기술된 일반적인 DC와 RF 스퍼터를 기준으로 자기장과 전기장 등 외력과 target 재질을 교체하여 발전된 스퍼터들이 제조 공정에 활용되고 있다.

④ magnetron sputter

target의 음극 특성을 이용하면 수직한 방향으로 전기장을 형성한다. 이 상태에서 자기장 공급 시스템을 부가하여 수평 방향으로 자기장을 인가하면 전자는 target 표면 근처에서 나선 운동을 하게 된다. 이 효과로 플러스 이온들은 집중적으로 전자와의 결합에 의한 중성화를 피해 이온화를 강화할 수 있다. 자기장을 형성하기 위하여 영구자석을 통상적으로 사용한다.

⑤ reactive sputter

스퍼터링 방법은 통상적으로 단일 원소로 이루어진 target을 사용한다. 그러나 혼합금속 박막을 형성하기 위해서는 단 원소 target과 결합하여 혼합물 금속을 만드는 가스를 도입할 수 있는 스퍼터 구조를 가진다. 예를 들어 Ti target을 이용하고 챔버에 질소가스(N_2)를 주입하면 TiN 금속막을 형성할 수 있다.

일반적으로 target 가스로 사용하는 아르곤가스(Ar)와 질소가스의 부분 압력 비는 1:1이다. 막의 특성은 질소가스의 부분압, 챔버 내의 전체 가스 압력(전체가스 압력 = 아르곤가스 부분 압 + 질소가스 부분압 + 기타), 스퍼터링 전원, 웨이퍼 가열 온도에 의존한다.

5. CMP 장비

5-1   CMP 장비 개요

ULSI(ultra large scale integration)를 구성하는 트랜지스터 등의 소자나 배선의 구조를 미세화함으로써 직접도를 높이고 고속 동작이 가능하게 한다. 그러나 다층 배선 구조로의 전환에서 평탄화되지 않은 웨이퍼의 굴곡은 사진 공정의 초점 심도의 불균형을 초래하여 패턴의 변형을 초래하고 소자의 성능을 떨어뜨린다. CMP 장비는 이런 문제점을 해결하기 위해 도입되었다. 특히 SoC(system on chip)를 구현하기 위해서는 다양한 단층과 패턴 모양을 가진 구성회로 모듈이 한 칩에 전기적 불량 없이 공정이 이루어져야 하므로 평탄화 과정의 개발과 발전은 필연적이다. [그림 3-66]에 공정에 관련하여 각 구성 부품을 연관시킨 흐름도가 도시되어 있다.

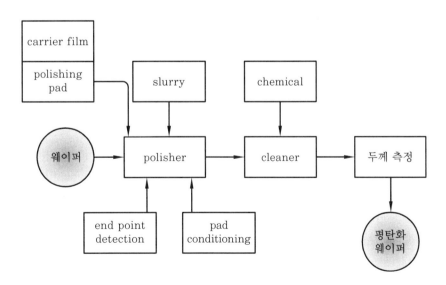

[그림 3-66] CMP 공정 흐름에 따른 장비 시스템과 재료의 연관도

공정을 진행하기 위한 CMP 장비 시스템을 정리하면 다음과 같다.

① hardware : 연마기(polisher), 세정(cleaning) 시스템

② 소모품(consumable) : 슬러리(slurry), 패드(pad), carrier film, 세정 화공약품 (chemical), 필터(filter), 다이아몬드 디스크(diamond disk)

③ 측정 장비

④ 화공약품 공급 시스템

5-2   CMP 장비 기본 시스템

(1) 주요 구성품

CMP 주요 구성품은 크게 4부분으로 분류한다. [그림 3-67]에 CMP 장비 주요 부품 구성도가 도시되어 있다.

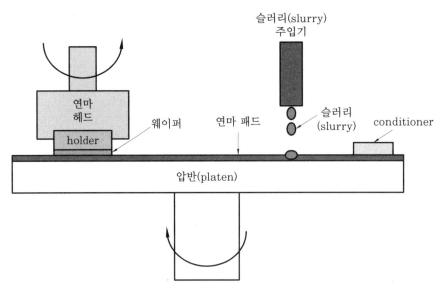

[그림 3-67] CMP 장비 주요 부품 구성도

CMP 장비는 신축성 있는 연마 패드와 웨이퍼에 압력을 가하며 회전하는 연마 헤드, 양호한 패드 상태를 유지하기 위한 패드 조절기 및 연마 용액인 슬러리 공급 장치부로 구성된다.

공정은 화학용액에 미세한 연마 입자와 첨가된 슬러리를 웨이퍼와 패드 사이에 공급시키고, 연마 헤드를 하향 방향으로 가압 회전하면서 웨이퍼 표면 연마를 수행한다.

5-3   CMP 주요 구성품의 작동 원리

(1) 연마 패드(polishing pad)

연마 패드의 역할은 다음과 같다.

① 패드 표면의 기공은 슬러리의 유동을 원활하게 한다.

② 발포 융기는 웨이퍼 표면으로부터 반응물을 제거한다.

③ 연마 패드는 CMP의 화학 및 기계적 측면을 지원한다.

④ 요구 조건은 슬러리에 화학적으로 식각된 절연막 반응 생성물을 제거하기 위해서 단단하고
   거친 표면을 가져야 한다.

연마 패드는 상층과 하층 구조를 가진 2층으로, 상층은 고경도의 패드로 국소 평탄화를 실현
하는데 사용되고 하층은 연질의 패드로 전체적 평탄화를 실현하는 역할을 한다.

[그림 3-68]에 패드의 구성도가 도시되어 있다.

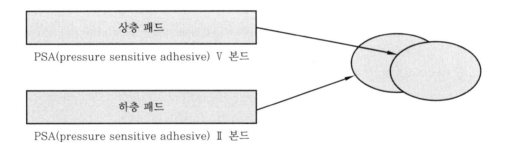

[그림 3-68] 패드의 구성도

(2) 연마 헤드(polishing head)

역할은 웨이퍼를 고정하고, 웨이퍼를 가압과 회전을 통하여 연마를 주도하는 부분이다.

[그림 3-69]에 상세한 구조를 나타내고 있다.

각 부분의 운동 기능은 다음과 같다.

① 하향 압력 : 연마 헤드 전체에 가해지는 압력

② 연마 헤드 회전 : 시계 방향/시계 반대 방향 회전 운동

③ 연마 헤드 진동 : 왼쪽, 오른쪽 휩쓸기(sweep) 운동

④ 질소 가스 후면 압력 : 웨이퍼 후면에 압력 공급

⑤ 고정기 링(retainer ring) 압력 : 연마 중 웨이퍼의 이탈을 방지하기 위한 압력

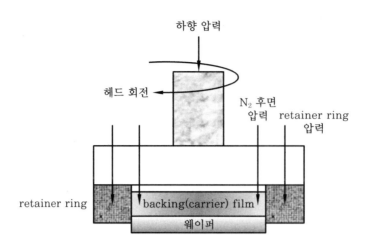

[그림 3-69] 연마 헤드 부분 구성 요소

(3) 패드 조절기(pad conditioner)

패드 조절기는 패드의 마모를 줄이고 안정된 CMP 공정을 유지하기 위해 물리적인 힘을 인가하여 패드 상태를 복원시키는 구성 요소이다. 기본 조정(conditioning) 방법은 다이아몬드 입자를 접착시킨 니켈 플레이트(Ni plate)를 사용하여 패드 표면과 접촉, 회전, 충돌함으로써 발포 미공 속에 박혀 있는 슬러리 및 마모 입자들을 탈착시킨다. 이때 플레이트에 부착된 다이아몬드 입자가 탈락할 경우 웨이퍼 표면에 심각한 스크래치(scratch)를 발생시킨다. 또한 조절이 과도하게 진행될 경우 패드 표면 미공들의 재생이 아닌 함몰을 가져온다.

패드 조절기 기본 운동은 다음과 같다.

㈎ 하향 압력 : 패드 조절기 전체에 압력을 가한다.

㈏ 패드 조절기 회전 : 시계/반시계 방향으로 회전 운동을 한다.

㈐ 패드 조절기 휩쓸기(sweep) : 오른쪽, 왼쪽 휩쓸기 운동을 한다.

[그림 3-70]에 패드 조절기 구성과 공정 진행 모습이 간략하게 도시되어 있다.

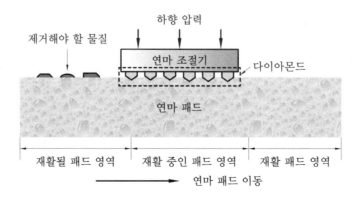

[그림 3-70] 패드 조절기 구성과 공정 진행 모습

(4) 슬러리(slurry)

슬러리는 CMP 공정에서 사용되는 연마용액을 말한다. 기계적 연마를 위한 미세입자가 균일하게 분산되어 있고, 연마되는 웨이퍼와의 화학적 반응을 위한 산(acid) 또는 염기와 같은 용액을 초순수(DI water)에 분사 및 혼합시킨 용액이다. CMP 공정 중 패드와 웨이퍼 사이로 침투하여 기계적, 화학적 연마의 핵심 역할을 수행한다. 슬러리는 연마 대상에 따라 달라지는데 크게 3종류가 있다.

① 실리카(silica)계 슬러리

실리카 입자를 가스의 연소방식에 의해 생성된 연소된 실리카를 초순수에 분산시킨 콜로이드 실리카가 사용되며, 산화막 CMP 공정에 사용된다. 보통 염기성 용액(pH7 이상)에서 공정을 수행한다. 주성분은 SiO_2이다.

② 세리아(ceria)계 슬러리

주성분은 CeO_2이며, 주로 STI(shallow trench isolation) CMP 공정에서 사용한다. 이유는 산화 절연막과 질화막 간의 선택비가 크기 때문이다. 이러한 연마 선택비를 향상시키기 위해 슬러리 내에 화학 첨가제를 변화시켜 절연막과 질화막 간의 표면 특성을 변화시키기도 한다.

③ 알루미나(alumina)계 슬러리

주로 금속막(W, Al, Cu) CMP 공정에서 사용되는데, 알루미나(Al_2O_3) 입자를 산성 용액에 혼합시킨 슬러리가 사용된다. 특히 텅스텐(W)은 산화막보다 경도가 높기 때문에 실리카 입자보다 경도가 큰 알루미나 입자를 사용하여 연마율(removal rate)을 향상시킨다.

(5) CMP 후 세정

CMP 공정에서 연마하는 표면의 효과적인 연마만큼 중요한 것이 CMP 후의 파티클의 오염 제어와 세정 공정이다. CMP에 사용되는 연마제는 반도체 공정에서 가장 무서운 오염물 그 자체이며, 슬러리 안에 포함된 불순물은 일반적인 반도체 재료의 백만 배의 불순물 농도이기 때문에 CMP 이후의 세정 공정은 매우 중요하다.

그러나 일반 세정과는 공정상 다른 점이 있다. CMP 공정 중에 가해진 압력 문제 때문에 웨이퍼 표면에 있는 파티클과 오염 물질이 매우 강하게 부착되어 있다. 따라서 물리적인 힘을 가하지 않고 단순한 화학 세정으로는 불순물 제거가 어렵다. 이런 이유 때문에 문지르기(scrubbing)나 메가소닉(megasonic) 방법을 이용한다.

① 브러쉬 문지르기(brush scrubbing)

웨이퍼 표면의 파티클을 제거할 목적으로 브러쉬를 회전시키며 세정하는 방법이다. 웨이퍼에 세정액을 분사하면서 PVA(poly vinyl alcohol) 스펀지와 나일론 등의 섬유성 브러쉬로 문질러 미립자를 제거하는 방식이다. 롤(roll) 브러쉬 방식과 펜(pen) 브러쉬 방식이 있고, 펜 브러쉬 방식은 양면을 문지르기 한다고 해서 DSS(double sided scrubber) 방식이라 부른다.

브러쉬 문지르기 세정 방법의 특징을 정리하면 다음과 같다.

㈎ 미립자 제거 능력이 크고 단 시간 안에 세정을 완료할 수 있다.

㈏ 가장 보편적인 방법이며 웨이퍼에 손상을 주지 않는다.

㈐ 세정액은 주로 수산화암모늄(NH_4OH)으로 PVA 브러쉬와 함께 사용한다.

㈑ 금속 오염물을 제거하기 위해 불산(HF)도 함께 사용한다.

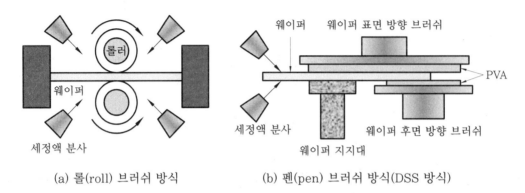

(a) 롤(roll) 브러쉬 방식   (b) 펜(pen) 브러쉬 방식(DSS 방식)

[그림 3-71] 롤 브러쉬 방식과 펜 브러쉬 방식의 구조

② 메가소닉(megasonic) 세정

CMP 공정 후 남아 있는 많은 슬러리 입자들을 제거하기 위해 메가소닉 에너지 700~1500 MHz를 인가함으로써 웨이퍼 표면에 큰 손상 없이 초정밀 세척을 하면서 미세입자를 제거하는 세정 방식이다. 초순수나 알카리성 세정액에 초음파를 걸어 세정액 중에 발생되는 공동화(cavitation, 프로펠러 등의 회전 시 뒤쪽에 형성되는 진공 현상)에 의한 충돌력으로 미립자를 제거하는 비접촉식 세정 방법이다. 알카리 수용액(SC1)에 메가헤르츠 대역의 초음파를 사용하는 것이 일반적이다. 용액 내 음파에 의하여 발생되는 음향 흐름(acoustic streaming)의 속도는 음파의 진동수와 힘이 증가할수록 감소한다.

[그림 3-72]에 세정조 안에서의 세정 모습이 나타나 있다.

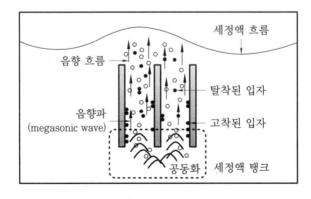

[그림 3-72] 메가소닉 세정 과정도

　　이물질 제거가 완료되면 웨이퍼에 잔류하는 이물질 및 세정액을 완전히 제거하기 위하여 초순수로 헹굼 과정을 거치고 초순수를 건조시켜야 한다. 수분을 완전히 제거하지 못할 경우 water mark라는 반점이 남아 오염의 역부착 등의 결함을 유발한다.

　　일반적으로 사용되는 건조기는 원심력을 이용한 스핀건조 방식을 수행할 수 있도록 구성된다. 동작은 세정액을 이용하여 세정된 웨이퍼를 초순수를 이용하여 표면을 최종적으로 헹굼을 하고, 고속으로 회전하는 스핀건조를 시킨다. 이 건조 과정을 끝으로 모든 세정 과정이 완료되고 웨이퍼가 언로드(unload) 부분으로 이송된다. [그림 3-73]에 위에서 설명된 모든 세정 과정을 갖춘 장비의 일반적 배치 모습이 도시되어 있다.

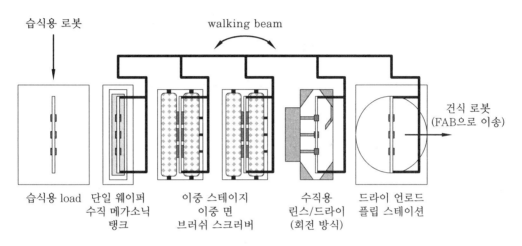

[그림 3-73] CMP 세정 장비의 공정에 따른 일반적 배치도

(6) 종말점(end point detection) 측정 모듈

　　일반적으로 압반(platen)을 회전시키는 모터 전류의 흐름 변화를 이용하는 검출기로 구성된다. 모터의 전류는 웨이퍼 표면과 패드의 마찰력에 따른 전류값을 조정 보상해 주는데, 이런 전류 상태의 검출을 통해 표면 상태의 급격한 변화를 감지하는 방식이다. 즉 CMP 공정의 종점에서 표면 물질의 변화에 따른 급격한 마찰력의 변화로 기인되는 모터 전류의 변화를 검출함으로써 CMP의 종점을 검출하는 것이다.

(7) 두께 측정 모듈

　　CMP 공정에서 공정 후 두께 측정을 하고, 그 결과를 보고 재연마를 한다면 너무나 많은 공정 시간이 소요된다. 이런 문제점을 해소하기 위해서 CMP 공정 중에 광학적인 방법으로 직접 두께를 측정하며 연마하는 모듈이 두께 측정 모듈이다. 원리는 광원에서 발사된 빛이 웨이퍼 표면에 입사하고, 반사되는 빛의 양을 측정하여 그 결과를 확산, 흡수, 굴절률을 포함한 광학적 수식에 의하여 두께로 환산하는 것이다. [그림 3-74]에 측정기의 일반적 구조가 도시되어 있다.

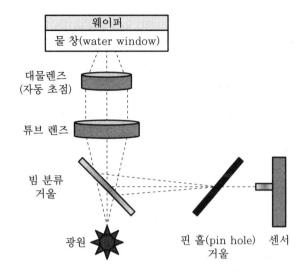

[그림 3-74] CMP 공정 중 두께를 측정하는 광학 계통도

5-4   CMP 공정 장비 시스템

장비 구성은 웨이퍼의 투입과 반출을 담당하는 로드 포트(load port)부, 연마부(polis), 세정부, 부가적으로 연마 두께를 초음파를 이용하여 측정하는 구성 모듈도 구성 요소에 포함된다. [그림 3-75]에 장비 시스템 구성도가 도시되어 있다.

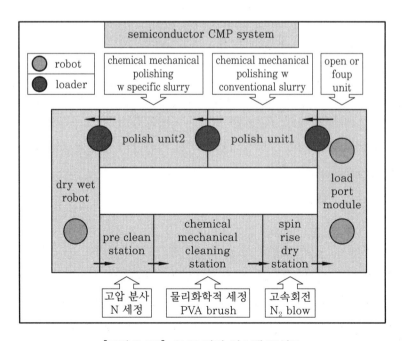

[그림 3-75] CMP 장비 시스템 구성도

기본 평가 항목

1. 스테퍼와 스캐너 노광 방식의 차이점에 대하여 설명할 수 있는가?

2. 노광기 구조에서 변형 조명에 대하여 설명할 수 있는가?

3. 노광 방식 중 축소 투영 방식에 대하여 설명할 수 있는가?

4. 노광 시스템에서 렌즈의 변화에 기인되는 문제점을 이해하였는가?

5. 직교도 변형에 대하여 설명할 수 있는가?

6. serife 패턴에 대하여 설명할 수 있는가?

7. 트랙 장비에서 수행되는 공정에 대하여 설명할 수 있는가?

8. 베이크 공정 중 soft bake에 대하여 설명할 수 있는가?

9. EBR에 대하여 설명할 수 있는가?

10. fly eyes 렌즈의 역할을 이해하였는가?

11. 습식 식각 공정과 건식 식각 공정의 재료별 차이점을 이해하였는가?

12. 건식 식각 장비 모듈 중 온도 제어부의 역할을 이해하였는가?

13. 무정전 전원 장치에 대하여 설명할 수 있는가?

14. RIE, ECR, ICP, TCP, DPS 장비에 대하여 설명할 수 있는가?

15. 열 확산로는 무슨 공정에 사용되며 열 확산로에서 boat의 재질에 대하여 설명할 수 있는가?

16. 이온 주입 장비는 무엇으로 구분되는지 설명할 수 있는가?

17. 이온 질량 분석 모듈에 대하여 설명할 수 있는가?

18. 이온 분석 모듈 중 변류기의 역할을 이해하였는가?

19. 이온 주입 시 선형 주사에 대하여 설명할 수 있는가?

20. 이온 주입 후 열처리 장비 중 RTP에 대하여 설명할 수 있는가?

21. CVD 기술 중 이종형에 대하여 설명할 수 있는가?

22. 샤워 헤드의 기능에 대하여 설명할 수 있는가?

23. 정전 축의 원리에 대하여 설명할 수 있는가?

24. 스퍼터링 장비 구성 요소 중 target의 역할을 이해하였는가?

25. 정합 네트워크의 역할을 이해하였는가?

26. 슬러리의 역할을 이해하였는가?

27. CMP 장비 중 conditioner의 역할을 이해하였는가?

28. CMP 세정 장비 중 문지르기 장비의 사용 목적을 이해하였는가?

29. 메가소닉 세정에 대하여 설명할 수 있는가?

30. CMP 공정에서 두께 측정은 어떻게 하는지 설명할 수 있는가?

제 4 장

반도체 공정 검사 &
계측 및 분석 장비

1. 단위공정 검사 계측 장비

2. 물성 분석 및 평가 장비

 학 / 습 / 목 / 표

• 단위공정 검사 방법과 계측 장비의 개념, 측정 원리, 구조에 대하여 설명할 수 있다.
  − CD(critical dimension) 측정기
  − 입자 측정 계수기
  − 박막 두께 측정
  − 이온 주입량 및 불순물 분포 측정 장비
• 물성 분석 평가 장비별 개념, 종류, 구성, 활용에 대하여 설명할 수 있다.
  − AES(auger electron spectroscopy)
  − XPS(X−ray photoelectron spectroscopy)
  − FTIR(fourier transform infrared spectrometer)
  − XRD(X−ray diffractometer)
  − RBS(rutherford backscattering spectrometer)
  − FIB(focused ion beam)

반도체 공정 검사 & 계측 및 분석 장비

1. 단위공정 검사 계측 장비

1-1 개요

    반도체 소자 제작 시 각종 단위공정 진행 후 주어진 공정규격(spec)과의 합불 여부 판단, 장비의 셋업(set up)과 점검에 여러 가지 계측 장비를 이용하여 측정 및 분석을 하고 있다. 계측 장비들은 대부분 광학적 원리를 기본으로 모듈이 구성된다.

    반도체 주요 공정에서 수행하는 계측은 수, 양, 길이, 모양, 성분, 전기적 특성 등을 측정한다. [표 4-1]에 공정별로 측정되어야 하는 요소가 정리되어 있다.

[표 4-1] 공정별 필수 검사 항목 및 관련 계측 장비

공 정	검사 항목	계측 장비
사진(photo)	패턴 CD	전자현미경(SEM)
	정렬도(overlay)	자동간섭광학시스템
	감광막 두께	굴절광학시스템
	외관 검사	일반광학현미경
식각(etch)	패턴 CD	전자현미경(SEM)
	전기적 CD	전기측정기
	단차	프로파일러(profiler)
확산/이온 주입	시트 저항	전기측정기
	도즈(dose)량	SIMS, XRF, FTIR
박막	두께	굴절광학시스템
	시트 저항	전기측정기
CMP	두께	굴절광학시스템
	단차	프로파일러(profiler)
	시트 저항	전기측정기
공통	오염 입자	자동광학 산란분석시스템

1-2   측정 원리

(1) 전자현미경(scanning electron microscope, SEM)

① 광학현미경과의 차이점

(개) 일반 광학현미경 : 유리 렌즈와 광원으로 가시광선을 이용하여 사물을 관측한다. 유리 렌즈를 사용하기 때문에 컬러 이미지를 볼 수 있다. 반도체 공정의 경우 공정 후 이물질의 존재 여부, 패턴의 이상 문제, 손상된 부분을 눈으로 관측하는데 사용된다. 반면 매우 작은 사이즈는 관측이 어렵다.

(내) 전자현미경 : 광학현미경의 미세 사이즈 관측 한계 문제는 전자의 운동을 이용하여 관측할 수 있는 전자현미경을 사용하여 해결할 수 있다. 전자현미경은 일반광학현미경과는 달리 자계 렌즈를 이용하고, 광원으로 가시광선 대신 파장이 짧은 전자선을 이용한다. 이런 이유 때문에 작은 사이즈까지 형태와 크기를 구분할 수 있으나 컬러 상은 관찰할 수 없고 흑백 상으로만 관찰할 수 있다. 반도체 공정에서는 사진과 식각 공정 이후에 패턴의 CD(critical dimension) 측정이 필수적이다. CD는 평면상에서 측정되고, 이 기능을 장착한 길이 측정용 특수 전자현미경을 CD-SEM이라 부른다.

② 종류

전자현미경은 크게 투과전자현미경과 주사전자현미경의 두 종류로 분류된다. 주로 세포나 조직의 내부구조를 관찰하기 위하여 시료를 얇게 잘라 만든 단면을 전자로 투과한 후 형광판에 상을 만드는 것이 투과전자현미경(TEM)이다. 물론 반도체에서도 원자층 두께의 형태를 파악하기 위해서 사용된다. 시료의 겉 표면 또는 부러뜨린 내부 구조를 입체적으로 관찰하기 위하여 시료 표면에 전자를 주사하여 얻어진 상을 모니터에 영상화시키는 방식의 전자현미경을 일반형 주사전자현미경(SEM)이라 한다. CD-SEM의 경우는 평면상에서 길이를 측정하기 위하여 특수 제작된 전자현미경이다. [그림 4-1]에 장비의 구조가 도시되어 있다.

(개) 투과전자현미경(transmission electron microscope, TEM) : 투과전자현미경은 광학현미경과 그 원리가 비슷하다. 전자현미경의 광원은 높은 진공 상태에서 고속으로 가속되는 전자선이다. 전자선이 표본을 투과하여 일련의 전기자기장 또는 정전기장을 거쳐 형광판이나 사진필름에 초점을 맞추어 투사된다. 투과전자현미경은 확대율과 해상력이 뛰어나 광학현미경으로 관찰할 수 없는 세포 및 조직의 미세한 구조를 관찰할 수 있으며, 단백질과 같은 거대 분자보다 더 작은 구조도 볼 수 있다. TEM은 얇은 시편(60 nm 정도)을 빔(beam)이 투과하여 관찰하므로 2차적인 또는 단면적인 구조를 관찰할 수 있다.

[그림 4-1] (a)에 TEM의 장치 구성도가 도시되어 있다.

㈏ 주사전자현미경(scanning electron microscope, SEM) : 주사전자현미경은 실체현미경과 구조와 원리가 같다고 볼 수 있다. 단지 빛(가시광선) 대신 전자선(electron)을 이용한 것이 차이점이다.

　　주사전자현미경은 가속된 전자를 빠른 속도로 시료 위에 주사시켜 요철 부위에서 발생하는 2차 전자를 검출·증폭함으로써 심도 있는 상을 관찰할 수 있는 것이 특징이다. 즉, 시료의 미세구조를 해상도가 높은 입체구조로 관찰할 수 있는 것이다. 시료의 제작도 매우 간편하며 경우에 따라서는 화학적인 처리 없이 간편한 물리적 조작으로 실제 시료를 있는 그대로 관찰할 수 있다.

　　주사전자현미경은 전자가 시료를 통과하는 것이 아니라 초점이 잘 맞추어진 전자선을 시료의 표면에 주사한다. 주사된 전자선이 시료의 한 점에 집중되면 1차 전자만 굴절되고 표면에서 발생된 2차 전자는 검출기에 의해 수집된다. 그 결과 생긴 신호들이 여러 점으로부터 모여들어 음극선관(CRT)에 상을 형상화한 것이다. SEM은 시료 위에 주사된 상을 관찰하므로 3차원적인 입체상을 관찰할 수 있다.

　　[그림 4-1] (b)에 SEM의 장비 구조도가 도시되어 있다. CD-SEM에는 스펙트럼 시스템이 부가되어 신호의 크기에 따라 길이를 측정할 수 있도록 구성되어 있다.

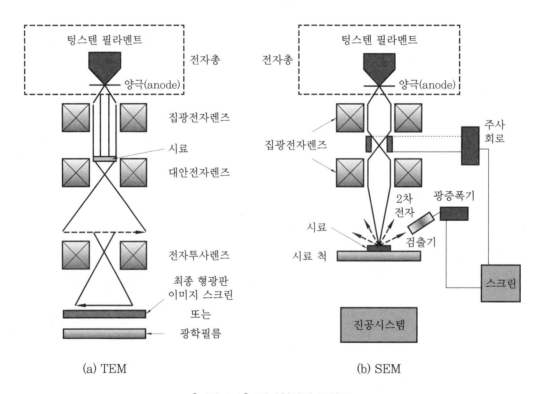

[그림 4-1] 전자현미경 구성도

③ CD-SEM 측정

　실제로 [그림 4-2]에 CD-SEM을 이용하여 측정한 사진이 나타나 있다. 그림에서 보는 바와 같이 CD-SEM 프로그램 안에 내재되어 화면에 표출되는 바(bar)를 움직여서 선의 가장자리에 두 바를 맞추면 자동적으로 길이가 화면에 표시되고 데이터로 출력된다. 스펙트럼(spectrum)의 강도를 보면서 패턴의 3차원적 형성 모습을 예상할 수 있다. 그림에서처럼 강도가 낮은 부분은 패턴의 상면, 높은 부분은 하부를 나타낸다.

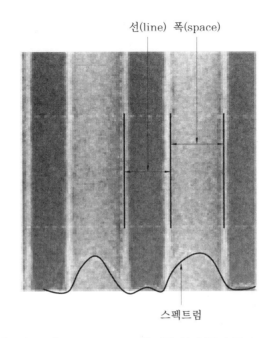

[그림 4-2] CD-SEM으로 측정한 선과 폭의 화면 모습

(2) 정렬도(overlay) 측정 장비

① 정렬도 측정 필요성

　사진 공정에서 CD 검사와 더불어 중요한 검사가 정렬도 검사이다. 하나의 소자가 형성되기 위해서는 수십 개의 마스크가 필요하다. 즉 마스크를 통합해보면 하나의 소자 회로도가 완성된다는 것이다. 그런데 전사 과정 중 문제가 발생되어 겹친 부분 중 하나라도 원래 자리에서 벗어난다면 소자는 동작되지 않거나 동작되더라도 불안정하여 신뢰성 문제가 심각하게 대두된다. 이러한 벗어남을 검사하는 방법을 정렬도 측정이라 한다.

② 정렬도 측정 원리와 측정 방법

　기본 측정 원리는 가시광 빔을 정렬된 웨이퍼 상에 입사시키고, 웨이퍼로부터 초점 이동 방법을 이용하여 하층의 형성된 패턴에서 이미지와 상층 패턴 이미지의 벗어난 정도를 길이로 환산 측정하는 것이다. 광학의 간섭현상을 이용하고 간섭계의 신호처리를 통해 측정값을 얻는다.

[그림 4-3]에 사용되는 간섭계의 구성도가 도시되어 있다. 그림에서 보는 바와 같이 incoherent 광원(백색 광원)에서 빛이 빔 분류기에 입사하면 광은 2갈래의 광 경로(L1, L2)로 나누어 진행하고 반사되어 경로 차이에 의해 간섭현상을 발생시킨다. 이는 마이켈슨-몰리 간섭계의 기본 원리이다.

만일 그림에서처럼 웨이퍼에 패턴이 존재하지 않으면 L1과 L2의 광 경로차가 발생하지 않아 간섭조건이 성립되지 않는다. 입사한 빔 하나는 reference 반사경을 향하고, 나머지는 웨이퍼 쪽으로 향한다. 반사된 광원이 카메라의 광검출기에 결합되면 두 개의 빔이 진행한 경로가 실제로 동일한 경우에만 두 개의 빔의 간섭이 발생한다. coherence 영역(초점 거리)에 웨이퍼가 있을 경우 빛을 감지하여 파형(신호)이 발생되고 간섭이 일어난다.

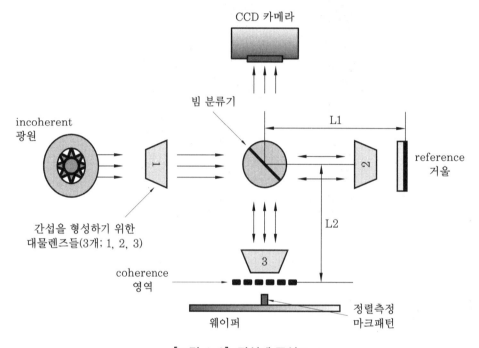

[그림 4-3] 간섭계 구성도

[그림 4-4]에서 보는 바와 같이 정렬도를 위한 측정 패턴은 선행 1차 층의 외부 박스, 후속 2차 층의 내부 박스로 구성된다. 정렬 마크(overlay mark)의 가장자리 신호를 측정하는 간섭계를 이용하여 외부 박스와 내부 박스를 스캔(scan)하고, 스캔한 영역 내 가장자리 신호 위치의 각 중심점을 확인한 다음 중심점 간격인 X축(A, B), Y축(C, D)를 이용하여 정렬 이동 측정값을 계산한다. 만일 A, B, C, D값이 동일하다면 100 % 일치된 정렬도를 얻은 것이다. 반도체 장비에서는 이미 프로그램화된 계산법에 의하여 정렬도가 확인되고, 그 수치가 스크린에 표시된다.

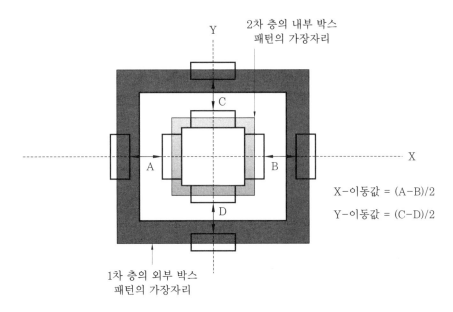

Y

2차 층의 내부 박스
패턴의 가장자리

C

A   B   X

D

X-이동값 = (A-B)/2

Y-이동값 = (C-D)/2

1차 층의 외부 박스
패턴의 가장자리

[그림 4-4] 정렬도 측정을 위한 패턴 마크와 정렬도 측정 방법

③ ECD(electrical CD) 측정

식각 후 패턴 CD는 사진 공정의 패턴 CD 측정 방법과 동일하게 CD SEM을 이용하여 길이를 측정한다. 더불어 패턴의 모양에 따라 전기적 특성이 달라질 수 있는 문제를 확인하기 위하여 전기적인 방법으로 CD를 측정하는데, 이를 ECD 측정이라 한다.

[그림 4-5]에서 패드 3, 4의 양단에 전류를 인가하고 패드 3, 4에서 전압을 측정하여 저항값을 얻는다. 얻어진 저항값과 길이, 폭, 두께 관계식을 이용하여 유효 선 폭을 계산할 수 있다. 이런 방식의 측정법을 van der pauw 방식이라 한다.

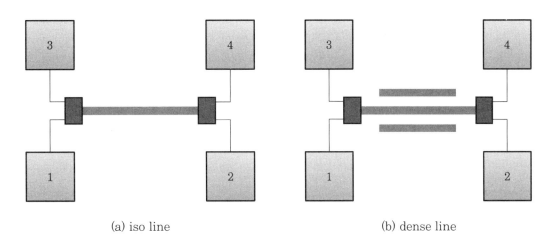

(a) iso line   (b) dense line

[그림 4-5] ECD 패턴과 측정 방법도

(3) 입자 측정 계수기

① 측정 개념

웨이퍼 상에 존재하는 입자들은 크기와 모양, 성분이 매우 다양하게 존재한다. 웨이퍼 상의 입자의 존재 여부를 판단하는 기본 개념은 광 산란 현상을 분석함으로써 얻을 수 있다. 즉 단색광 빛인 레이저 빔을 웨이퍼에 조사하면 입자가 존재할 경우 입사 레이저 빔의 광 산란 분포가 반사, 굴절, 흡수, 회절 현상을 겪으면서 검출기 부분에 입사 레이저 빔의 사이즈와 다른 산란에 의한 단면적을 보여준다. 이 광 분포를 분석하여 존재 여부를 확인하는 것이다.

만일 입자가 존재하지 않을 경우 입사된 레이저 빔의 사이즈와 동일한 단면적을 가진 신호가 검출기에 전달될 것이다. 빛이 어떤 매질에 부딪치면 산란이 일어나고 이때 산란된 빛의 세기는 그 매질의 크기와 성분에 비례한다. 같은 크기라 할지라도 매질(입자)마다 굴절률과 흡수 계수가 다르기 때문이다. [그림 4-6]에 광학적 현상에 대하여 도시되어 있다.

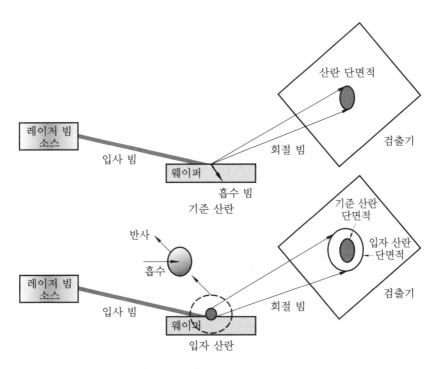

[그림 4-6] 광학적 산란 현상

② 레이저 입자 분석기

입자의 산란 분석을 하는데 가장 많이 사용되는 수단은 레이저 입자 분석기이다. 광의 진로에 입자가 존재하게 되면 광학적 광 산란 현상이 일어나고 산란광의 세기는 입도에 대한 정보를 제공한다. 일정 파장의 광이 미세한 입자 표면에 입사하면 그중 일부는 각각 투과, 흡수, 산란된다.

　　레이저 입자 분석기는 Mie 산란에 따라 작동을 한다. 레이저 빔이 입자들에 닿으면 입자들의 산란 스펙트럼이 입자들의 운동에 영향을 받지 않는 Fourier 렌즈의 초점 평면(focal plane)에 형성되고 산란 스펙트럼을 분석하여 입자 크기 분포를 얻을 수 있다. 모양이 구형이고 동일한 지름을 가진 입자들이 있다고 가정하면, 산란광 에너지는 Elie 원(circle)에 따라 분포를 보인다. 즉, 렌즈의 초점 평면에 일련의 동심원들을 형성한다. 동심원의 지름은 산란을 일으키는 입자들과 관련이 있는데 입자들의 지름이 작으면 산란각과 동심원의 지름이 커지고 입자의 지름이 크면 산란각과 동심원의 지름이 작아진다.

　　입자에 광이 조사되면 회절, 흡수, 투과, 반사 등의 현상이 일어난다. 이 현상들은 빛의 파장, 편광, 입자와 주위 매체의 굴절률, 측정각도 등의 함수로 설명된다. 레이저 회절을 이용한 입자 측정 원리는 다음과 같다. 웨이퍼에 분산된 입자에 레이저 광을 조사하면 입자가 광 파장보다 클 때 입자에 의해 Fraunhofer 회절이 일어난다. 즉, 불투명한 입자에 광이 조사되면 광은 입자의 모서리에서 회절되어 중앙이 밝은 원과 주위에 밝고 어두운 고리 모양이 생긴다. Fraunhofer 이론에 의하면 입자가 작아질수록 첫 번째 최소 회절의 각이 커진다. 이 경우 회절 강도는 입자의 크기의 제곱에 비례하나 회절각은 입자의 크기에 반비례한다.

　　입자의 크기가 마이크론 크기 이하의 미세한 입자에 의해 생기는 산란 양상이 입도 분석에 중요하며 Mie 이론이 필요하다. Mie 이론에서도 프라운호퍼 회절에서와 마찬가지로 산란된 광의 상대적인 강도는 입자 크기와 파장의 각도함수로 나타나며, 또 입자와 주위 매체의 굴절률, 조사되는 빔의 편광의 함수로도 나타난다.

　　입자의 크기가 다양할 때 나타나는 광의 요동 양상은 각 입자들에 의해 생긴 양상들의 합이 되므로 이 요동 양상을 정확히 측정함으로써 입자 분포도 함께 측정할 수 있다. 레이저 회절과 산란을 이용하는 입자 분석장치에는 시료 후면과 측면에 장치된 수십 개의 광검출기가 있어 회절/산란된 광의 강도를 감지하고, 광 세기의 분포가 컴퓨터로 입력되어 입자의 크기 분포를 측정한다. [그림 4-7]에 장치의 구성도가 나타나 있다.

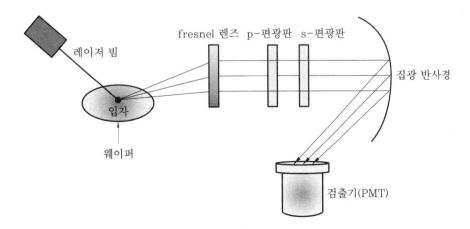

[그림 4-7] 레이저 빔을 이용한 산란 측정 구성도

(4) 박막 두께 측정

① 박막 두께 측정 개요

박막(thin film)은 기판 표면에 형성시킨 $10\,\text{Å}$ 이하에서 $100\,\mu m$ 두께 범위의 얇은 막을 말한다. 얇은 두께의 박막은 반도체 및 평판표시장치(flat panel display, FPD) 공정 등 넓은 범위에 걸쳐 응용되고 있다. 박막의 종류는 유전체 박막, 반도체 박막, 금속 박막 등 매우 다양하다. 박막은 스핀 코팅, 진공 증발, 스퍼터링(sputtering), 화학증착(CVD) 공정 등에서 얻어지며 이런 공정 진행 후에는 원하는 두께의 박막이 얻어졌는지 측정해야 한다.

박막 공정과 얻어지는 박막의 종류를 정리하면 다음과 같다.

- 열 산화공정 : SiO_2, ONO 등
- LPCVD : SiO_2, Si_3N_4, NO, Poly-Si, TEOS, BPSG, a-Si, W, WSi, Ti, TiN 등
- PECVD : SiOx, SiNx, a-Si 등
- PVD(sputtering, evaporation) : Al, Cu, Si, SiOx, WSi, Au, Ti 등

② 두께 측정 분류

박막의 두께를 측정하는 방법은 크게 세 가지 형태로 구분된다. 첫째는 가장 많이 사용되는 광학(optical)에 기초를 둔 방법이고, 둘째는 탐침(stylus)을 이용한 기계적인 방법, 세 번째는 현미경적인 방법으로 관찰하는 방법이다. 색깔을 보고 판별할 수도 있으나 이는 두께보다는 박막의 종류가 무엇인지 사람의 눈으로 판별한다는 것이 장점일 뿐 정확한 두께 측정은 할 수 없다. 그 이유는 사람마다 눈의 능력이 다르기 때문이다.

㈎ α-step : 탐침을 이용하는 기계적 방법으로 박막 표면에 예리한 흠집 또는 단차를 만든 후 매우 미세한 탐침으로 표면을 접촉하여 긁어 나가면서 탐침의 수직적인 위치 변화를 계측하여 그 단차를 측정하는 방법이다. 장점은 시료 및 박막에 대한 사전 정보 없이도 시료의 두께를 측정할 수 있다는 점이다. 그러나 접촉에 의한 시료의 파괴와 오염을 유발하며, 측정 속도가 매우 느리고 측정자 주관에 따라 오차가 발생할 수 있다는 것이 단점이다.

㈏ 현미경적 방법 : 단순히 일반 광학계를 이용하여 육안으로 계측하는 것과 전자 혹은 원자 등을 이용하여 초고배율의 이미지를 얻어서 그 두께를 계측하는 방법이 있다. 이 방법은 시료를 절단하여 단면을 보아야 하므로 탐침에 의한 방식보다 더 많은 시간이 필요하며, 시료를 가공하는 특별한 기술이 요구되는 단점이 있다. 그러나 시료의 단면을 육안으로 확인할 수 있다는 장점이 있다.

㈐ 광학적 방법 : 박막 표면에서 반사광과 하부의 계면으로부터의 반사광들에 의한 간섭현상을 이용하여 박막의 특성들을 결정하는 것이다. 박막의 두께 및 조도는 물론 광학적 상수도 측정할 수 있는 장점을 갖고 있다. 탐침을 이용한 기계적인 방법과 비교하여 광학적 측정 방법은 정확도, 재현성 및 측정 속도가 우수하다. 또한 박막이 두께 측정 시 사용하는 파장 영역에서 투명하고 광 간섭성을 유지할 경우 다양한 종류의 시료를 측정할 수 있

다. 다층 박막 구조의 경우 수학적인 계산에 의해 각각의 박막 두께를 환산 측정할 수 있으며, 이 방식에 의한 두께 측정이 현재 가장 보편화되어 있다.

광학적 측정법으로는 분광 반사 광도계(spectral reflectometer)와 엘립소미터가 범용으로 사용된다. 분광 반사 광도계는 측정 광이 시료의 표면에 수직으로 입사될 때 파장에 따라 박막으로부터 반사되는 빛의 강도를 측정하는 것이다. 엘립소미터는 반사광의 간섭을 해석하는 점에서는 유사하지만 측정 광(p, s)의 편광(polarization) 상태와는 입사각이 다르다.

분광 반사 광도계의 장점은 측정할 수 있는 박막의 두께 범위가 넓고 측정 모호성이 없으며, 매우 작은 부위를 측정할 수 있고 속도가 빠르다는 것이다. 반면 정확한 반사 강도를 알기 위해 입사광의 강도를 알아야 하므로 주기적인 레퍼런스(reference)가 필요하고, 보통 사용하는 광원에 의해 측정하는 파장 영역이 고정되어 그 파장 영역에서 간섭이 나타날 수 있는 두께가 측정 한계가 된다. 이런 이유들은 초박막에서의 측정 성능이 나쁘고, 광학 상수(n, k) 측정이 비교적 어려운 단점으로 작용한다.

③ 엘립소미터(ellipsometer)

엘립소미터(ellipsometer)는 19세기 말 Drude 등에 의해 반사광의 편광 상태가 얇은 막의 존재에 극히 예민하게 변화한다는 것이 실험적으로 알려진 후 Budde 등의 연구를 거쳐 박막 관련 연구에 사용되기 시작하였다. 편광된 빛을 재료의 표면에 비스듬히 반사시키면서 박막의 물리적 상태에 따라 달라지는 빛의 편광 상태를 측정하여 분석하는 방법이다.

엘립소미터는 입사광과 반사광의 편광 변화량을 측정하고, 측정값으로부터 막의 두께(d), 복소굴절률(n, k)을 얻어내는 계측기이다. 편광 변화량은 진폭(Ψ)과 위상차(Δ)이며, 파장(λ), 입사 각도(ϕ), 박막 두께, 복소굴절률 등의 매개변수에 의존한다. 관계식은 다음과 같다.

$$(d, n, k) = f(\Psi, \Delta, \lambda, \phi)$$

입사 각도를 고정한 단일파장의 경우는 다음 관계식으로 정의한다. 즉 관련함수(f)에서 파장(λ), 입사각도(ϕ)의 상수항의 정의를 의미한다.

$$(d, n, k) = f(\Psi, \Delta)$$

d, n, k의 세 미지수에 대해 두 개의 독립변수만 측정 가능하므로 d, n, k 중의 하나의 값을 고정할 필요가 있다. 단일파장에서도 각도(ϕ)를 바꾸어 측정하면 측정변수는 증가하지만, 입사 각도를 다르게 해서 구한 ($\Psi\phi_1$, $\Delta\phi_1$)과 ($\Psi\phi_2$, $\Delta\phi_2$) 사이에 강한 상관관계가 있으므로 d, n, k를 더 정확하게 구하는 것은 어렵다. 반면, 분광 엘립소미터(spectral ellipsometer)는 다파장 측정이므로 함수항의 변화는 파장의 변화로 다음 식과 같이 표현된다.

$$\{d, \, n(\lambda), \, k(\lambda)\} \, = f\{\Psi(\lambda), \, \Delta(\lambda)\}$$

막 두께는 파장에 관계없이 일정하므로 세 개의 미지수를 동시에 구할 수 있다. 또한 다층막
에서는 $(d_1, \, n_1, \, k_1)$, $(d_2, \, n_2, \, k_2)$, $\cdots$, $(d_n, \, n_n, \, k_n)$으로 미지수가 증가하기 때문에 다수의 파장을
측정할 수 있는 분광 엘립소미터로 측정이 가능하다. 엘립소미터는 재료의 파괴 없이 두께 및
n, k값 측정이 가능하다는 장점이 있으나 얇은 막에 대한 감도가 좋은 대신 두꺼운 막의 측정
이 힘들며, 장치가 민감하여 사용자의 숙달 정도에 따라 신뢰도가 매우 다르기 때문에 사용이
어렵고 장비가 고가인 단점이 있다.

[그림 4-8]에 엘립소미터 계측기의 측정 구성도가 나타나 있다.

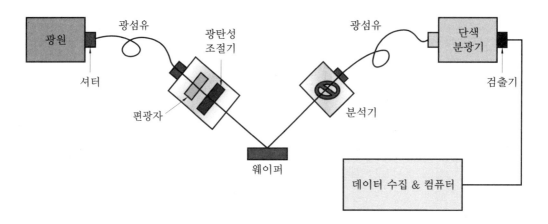

[그림 4-8] 엘립소미터 계측기 측정 구성도

[그림 4-8]에서 광섬유(optical fiber)는 단색광 전달 도구이고, 편광자는 광원에서 나오는
빛을 선형으로 편광시키는 역할을 한다. 단색 분광기(monochrometer)는 특정 파장만 통과하
도록 각도를 조절하는 수많은 격자면을 가진 분광기이다. 검출기는 약한 신호를 증폭하는 광
증폭관(photomultiplier tube, PMT)으로 구성된다.

④ 분광기를 이용한 광 간섭 두께 측정기

[그림 4-9]와 같이 광 간섭 두께 측정기는 입사광과 반사광의 간섭에 의한 파장별 상쇄 및
보강을 측정하여 두께 값을 얻는 계측기 장비이다. 물질의 굴절률(n), 복소 굴절률(k)값의 정
보를 알고 있을 때 두께 계산이 가능하며, 데이터가 없을 때에는 Cauchy, Sellmeier 등의 모
델식을 사용하여 간접 계산도 가능하다.

광 간섭 두께 측정기는 엘립소미터보다 두꺼운 막 측정에 유용하며 사용법이 간편하고 빠르
다는 장점이 있다. 또한 아주 작은 부위의 측정이 가능하여 미세 패턴 상에서 두께를 측정할
수 있고 장비의 가격도 비교적 저렴하다.

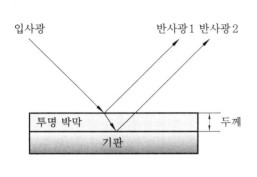

(a) 간섭 현상의 원리

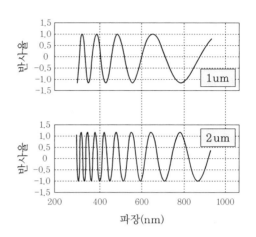

(b) 두께별 파장 변화에 따른 반사율 변화

[그림 4-9] 간섭에 의한 두께 측정 개념과 측정 데이터

⑺ 구조 및 원리 : 텅스텐-할로겐 가시광원(tungsten-halogen light source)에서 나온 빛이 광학계를 통해 박막에 입사된다. 이 박막 표면 및 기판과의 경계면들에서 반사된 빛이 광섬유를 통하여 측정기로 들어온다. 이 반사광은 측정기 내의 격자(grating) 등에 의해 실시간 파장별로 분리된 후 CCD에 의해 전기적인 신호로 바뀌고, 디지털 신호로 변환되어 컴퓨터로 입력된다.

그러나 측정된 간섭 광신호에는 여러 가지 원인에 의한 측정 잡음이 포함되어 있어 계산에 충분한 정도의 깨끗한 파형을 보이지 않는다. 따라서 일반적으로 측정된 간섭 광신호에 포함되어 있는 잡음들을 시간 영역 평균 및 파장 영역 평균을 구하는 과정을 통해 제거하여 깨끗한 파형으로 재구성한 후, 이 파형을 이용하여 두께를 계산한다.

박막에 입사된 빛의 일부는 박막 면에서 반사되고, 다른 일부는 박막과 기판 간의 경계면, 그리고 다중박막의 경우 박막 간의 경계면에서 반사된다. 이들 반사파들은 동일 광원에서 방사된 간섭성(coherent) 광이므로 서로 간섭현상을 보여, 파장에 따라 보강 및 상쇄 간섭을 하게 된다. 따라서 파장에 따라 반사율이 다른 것처럼 보인다. 이는 일련의 수학적 방법으로 처리할 수 있다. 파장별 반사율(R)을 수학적으로 정리하면 다음 식과 같다.

$$R = f\{n(\lambda),\ k(\lambda),\ t\}$$

여기서 n은 굴절률, k는 소광계수이며 t는 박막 두께이다. 측정된 반사광은 박막 두께 및 박막 물성에 따라 파장에 따른 고유의 반사율 분포를 보이게 된다. 따라서 이 식을 이용하여 역으로 파장에 따른 반사율에서 박막의 특성 및 두께를 구할 수 있다.

㈏ 적용 분야 : 광이 투과하는 재료인 대부분의 유전체 박막이나 polymer의 두께 측정이 가능하다.

- 반도체와 유전체 제조 공정 : 산화물, 질화물, 감광제(PR), poly-Si 등
- 액정 디스플레이 : cell gap, a-Si, n+-a-Si, gate-SiNx, 산화물, PI, ITO 등
- 광 코팅 : 경도 코팅, 무 반사 코팅, 필터 등
- 기록체 : 감광성 드럼, 비디오 헤드, 포토 마스크, 광디스크
- 기타 : CRT 섀도(shadow) 마스크의 PR, 박막 금속 필름(광 간섭 영역), 필터 등

⑤ 분광 반사 광도계를 이용한 두께 측정

㈎ 광학 상수(optical constants) : 광학 상수인 굴절률(refractive index ; n)과 흡수계수 (absorption coefficient ; k)를 사용하여 광의 박막 통과 여부를 표현할 수 있다.

광의 전기장이 물질을 통과하는 관계식은 다음과 같다.

$$A\cos\left(n\frac{2\pi x}{\lambda}\right) \cdot \exp\left(-k\frac{2\pi x}{\lambda}\right)$$

여기서 x는 광의 진행거리, λ는 광의 파장이다. 굴절률(n)은 물질 내에서의 광의 속도와 진공 속에서 광의 속도의 비($n=c/v$)이며, 흡수 계수(k)는 물질에 의해 광이 흡수되는 양이다.

㈏ 단일 막(single layer film)의 분광 반사 : 반사는 광이 서로 다른 물질들의 계면을 통과할 때 일어난다. 계면에 의해 반사된 광의 비는 굴절률(n)과 흡수 계수(k)에서 불연속성에 의해 결정된다.

[그림 4-10]처럼 광이 공기 중에서 물질로부터 반사된 반사율 관계식은 다음과 같다.

$$R = \frac{(n-1)^2 + k^2}{(n+1)^2 + k^2}$$

분광 반사율이 광학상수를 측정하는 데 사용되는 경우를 살펴보면 광흡수를 일으키지 않은 물질, 즉 $k=0$일 때 반사율은 다음 식과 같이 간략화 할 수 있다.

$$R = \left|\frac{n-1}{n+1}\right|^2$$

위의 식에서 측정된 반사율(R)로부터 물질의 굴절률을 구할 수 있다.

여기서 주의해야 할 점은 실제 물질에서 굴절률(n)은 파장에 따라 변화한다는 것이다. 따라서 각각의 파장에 따른 반사율을 정확하게 측정하여 알고, 각각의 파장에 대한 굴절률을 계산해야만 한다.

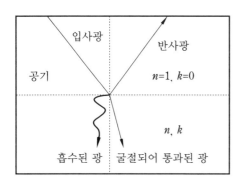 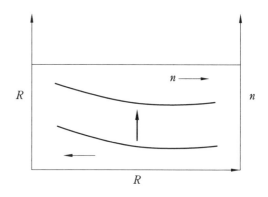

[그림 4-10] 공기 중에서 매질에 입사한 광의 반사, 굴절, 흡수의 모습

㈐ 다층막(multiple layer films)의 분광 반사 : [그림 4-11]처럼 다른 물질 위에 증착된 박
막의 경우는 위층과 아래층에서 모두 광을 반사한다. 각각의 계면에서 반사된 반사광의
합은 반사된 광의 전체 양과 같다. 두 계면으로부터 반사된 반사광들은 물질을 통과하는
경로에 대한 위상차에 따라서 보강 또는 상쇄 간섭을 고려한다.

　물질의 위상차는 광의 파장, 박막의 두께, 그리고 물질의 광학적 상수들에 의해 결정된
다. 반사광들의 위상이 정확하게 일치하는 경우 광의 파장은 정수배가 되며, 그 결과로 보
강 간섭이 일어난다.

　투명한 필름에 수직으로 광이 입사될 때에는 광 경로(optical path)의 차이가 두께의 2배
가 되므로 $2nd = m\lambda$로 표현할 수 있다. 여기서 d는 필름의 두께이고 m은 정수이다. 이 경
우에는 반사광들의 위상이 같지 않아 다음과 같은 조건에서 간섭이 일어나고 반사율을 계
산한다.

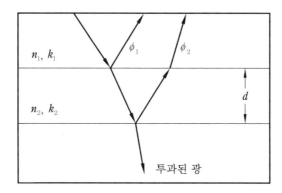

[그림 4-11] 서로 다른 물질에서의 반사와 굴절

$$간섭\ 조건 \longrightarrow 2nd = \left(m + \frac{1}{2}\right)\lambda$$

$$반사율 \longrightarrow R \cong A + B\cos\left(\frac{2\pi}{\lambda}nd\right)$$

[그림 4–12]에서 보여주는 바와 같이 박막의 반사율은 주기적으로 $1/\lambda$에 따라 변화함을 볼 수 있다. 또한 측정하는 박막의 두께가 동일하고, 굴절률이 다른 박막의 경우에는 굴절률이 클수록 반사광의 강도가 증가하는 경향을 보임을 알 수 있다. 굴절률이 같고 두께가 두꺼울수록 주어진 파장 범위에서 더 많은 주기의 간섭 무늬가 나타난다.

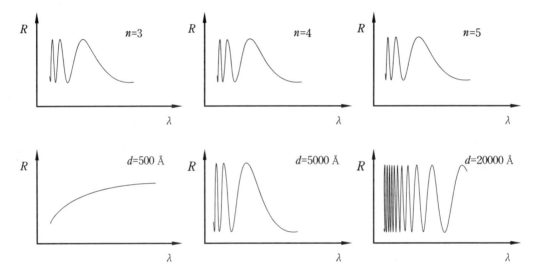

[그림 4–12] 다층막에서 굴절률(n)과 두께에 따른 파장(λ)에 따른 반사율의 변화

㈑ 반사율에 따른 박막의 특성 : 박막에서 반사율의 크기와 주기는 박막의 두께, 광학 상수들, 계면의 거칠기에 따른 조도와 같은 특성들에 의해 결정된다. 하나 이상의 계면이 존재할 때 박막의 특성을 결정하거나 각각의 파장에서 굴절률(n)과 흡수율(k)를 결정하기는 거의 불가능하고, 단지 몇 개의 적용할 수 있는 변수들을 사용하여 파장에 따른 굴절률(n)과 흡수율(k)을 표현한 수학적 모델을 사용한다.

어떤 박막의 특성들은 실제 측정된 반사율과 계산된 반사율을 같게 될 때까지 조정하여 가장 최적의 값으로부터 박막의 특성인 두께, 굴절률, 그리고 흡수계수를 결정하게 된다. 이런 계산은 장비에 내장된 프로그램에 의해 자동적으로 계산된다.

㈒ 굴절률(n)과 흡수계수(k)에 대한 모델(model) : 파장의 함수에 따른 굴절률(n)과 흡수계수(k)를 구하는 수학적인 모델은 많이 있다. 어떤 박막에 대한 수학적 모델을 선택할 때 가능한 몇 개의 변수를 사용하여 관심 있는 파장 범위 내에서 박막의 굴절률(n)과 흡수계수(k)

를 정확하게 설명할 수 있는 최적의 모델이 필요하다.

일반적으로 아주 다른 종류의 물질(유전체, 반도체, 금속, 그리고 비정질 물질)의 광학 상수들은 파장에 따라 굴절률과 흡수계수가 아주 다르다. 대부분의 유전체의 경우에는 굴절률의 변화가 파장에 따라 단순하며 흡수계수가 거의 0에 가깝지만 비유전체의 경우는 굴절률과 흡수계수가 파장에 따라 매우 다르다.

유전체에 대한 수학적 모델은 일반적으로 3개 정도의 변수를 가지고 있다. 반면 비유전체 물질은 더 많은 변수를 가지고 있다.

[그림 4-13]처럼 실리콘 산화막(SiO$_2$)과 실리콘 기판(Si) 두 층의 구조를 갖는 경우 수학적 모델은 18개의 변수를 고려하여 적용할 수 있는 전체 해를 구해야 한다.

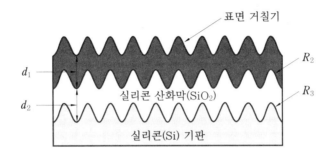

[그림 4-13] 실리콘 기판 위에 실리콘 산화박막이 성장된 이층 구조

굴절률(n)과 흡수계수(k)의 관계식들은 다음과 같다.

$$n(\lambda) = A_n + \frac{B_n}{\lambda^2} + \frac{C_n}{\lambda^4}, \; k(\lambda) = A\left(\exp\left[\frac{1.239}{\lambda}\right] - E_{BE}\right)$$

여기서 A_n, B_n, 추은 굴절상수, 파장(λ)의 단위는 μm, A는 진폭, E_{BE}는 밴드에지 에너지이다.

⑥ 분광학적 반사율의 한계

분광 반사 광도계는 박막의 두께, 조도, 그리고 광학적 상수 등을 광범위하게 측정할 수 있다. 그러나 얇은 박막의 경우처럼 측정된 반사광의 간섭 무늬가 한 파장보다 작으면 적용할 수 있는 수학적 모델과 그 모델의 변수를 결정할 수 있는 정보가 줄어든다.

이런 이유 때문에 결정할 수 있는 박막 특성들의 수가 매우 얇은 박막에 대해서는 계산이 복잡하다. 만약 너무 많은 변수를 정의하려고 한다면 유일한 해를 구할 수가 없다.

⑦ 분광 반사 광도계와 엘립소미터의 비교

분광 반사 광도계는 반도체 등 제조 공정에서 박막의 두께와 광학적 상수를 측정하기 위해 많이 이용되고 있다. 반면 분광 반사를 이용한 측정 방법으로 아주 얇은 박막, 또는 다층 박막 등 복잡한 구조를 가질 때는 분광 엘립소미터의 정밀한 분석법을 사용한다. 만약 분석이 수직 각보다 작은 비정상 입사각에서 반사를 이용할 때 엘립소미터는 얇은 박막의 측정의 경우 보다 좋은 감도를 보이고, 두 개의 다른 편광(p, s)의 측정은 분석에 대해 정확한 데이터를 제공한다. 엘립소미터는 많은 다른 입사각에서 측정을 가능하게 하여 분석에 적용할 수 있는 풍부한 데이터를 얻을 수 있다.

일반적으로 서로의 장점을 살리고 단점을 보완하기 위하여 두 방법을 조합하거나 두 방법을 병행하여 측정하는 것이 좋다. 두 방식의 장·단점을 간단하게 정리한다면 분광 반사 광도계는 측정이 보다 용이하고 빠르며, 넓은 범위의 두께를 정확히 측정할 뿐만 아니라 수 μm 정도의 정밀한 패턴(pattern) 내에서도 측정이 가능한 반면, 분광 엘립소미터는 특정한 시료를 제외하고는 측정의 모호성과 조작의 어려움이 있고 측정 부위도 비교적 크다는 단점이 있다. 가장 적절한 두 계측기의 사용 방법은 분광 반사 광도계를 주로 사용하고, 개발에 관련된 중요 정보를 자세히 얻기 위해서 엘립소미터를 보조 측정 장비로 사용하는 것이다.

⑥ meta PULSE 두께 측정기

이 측정기는 초음파를 이용하여 비파괴, 비접촉 방식으로 박막의 두께를 측정하는 장비이다. 이 장치는 Rudolph 사에 의해 개발되었으며 모든 금속 박막의 두께를 측정하는데 유용하게 사용되고 있다.

㈎ 주요 특징 : 다른 박막 측정 장비와의 차이점은 다음과 같다.

㉠ picosecond 단위의 초음파를 이용한 비접촉, 비파괴 방식이다.

㉡ 다층 금속 박막의 두께를 동시에 측정할 수 있다.

㉢ 생산성과 재현성이 우수하다.

㉣ 다양한 박막 특성 분석 데이터(밀도, 표면 거침, 상태(phase), 접착력, 반사율, 가장자리 프로파일 등)를 제공한다.

㈏ 측정 원리 : 측정 원리는 1차적으로 펌프 레이저(pump laser) 빔으로 박막 상층 표면의 온도를 상승시킨다. 이 레이저 빔에 의한 표면의 온도가 상승에 의해 열팽창이 되면서 격자 진동에 의해 음파가 발생된다. 다음 측정 레이저를 이용하여 0.2 ps의 레이저 펄스를 측정하고자 하는 박막 표면에 입사시킨다.

이 발생된 음파는 박막 아래로 진행되고 기판 계면에서 반사되어 표면 밖으로 음파가 되돌아오며, 외부에서 검출기를 통해 검출하고 일련의 데이터 처리를 통해 박막의 두께를 계산한다.

[그림 4-14]에 이층 박막 구조의 두께 측정 과정이 도시되어 있다. [그림 4-14]에서 t는 음파 진행시간을 나타내고, Δt는 펌프와 측정레이저의 방사 시간차로 0.15 mm 두께 당 1 ps의 차를 둔다. 두께의 개념은 다음과 같은 속도, 시간, 거리 관계식을 이용하는 것이다.

$$거리(두께) = 속도 \times 시간$$

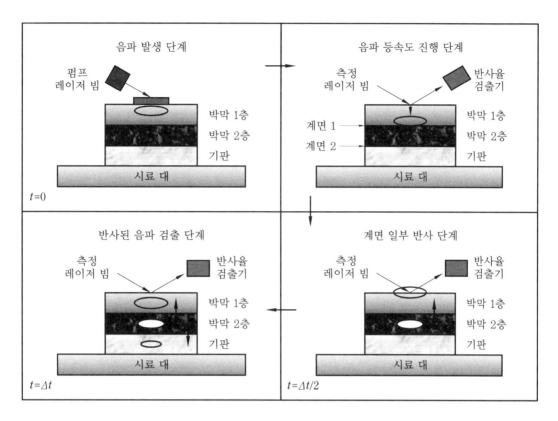

음파 발생 단계

펌프
레이저 빔

박막 1층
박막 2층
기판

시료 대

t=0

음파 등속도 진행 단계

측정
레이저 빔

반사율
검출기

계면 1
계면 2

박막 1층
박막 2층
기판

시료 대

반사된 음파 검출 단계

측정
레이저 빔

반사율
검출기

박막 1층
박막 2층
기판

시료 대

t=Δ*t*

계면 일부 반사 단계

측정
레이저 빔

반사율
검출기

박막 1층
박막 2층
기판

시료 대

t=Δ*t*/2

[그림 4-14] 이층 박막 구조의 두께 측정 과정

검출된 신호의 분석은 먼저 기판의 기존 신호를 기준으로 하여 얻어진 신호들을 시뮬레이션을 통해 데이터와 맞추는 작업(data fitting)을 함으로써 데이터와 시뮬레이션 커브가 일치하는 조건에서 여러 가지 광학 상수를 추출한다. 이 과정을 거치면 원하는 박막의 두께 및 특성을 얻을 수 있다. 장비에는 이런 모든 수단이 내재되어 있어 짧은 시간 안에 결과를 얻을 수 있다.

(5) 이온 주입량 및 불순물 분포 측정 장비

이온 주입량은 4-점(four point) 프로브를 이용한 전기적 면 저항(sheet resistance) 측정 방법으로, 간접적으로 알 수 있으나 정확한 양과 깊이에 따른 불순물 분포는 SIMS(secondary ion mass spectroscopy)라는 장비를 통하여 얻는다.

① SIMS 장비의 개요

SIMS 장비는 2차 이온 질량분석법으로써 시료의 표면 분석을 통해 표면 정보(조성 및 성분)를 얻을 수 있는 분석법을 기초로 한다. 5~20 KeV 에너지를 가진 이온 빔을 시료 표면 원자층에 충격을 가할 때 방출한 표면의 입자들과 중성원자 등 2차 이온들이 방출되는 원리를 이용한다. 방출된 이들의 양을 검출하고 분석함으로써 주 원자와 분리 주입된 이온들의 양과 깊이에 따른 불순물 분포를 얻을 수 있다.

[그림 4-15]에 기본적인 측정 원리도가 도시되어 있다.

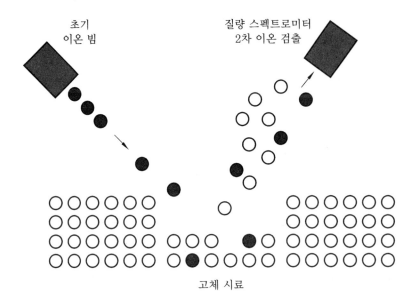

[그림 4-15] SIMS 측정 기본 원리도

② SIMS 장비의 종류

㈎ dynamic SIMS : 깊이에 따른 원자 층의 화학적 원소 분석 및 질량 분석에 사용된다.

㈏ static SIMS : 표면에 존재하는 원자나 분자들을 질량 대 전하량의 상대적 비율로 나타내어 원소 분석 및 질량 분석에 사용된다.

장비를 구성하는 구성요소는 이온 주입 장비와 유사하다. 장비의 주요 구성 모듈은 다음과 같다.

- source 부 : duoplasmatron, Cs
- 가속, 감속부
- 회절부
- 슬릿부
- faraday cup
- 시료 장착부

[그림 4-16]에 일반적인 SIMS 장비의 구조도가 도시되어 있다.

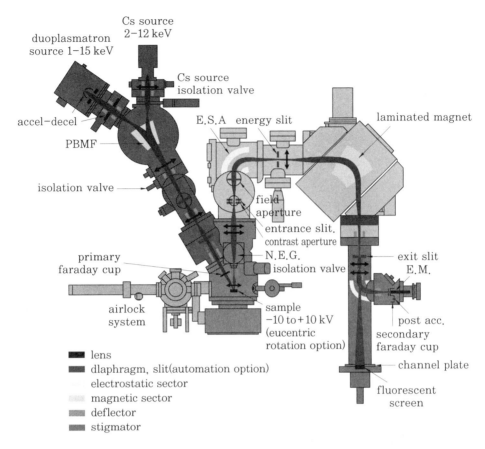

[그림 4-16] SIMS 장비의 구성도

[그림 4-17]에 장비의 주요 구성 모듈이 나타나 있다.

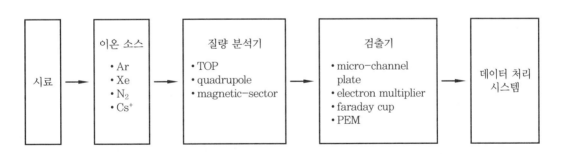

[그림 4-17] SIMS 장비의 주요 구성 모듈

③ SIMS를 이용한 도즈(dose)량과 분포 분석

반도체에서는 n-type 불순물 도펀트(dopant)로 인(phosphorus)을, p-type 불순물 도펀트로 붕소(boron)를 사용한다. [그림 4-18]에 SIMS를 이용하여 측정한 깊이에 따른 실리콘 기판 내의 붕소와 인의 분포 데이터가 도시되어 있다.

SIMS 측정 시 고려할 사항은 SIMS 자체가 포함하는 기본적인 원자들 때문에 검출 한계가 존재한다는 것이다. 즉 SIMS 내 기본 이온 양보다 많은 양이 도핑 된 시료만 측정 가능하다는 것이다.

[그림 4-18] (a)의 경우 사용한 시료는 B11(+) 이온을 주입한 시료이다. 반도체에서 가장 많이 사용하는 p-type 이온이며 이온 도즈(dose)량은 1.04×10^{14} atoms/cm^{2}이다. 측정 시 7.5 KeV 에어지를 갖는 O$_2$(+) 이온이 입사 주입 이온 빔(primary ion beam)으로 사용되었고, 검출 한계(detection limit)는 8.61×10^{13} atoms/cm^{3}이다.

[그림 4-18] (b)의 경우 사용한 시료는 P31(−) 이온을 주입한 시료이다. 반도체에서 가장 많이 사용하는 p-type 이온이며 이온 도즈(dose)량은 1.00×10^{14} atoms/cm^{2}이다. 측정 시 15 KeV 에어지를 갖는 Cs(+) 이온이 입사 주입 이온 빔(primary ion beam)으로 사용되었고, 검출 한계(detection limit)는 1.62×10^{15} atoms/cm^{3}이다.

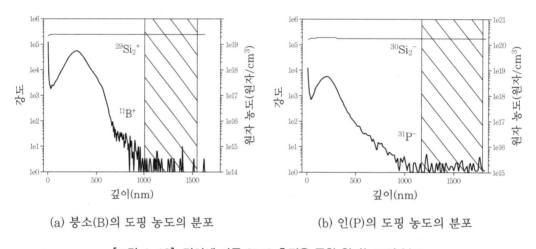

(a) 붕소(B)의 도핑 농도의 분포   (b) 인(P)의 도핑 농도의 분포

[그림 4-18] 깊이에 따른 SIMS 측정을 통한 원자농도와 분포

(6) 전기적 방법에 의한 계측

웰(WELL), 활성 층(active layer), 금속 배선의 open/short 상태 등은 금속 배선이 1차적으로 완성되는 금속 배선 첫 번째 층에서 전기측정장치로 검사된다. 이 검사를 위하여 웨이퍼가 공정 후 단위 칩으로 잘려지는 공간인 scribe lane 안에 측정하고자 하는 회로 패턴을 형성하는데, 이런 모듈을 통상적으로 공정 모니터링의 입장에서 PCM(process control module)이라 부른다. 소자의 C-V, 저항, 두께 등 측정하고자 하는 패턴은 모두 여기에 형성되고, 이곳에 있는 패턴 검사를 기준으로 공정을 조율한다. PCM 데이터는 공정 수율 분석에서 중요한 정보를 제공한다. [그림 4-19]에 웨이퍼 상의 PCM의 위치를 보여주고 있다. 그 예로 [그림 4-20]에 금속 선의 open과 short 현상을 전기적 검사를 수행하기 위한 패턴 모습이 도시되어 있다.

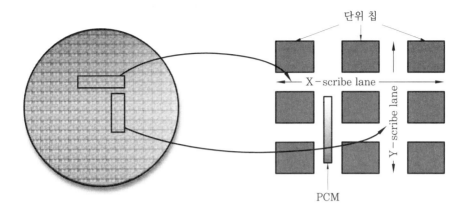

[그림 4-19] PCM의 웨이퍼 상의 위치

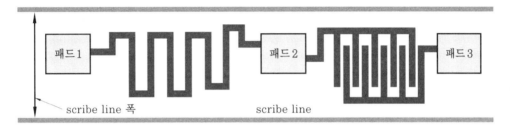

(a) open 공정 점검 패턴   (b) short 공정 점검 패턴

[그림 4-20] PCM 상의 전기특성 검사를 위한 패턴

(7) 계측기 이동과 위치 선정을 위한 마크(mark)

반도체 양산 장비들은 자동화된 계측기들을 사용한다. 이들 장비들이 광학적으로 인식하여 위치를 선정하고 스테이지를 움직이는 방법이 보편적이므로, 이들 장비들이 인식할 수 있는 마크 패턴이 필요하다. 이 마크 패턴은 사진 공정의 shot이 겹쳐지는 부분에 위치한다.

[그림 4-21]에 마크의 웨이퍼 상 위치와 형상이 도시되어 있다.

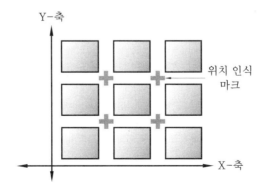

[그림 4-21] 웨이퍼 상의 계측기 자동인식을 위한 패턴 위치와 형상

2. 물성 분석 및 평가 장비

현재 반도체 및 정보통신 기술의 발달 추이는 매우 급속하게 변하고 있다. 초소형화, 저전력화, 다기능화, 원칩화 등 다양한 요구를 하고 있다. 향후 소자들은 극단적인 셀의 소형화, 복합적 기능의 소자(SoC), CPU가 내장된 각종 메모리 소자의 개발을 위해서 종래의 일반적인 측정만으로는 신규 소자 개발이 어렵다.

최근 각광받고 있는 나노 소자 등의 전기적, 물리적 원리 및 현상을 분석을 통한 개발 및 양산화 추이를 보면서 측정과 분석의 중요성을 이해할 수 있다. 이러한 평가를 정확히 수행하기 위해서는 전기적 측정과 더불어 물리적, 화학적 평가를 포함한 물성 분석이 필요하다.

물성 분석이란 반도체 소자를 구성하고 있는 소재와 표면의 미세구조, 구성성분, 결합상태, 분포도 및 결정 상태 등을 전자, 이온 및 광학적 수단을 사용하여 알아내는 것을 말한다. 이 평가는 웨이퍼 단위로 진행되는 부분이 아니고, 칩 단위로 잘라서 수행된다. 반도체 공정에서 분석 장비들은 경쟁회사 칩에 대한 연구 및 자사 내의 수율 저하 요인을 찾기 위한 불량 분석에 많이 사용된다. [그림 4-22]에 불량 분석에 대한 공정 흐름도가 도시되어 있다.

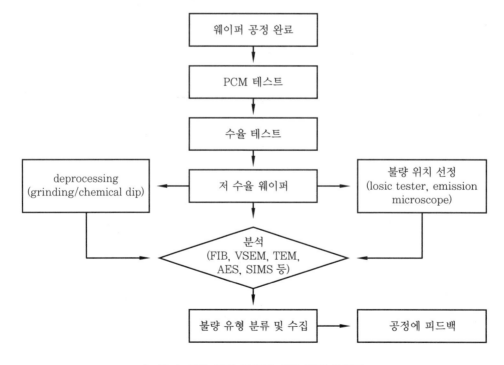

[그림 4-22] 불량 분석에 대한 공정 흐름도

2-2　분석 장비

　분석에 사용되는 장비는 전기적 충격을 인가하여 hot spot을 관측하는 전기적 방법, 표면과 성분을 분석하는 표면 분석 장비, 소자의 구조적 결함 구조를 밝히는 구조적 분석 장비로 나누어진다. [표 4-2]에 여러 분석 장비의 사용별 특징이 정리되어 있다.

[표 4-2] 분석 장비의 사용별 특징

장비	입사광	측정 신호	분석 깊이	최소 분석 면적	분석 영역
XPS	X-선	광전자	$10\sim100$ Å	$100\,\mu m$	화학결합상태, 원소분석
UPS	자외선	광전자	수십 Å	$100\,\mu m$	진동주파수, 화학결합상태
AES	전자	auger전자	$20\sim60$ Å	20 nm	표면원소분석
SIMS	이온	2차 이온	$50\sim300$ Å	$1\,\mu m$	표면층의 고감도 원소분석
ISS	이온	산란 이온	10 Å	1 mm	표면 원소분석
SEM	전자	2차 전자, X-선	100 Å	10 Å	표면의 형상, 원소조성
TEM	전자	투과 전자	50 Å	10 Å	격자구조, 결함의 관찰
STEM	전자	투과 전자, X-선	10 Å	3 Å	미소영역의 화학조성
RBS	He 입자	산란 이온	$20\sim200$ Å	$1\,\mu m$	미소영역의 화학조성
LEED	전자	산란 전자	원자 수층	수백 μm	표면구조, 흡착원자 배열
EPMA	전자	X-선	$1\,\mu m$	$1\,\mu m$	원소 정량
SAM	전자	auger 전자	$10\sim100$ Å	$0.1\,\mu m$	화학성분 분포 측정

(1) photo emission microscope

　이 장비는 전기적인 방법으로 불량을 해석하는 장비이다. 원리는 웨이퍼나 패키지에 바이어스(bias)를 인가하여 불량 부위에서 발생하는 광 발광(photo emission)을 현미경을 통하여 검출하는 것이다.

(2) 표면/성분 분석 장비

① AES(auger electron spectroscopy)

　㉮ 개요 : 극 미세 표면(수 μm 이하)만을 선택적으로 분석할 수 있는 표면 분석 기술은 날로 소형화, 고집적화해 가는 첨단 반도체 소재를 비롯한 재료의 거의 모든 분야의 연구에서 필수적인 기술로 자리 잡고 있다. 특히 수십 나노미터(nm)의 크기로 집속된 전자 빔을 표면에 입사시켜 방출되는 auger electron의 에너지를 측정함으로써 재료 표면을 구성하고 있는 원소의 종류 및 양을 분석해 내는 AES/SAM(scanning auger microprobe)은

XPS(x-ray photoelectron spectroscopy), SIMS와 더불어 표면 분석의 3대 분석 장비라 불릴 정도로 널리 사용되고 있는 표면 분석 방법이다.

㈏ auger 전자 : auger 효과는 원자나 이온에서 방출되는 전자로 인해 또 다른 전자가 방출되는 물리적 현상을 말한다. 이때 발생하는 두 번째 방출전자를 auger 전자(auger electron)라고 부른다. 원자의 안쪽 준위에서 전자 하나가 빈자리를 남기고 제거되면 높은 준위의 전자 하나가 빈자리를 채우게 되면서 높은 준위와 빈자리의 준위 차이만큼의 에너지가 발생한다. 이 에너지는 광자의 형태로 방출되거나 두 번째 전자를 추가로 방출하는 데 사용된다. [그림 4-23]에 메카니즘이 도시되어 있다.

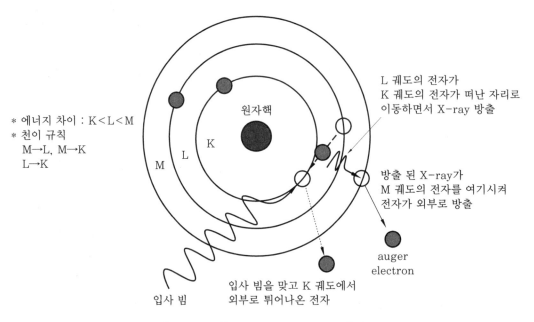

[그림 4-23] auger electron 발생 원리

㈐ 측정 원리 : 1~20 KeV 정도의 에너지를 가진 probe electron이 시료의 원자와 충돌하면 원자 내부의 내각 전자가 외부로 방출되고 준안정상태(meta-stable state)가 된다. 뒤이어 높은 에너지 준위의 전자가 낮은 에너지 준위로 떨어지면서 안정한 상태로 가는데, 이 에너지 차이에 의하여 X-ray 또는 제2의 전자가 외부로 방출된다.

이 auger 전자들은 시료 원자의 고유 특성에 따라 각각 다른 운동에너지를 갖고 있다. 외부에 검출기를 이용하여 에너지 스펙트럼을 분석하면 원소의 종류를 판별할 수 있다. auger 현상은 최소한 3개의 전자를 포함한 원소에서만 가능하므로 수소와 헬륨 원자에서는 발생하지 않는다. 2원소를 제외한 모든 원소를 분석할 수 있다.

㈑ 장점 : 전자 빔을 프로브(probe)를 사용하기 때문에 탁월한 X-Y 해상력(<35 nm)을 갖는다. 비교적 낮은 검출한계(>0.1 %)를 가지고 있으며 주사 모드(scanning mode)에 의

하여 이미지를 얻을 수 있는 장점이 있다. AES 분석을 이온 식각과 더불어 실시하면 표면에서부터 깊이에 대한 정보인 depth profile을 얻어낼 수 있다. 반도체 응용 분야는 표면 근처(<3 nm)의 성분 분석 및 산화막 층 두께의 정밀 측정에 의한 얇은 산화막 성장 비율을 검증할 수 있으며, 금속 실리사이드(metal silicide)의 깊이 프로파일(depth profile)에 의한 성분 분석으로 분결(segregation) 및 열처리 효과를 분석한다.

이 외에도 금속-반도체 간의 계면 구조와 화학 조성은 알루미늄(Al) 스파이크(spike) 및 IC 패키지 공정 불량 문제에 이르기까지 광범위하게 응용되고 있다.

[그림 4-24]에 AES의 장비 시스템의 기본 구성도가 도시되어 있다.

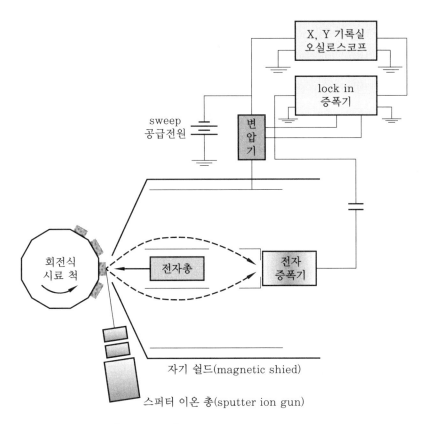

[그림 4-24] AES 장비 시스템 구조도

② XPS(X-ray photoelectron spectroscopy)

XPS는 시료의 표면에 특성 X-선을 입사하여 방출하는 광전자의 에너지를 측정함으로써 시료 표면의 조성 및 화학적인 결합 상태를 알 수 있다. 에너지원으로 X-선이 사용되어 절연체에 적용이 가능하므로 도체 및 반도체 절연 박막의 분석에 큰 장점을 가지고 있다. 또한 이온 빔으로 표면을 식각하여 깊이에 대한 분포도를 측정할 수 있다.

[그림 4-25]에 XPS의 장비 구성도가 도시되어 있다.

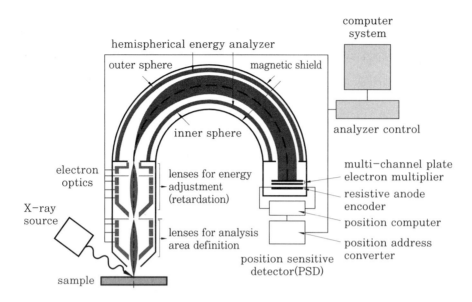

[그림 4-25] XPS 장비 구성도

㈎ 측정 원리 : XPS는 일정한 에너지를 가지는 X선을 시료에 쬐면 시료로부터 광전자 (photoelectron)들이 방출되는데 이 광전자들의 운동에너지를 측정하면 광전자의 결합에 너지(binding energy)를 알 수 있다. 이 결합에너지는 광전자를 방출하는 원자의 고유한 성질이기 때문에 이것으로 원소를 분석할 수 있다.

　　[그림 4-26]은 XPS 측정 결과의 예시를 보이고 있다. 시료의 표면은 주성분이 탄소 (75 %)로 되어 있고, 부성분이 산소(24.46 %)로 이루어진 탄소와 산소의 화합물임을 알 수 있다.

　　그림에서 X축은 발생한 광전자가 갖는 특성 결합에너지 값이고, 각 원소들은 특성 결합 에너지 값에서 존재하는 양에 따라 피크(peak) 강도를 나타낸다.

㈏ 응용 분야

　㉮ 금속 및 반도체 순수 표면의 상 전이에 따른 전자 구조의 변화

　㉯ 재배열 원자들의 전하 분포 및 결합에너지 변화

　㉰ 기체 및 금속이 흡착된 반도체와 금속 표면에서의 반응성 및 결합 상태에 따른 전자 구조

　㉱ 자성체 초 박막 및 에피 박막의 전자에너지

　㉲ submicro 이하의 국소 영역의 성분 분석

　㉳ depth profile을 통한 박막의 성장 메카니즘 규명

　㉴ 표면의 원소에 대한 정량 분석 등

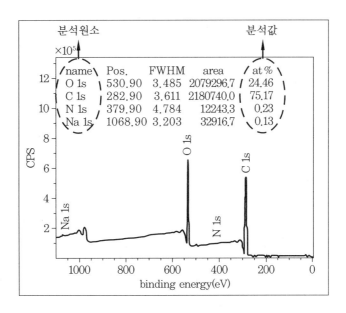

[그림 4-26] XPS 측정 데이터 예시

③ FTIR(fourier transform infrared spectrometer)

FTIR은 분석 대상 시료에 적외선을 입사하면 분자, 원자단 및 결정 구조 내의 불순물 등 시편 조성 입자의 고유 진동에너지에 해당하는 파장을 흡수하게 되는데 이때 진동에너지는 입자의 질량과 화학적 결합력 등에 의하여 결정된다. 즉, 입사 파장에 따른 흡수도를 측정하여, 흡수 띠의 위치와 강도에서 물질의 정성, 정량 분석을 할 수 있다. 고체 및 박막 시편의 경우에는 고전적인 분산형 분광로는 감도가 낮아서 사용할 수가 없고, 시간 지배함수를 주파수 지배함수로 변환하여 반복 측정의 효과를 주고, 측정 시간이 짧아 측정 횟수를 증가하여 감도를 높일 수 있는 FTIR이 널리 쓰이고 있다.

장비 선정 시 고려해야 할 사양과 용도는 대략 다음과 같다.

㈎ 주요 사양
- 최대 검출 영역 : $4{\sim}55000\,\mathrm{cm}^{-1}$
- 최대 분해능 : $0.026\,\mathrm{cm}^{-1}$
- 측정 압력 : $0.5{\sim}760\,\mathrm{torr}$
- 측정 온도 : $4{\sim}300\,\mathrm{K}$

㈏ 주요 용도
- 소재의 결합 상태 분석
- 소재의 광학적 특성 측정
- 불순물의 농도 및 거동 분석
- 에피(epi) 박막의 두께 측정

④ 엑스선 회절 분석기(X-ray diffractometer, XRD)

XRD는 특성 X-선의 파장과 일반 결정면의 면 간의 거리가 유사한 점을 이용하여 결정질 내부에서 회절 현상을 일으켜 고체의 결정 구조를 분석하는 기기이다. XRD는 반도체 박막, 초격자 구조 및 신소재 분석 등에 이용된다.

⑦ 브래그(bragg) 반사 : 영국의 W.L.브래그가 1912년에 유도한 식으로 회절 법칙은 결정에 의한 X-선 입자선의 회절 현상이 나타나는 반사의 하나로 결정의 작은 조각에 X-선의 선속을 쪼이면 X-선과 결정과의 방위 관계가 적당한 경우 X-선이 결정 격자에 의해 회절되어 특정 방향으로 강한 회절 X-선을 만드는 것을 브래그 반사라고 한다.

브래그 관계식은 다음과 같다.

$$\left|\Delta\vec{K}\right| = 2\left|\vec{K}\right|\sin\left(\frac{\theta}{2}\right) = 2\left|\vec{K}\right|\sin\theta_B = 2\frac{1}{\lambda}\sin\theta_B = \frac{1}{d}, \ \lambda = 2d\sin\theta_B$$

여기서 d는 격자면의 면(plan) 지수(index), λ는 X-선 파장이다.
[그림 4-27]에 브래그 반사 과정을 도시하고 있다.

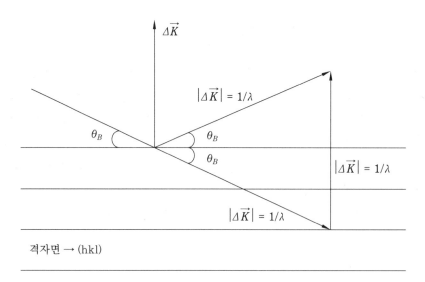

[그림 4-27] 브래그(bragg) 반사

㈏ 박막 X-선 회절 : 결정체 내의 회절 분석에서 사용되는 기법은 Berg-Barrett 기법이다. 단색 X-선이 특별한 결정체 내의 면 간격 d를 가지는 격자 평면들에 브래그 각 θ_B로 입사한다고 하면 브래그 회절 조건은 $2d\sin\theta_B=\lambda$가 격자 평면들에 대하여 만족된다.

이때 입사각과 회절각 간의 각도는 $2\theta_B$이므로 회절각의 자취는 입사각에 대한 $2\theta_B$ 위치에 놓인다. 따라서 이 방법은 입사 X-선 빔에 대해 시료와 검출기 사이의 브래그 각도가 항상 $\theta_B \sim 2\theta_B$ 관계를 유지하고 있고, 이러한 방법을 WAG법이라고 한다. 이러한 분석은 기판과 박막의 결정 구조에 대한 정보를 얻을 수 있다.

다른 하나는 입사 X−선 각 θ_B를 시료에 고정한 후 감지기만 $2\theta_B$ 방향으로 변화시킨다. $2\theta_B$ 분석 또는 GIXRD 방법이라고도 한다.

[그림 4−28]에 두 방법에 대한 도식도가 도시되어 있다.

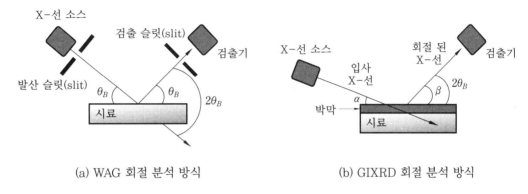

(a) WAG 회절 분석 방식　　　　　　(b) GIXRD 회절 분석 방식

[그림 4−28] 결정체에서의 회절 분석 방식

이 방법은 100 nm 이하의 얇은 박막 결정 구조를 분석할 경우 기판의 피크(peak)에 의해 상대적으로 박막의 피크가 작기 때문에 원하는 박막의 정보를 정확히 알기 어렵다. 따라서 GIXRD 방법을 사용하면 기판의 피크는 거의 나타나지 않게 하고 박막의 회절 피크만 강하게 얻을 수 있다.

일반적으로 회절기에서 X−선의 침투 깊이는 $\sin\lambda/\mu$로 변하는데, 이때 μ는 시료의 선 흡수계수이다. 따라서 침투 깊이가 작은 브래그 각에서는 작고, 90°의 브래그 각에서는 최대가 된다.

선 흡수계수 μ는 X−선 파장의 함수이다. 일반적으로 파장이 길면 길수록 침투 깊이는 작아지며, X−선 회절 분석 시 X−선 입사 빔에 대해 시료를 $1 \sim 10°$ 내외로 고정시킨 후 감지기를 $2\theta_B$ 스캔하여 회절 빔을 얻는다. 회절 빔의 강도는 다음 식과 같다.

$$Ir = \frac{I_0 S}{\mu}\left(\frac{\sin\beta}{\sin\alpha + \sin\beta}\right)[1 - \exp\mu t(\mathrm{cosec}\mu + \mathrm{cosec}\beta] \longrightarrow Ir = \frac{I_0 S}{\mu}K$$

여기서 I_0는 시료의 단위면적당 X−선 회절 강도, S는 입사 X−선 빔의 단면적, μ는 시료의 선 흡수 계수, α는 시료 표면과 입사 X−선과 이루는 각, β는 시료의 표면과 회절 X−선과 이루는 각, K는 μt와 α와의 변수, 그리고 t는 측정하고자 하는 박막의 두께이다. $2\theta_B$는 회절된 각$(\alpha + \beta)$이다.

㈐ 쌍결정 회절(DCXD) 분석 : DCXD 분석법에는 피크분리법(peak seperation method, PSM), 회절무늬법, 피크이동 효과 등이 있다. DCXD은 1차에 결정체 시료를 설치하고 1차 시료에서 나온 X-선을 측정하고자 하는 시료에 입사시켜 회절 현상을 분석하여 측정하고자 하는 박막의 정보를 얻는 XRD 방법 중의 하나이다.

[그림 4-29]에 DCXD 측정 구성도가 도시되어 있다.

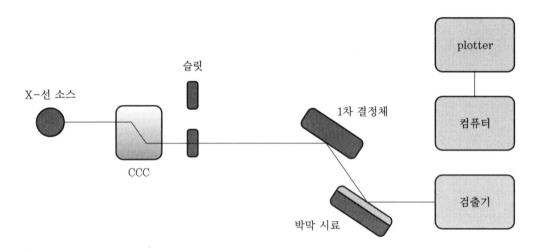

[그림 4-29] DCXD 측정 구성도

㈑ 피크분리법(peak seperation method, PSM) : 이종 접합 구조에서 이종 화합물의 조성 분석, 격자 변형, 결정성 등에 많이 활용된다. 이종 접합 구조에서 격자 부정합(lattice mismatch)은 2가지 이종 접합 계면과 수직 방향의 부정합(mismatch) 계면과 평행한 방향의 부정합이 있다.

기판과 에피층(epi-layer)의 브래그(bragg) 피크들 사이의 각도를 분리하여 $\Delta\theta$로부터 시료 표면에 수직한 방향의 격자 부정합과 평행한 방향의 격자 부정합을 구하고, 이로부터 이종 접합 구조의 화합물 조성(x)과 탄성변형(elastic strain) 등을 구할 수 있다.

XRD의 모든 데이터는 각도 변화에 따른 검출기의 신호강도로 나타나는 로킹 커브를 이론적 데이터와 시뮬레이션을 통하여 실험치와 이론치가 일치하는 곳에서 얻어진다.

㉮ 로킹 커브(rocking curve) 측정에서 시료 표면과 브래그 반사면이 평행한 대칭반사 (symmetric reflection)로부터 얻은 브래그 피크의 간격 $\Delta\theta$는 수직 방향 X-선 변형, $\in\perp xr$과 다음과 같은 관계가 있다.

$$\Delta\theta = -\in\perp xr\,\tan\theta_B$$

여기서 θ_B는 기판의 브래그 각도로, 다음과 같이 구할 수 있다.

$$\theta_B = \sin^{-1}[\lambda/2d],\ \lambda = 2d\sin\theta$$

여기서 λ는 X-선의 파장, d는 결정면 간의 거리, $d=a/(h_2+k_2+l_2)1/2$, a는 격자 상수(Si의 a는 5.43095 A, Ge의 a는 5.64613 A), $(h,\ k,\ l)$은 반사면의 계수이다.

㉯ 시료 표면에 대해 브래그 면이 기울어진 비대칭 반사(asymmetric reflection)로부터 얻은 각도 분리 $\Delta\theta$에 대해 수평 방향 X-선 변형 $\in\perp xr$을 다음과 같은 식으로부터 구할 수 있다.

$$\Delta\theta = -[k\perp\in\perp xr + k\parallel\in\parallel xr]$$

여기서

$$k\perp = \cos2\varphi\tan\theta_B - \sin\varphi\cos\varphi$$
$$k\parallel = \sin2\varphi\tan\theta_B + \sin\varphi\cos\varphi$$

로, 기하학적 상수이다. 단, $k\perp$과 $k\parallel$의 오른편에 있는 부호는 큰 각으로 입사한 경우(입사각이 $(\theta_B+\varphi)$인 경우)에 적용되며, 작은 각으로 입사한 경우(즉, 입사각이 $(\theta_B-\varphi)$인 경우) 부호가 반대가 된다. 여기서 φ는 시료 표면과 브래그 반사면 사이의 각도이다.

격자 상수 간의 관계식은 다음과 같다.

$$\in\perp xr \equiv (a_{epi}\perp - a_{sub})/a_{sub}$$
$$\in\parallel xr \equiv (a_{epi}\parallel - a_{sub})/a_{sub}$$

여기서 $a_{epi}\perp$는 에피층에서 수직한 방향으로의 격자 상수이고 $a_{epi}\parallel$는 평행한 방향으로의 격자 상수이며 a_{sub}는 기판의 격자 상수이다.

㉰ 선형 탄성론(linear elasticity)을 이용하면 정입방형(unit cubic cell)에서의 격자 부정합(misfit) $\in f$와 2개의 X-선 변형 $\in\perp xr$ 및 $\in\parallel xr$ 사이에 다음과 같은 관계식이 성립한다.

$$\in f \equiv \{(1-\nu)/(1+\nu)\}\in\perp xr + \{2\nu/(1+\nu)\}\in\parallel xr$$
$$\longrightarrow \in f \equiv (a_{epi} - a_{sub})/a_{sub}$$

여기서 ν는 poisson ratio이며, a_{epi}가 에피층이 정입방형이라고 가정했을 때의 격자 상수이다.

㉱ 에피층의 조성 x는 격자 상수가 조성에 선형적으로 비례한다는 Vegard 법칙을 사용하면 $\in f$로부터 계산할 수 있다.

㉲ 탄성 변형(elastic strain)은 다음과 같은 식에 의해서 구할 수 있다.

$$\in_{zz} \equiv (a_{epi}\perp - a_{epi})/a_{epi} \in \perp xr - \in f$$
$$\in_{xx} \equiv (a_{epi}\| - a_{epi})/a_{epi} \in \| xr - \in f$$

여기서 $\in_{zz}$는 시료 표면에 수직인 방향으로의 탄성 변형이고 $\in_{xx}$는 시료 표면에 평행한 방향으로의 탄성 변형이다. 그러므로 위의 과정을 이용하면 에피층의 탄성 변형에 대한 정보들을 얻을 수 있다. 그리고 격자부정합 이완률(relaxation) R은 다음과 같이 나타낼 수 있다.

$$R \equiv \{(a_{epi}\| - a_{sub})/(a_{epi}-a_{sub})\} \times 100 = (\in \| xr/\in f) \times 100(\%)$$

여기서 a_{epi}는 에피층이 정입방형이라고 가정했을 때의 격자 상수이다.

위에 기술된 사항들의 실험 데이터의 예시가 [그림 4-30]에 도시되어 있다. 시료는 MBE(molecular beam epitaxcy) 방법으로 성장한 AlGaAs/GaAs 구조이다.

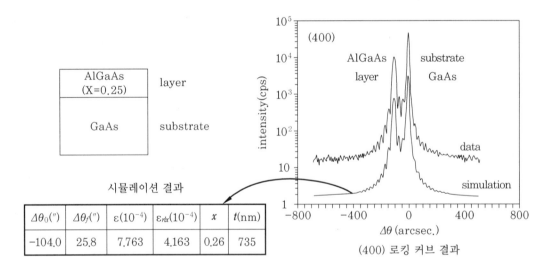

시뮬레이션 결과

$\Delta\theta_0('')$	$\Delta\theta_f('')$	$\varepsilon(10^{-4})$	$\varepsilon_{rlx}(10^{-4})$	x	$t(nm)$
-104.0	25.8	7.763	4.163	0.26	735

(400) 로킹 커브 결과

[그림 4-30] AlGaAs/GaAs 구조의 DCXD 실험과 이론치의 비교 로킹 커브

⑤ RBS(rutherford backscattering spectrometer)

RBS는 고전압으로 가속된 알파 입자를 시료에 입사시켜 후방산란되는 알파 입자의 에너지 분포를 측정함으로써 박막의 조성과 두께를 측정하는 기기이다. 특정 결정 방위에 대하여 알파(α) 입자(He)를 입사, 결정질 내부 결함의 깊이 분포를 측정할 수 있다.

㈎ 주요 사양

• 최대 가속 전압 : 1.0 MeV

- 수평 분해능 : 1.5 nm
- 깊이 분해능 : 5~30 nm
- 검출 가능 원소 : Li~U

㈏ 주요 용도
- 비파괴 정량 분석
- 박막의 깊이에 따른 농도 분포
- 단결정 내의 결정 손상 분석
- 금속, 반도체, 신소재 박막의 조성 분석
- 단결정 내의 결정성 및 결정성 내의 불순물

㈐ 장점
- SIMS나 AES에 비해 비파괴적 분석이 가능하다.
- 깊이 방향의 원소 조성을 신속히 알 수 있다.
- 표준 시료가 필요하고 spectrum 분석이 용이하며 시뮬레이션이 가능하다.
- 다른 분석기에 비해 초고진공이 요구되지 않는다.
- 시료 교체 및 조작이 간편하다.
- 다른 시료에 의존하지 않고 정량화가 가능하다.

㈑ 단점
- 다중 원소로 이루어진 시료의 경우 피크(peak) 중첩으로 인해 시뮬레이션 하는데 어려움이 많다.
- 무거운 원소 시료의 경우 질량 분해능에 문제가 생길 수 있다.
- 가벼운 원소 분석에 어려움이 있다.

㈒ 측정 기술
- random 분석 : 박막 두께 및 조성
- channeling 분석
- 격자 결함의 양과 깊이 분포
- 비정질층의 조성과 두께
- 불순물 원소의 격자 위치 분석

⑥ 측정 원리

RBS는 시료의 표면이 300 keV~3 MeV 에너지 범위에서 양성자(또는 2He^{++} 입자)에 의해 충돌될 때 적은 양(~106)의 입사 입자는 러더포드(rutherford) 충돌을 하고 후방산란이 된다. 이때 후방산란이 되는 이온의 에너지 E_1은 입사에너지 E_0에 의해 다음과 같은 운동학적 관계식이 성립된다.

$$E_1 = K_M E_0$$

$$K_M = E_1/E_0 = (M^2 - m^2 \sin^2 q)\frac{1}{2} + m\cos q^2 /(M+m)^2$$

여기서 K_M은 운동학적 변수, m은 입사 입자의 질량, M은 타겟(target) 원자의 질량이다. q 값이 $180°$의 산란에 대해 운동학적 변수 K_M은 다음과 같이 치환된다.

$$K_M = (M-m)/(M+m)^2$$

이런 이유 때문에 후방산란 된 1차 이온의 에너지 분석은 질량 분석을 가능하게 한다. 입사 입자가 시편을 통과하여 발생되는 에너지 손실은 매몰된(buried) 원자로부터의 산란에 대한 입사에너지(E)의 값이 초기 입사에너지 E_0으로부터 다음과 같이 감소한다.

$$E = E_0 = dE,\ dE = St = eN$$

여기서 S는 에너지 손실 변수, e는 정지 단면적(eV-cm^2), N은 시편의 원자밀도(atoms/cm^3), t는 시편 두께이다. S 또는 e는 계산할 수 있으며 최종 후방산란 된 이온의 에너지 E_f는 다음과 같이 쓸 수 있다.

$$E_f = E_0 - E_i - E_{BS} - E_{out}$$

이 식으로부터 에너지 스펙트럼은 질량과 깊이와의 혼합임을 알 수 있다. 실제 입사 이온의 대부분은 전방으로 진행하여 시편 내에서 정지하고 아주 적은 양만 후방산란 된다. 박막으로 부터 러더포드 후방산란 분석을 고려하면 표면에서 산란된 입자에 의한 랜덤(random) 스펙트럼의 높이(H)와 면적(spectrum의 총 count 수) A는 다음 식과 같이 표현된다.

$$H = Q\sigma\Omega\delta E_1/\varepsilon$$

$$A = H\left(\frac{\Delta E}{\delta E_1}\right) = Q\sigma\Omega\Delta E/\varepsilon = Q\sigma\Omega\Delta Nt$$

여기서 σ은 산란 단면적(cm^2), Ω은 solid detection angle, Q는 입사 입자의 총 수이다. 후방산란 수율을 결정하는 후방산란 단면적 σ는 $180°$ 산란의 경우 원자번호와 에너지에 비례한다. 이때 σ의 값은 $(zZ/E_1)^2$이며, z는 입자 원자의 원자번호, Z는 타겟 원자의 원자번호이다. $A_m B_n$ 화합물 타겟에 대한 정지 단면 변수 ε는 브래그 법칙을 적용하여 구한다.

$$[\varepsilon A_m B_n] = m[\varepsilon A] + n[\varepsilon B]$$

입사 이온이 결정축 방향, 즉 원자 배열(string of atoms) 방향에 평행하게 입사(임계각 이

내 입사)할 경우 입사 이온은 산란을 일으키지 않고 진행(channeling)됨으로써 후방산란 수율이 감소하게 된다.

만일 격자점으로부터 벗어난 원자들이 존재하게 되면 이들 원자들과 채널링된 입자들과의 직접적인 상호작용에 의해 후방산란 수율은 증가하게 된다.

이러한 채널링 현상을 이용하면 결정 내의 격자 손상(lattice disorder or damage)의 측정이 가능하다. [그림 4-31]에 RBS 측정을 위한 간단한 장치도가, [그림 4-32]에 산란현상의 기하학적인 모습이 나타나 있다.

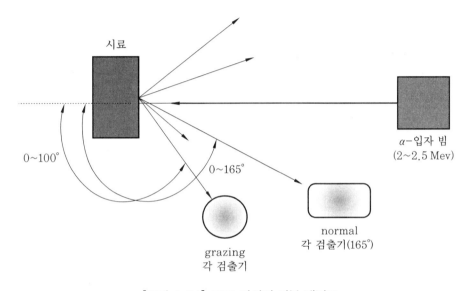

[그림 4-31] RBS 장치의 기본 개념도

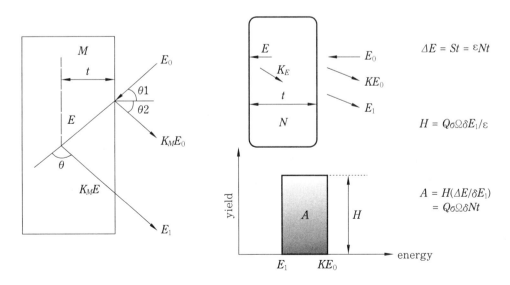

[그림 4-32] RBS 측정 시 기하학적 모습

⑥ 물성 연구 장비의 활용

　정확하고 신뢰성 있는 불량 분석 결과를 얻기 위해서는 사용되는 장비들의 적용될 부분과 능력을 정확히 알고 선정하여 측정을 해야 한다.

　㉮ 입자 산란에 의한 특성 측정 : 앞서 설명된 부분 중에서 비접촉식 방법에는 산란에 의한 시료의 특성 분석이 많은 비중을 차지하고 있다. 그러면 산란을 일으키는 소스 입자인 전자, 광자, 이온들로 구별하여 특성 분야, 한계 능력, 사용 분야를 정확히 이해할 필요가 있다. [표 4-3]에 입자 산란에 의한 특성 측정에 관하여 정리되어 있다.

[표 4-3] 입자 산란에 의한 특성 측정 분류

입사 입자	에너지 범위(keV)	2차 신호	기술		분석 분야
전자	0.5~10	전자	AES	auger 전자 분광학	표면 성분
	100~4000	전자	EELS	전자에너지 손실 분광학	국소 미세지역 화학적 조성, 성분
	>10	X-선	EDAX	X-선에너지 발산 분석학	구조
	>10	전자	RHEED	전자회절	구조
	<0.3	전자	LEED	전자회절	표면 성분
빛 입자	>1	광전자	XPS, ESCA	X-선광전자 분광학	불순물
		빛	RAMAN	라만 산란 분광학	불순물
		IR	FTIR	퓨리 변형 적외선 분광학	불순물
		IR	PL	광 루미네선스	불순물
이온	1~15	이온	SIMS	이차 이온 질량 분광학	전자 상태
	0.5~2	이온	ISS	이온 산란 분광학	표면 성분
	>1 MeV	이온	RBS	러더퍼드 후방산란	깊이 성분 분포

(3) 구조 분석 장비

　구조 분석 장비 중 SEM과 TEM 장비에 대해서는 앞선 표면/성분 분석 장비에서 언급하였다. 이 절에서는 TEM 시료 준비와 SEM과 TEM 장비와 더불어 중요한 구조분석 장치로 각광 받고 있는 FIB(focused ion beam) 장비에 대하여 알아본다. 전자 빔이 구조 분석 장비들의 광학 소스로 가장 많이 사용되고 있다.

이들의 물질과의 상호작용 관계를 도표화 해보면 [그림 4-33]과 같다.

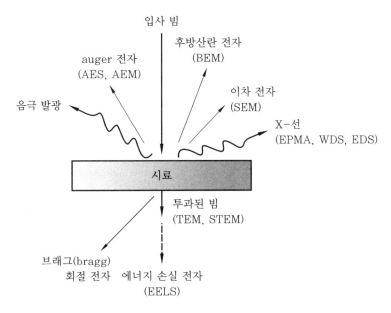

[그림 4-33] 전자들과 물질과의 상호작용 관계도

① TEM 시편 제작

SEM의 시편 제작은 단순히 수직 단면으로 잘라 직접 관찰하는 방법을 택한다. 물론 특정한 층을 제거하여 관측하고자 하는 층만 볼 수 있도록 습식 식각을 거치는 경우가 있다. 그러나 시료 제작은 그리 어렵지 않다. TEM 시료의 경우는 매우 얇은 두께로 시료를 제작해야만 하기 때문에 어려움이 많고 많은 시간이 소모된다.

TEM 시료 제작은 두 가지 방법으로 분류하여 준비한다.

㈎ PIPS 이온 밀링(milling)을 이용한 시료 제작 필요성
- 랜덤(random)한 위치에서 시료 제작을 할 경우
- 패턴이 없는 평판 웨이퍼의 경우
- 관찰할 위치의 크기가 육안으로 식별이 가능할 만큼 큰 경우
- 관찰하는 위치가 시료의 상층인 경우

단면 관찰을 위한 시료 제작은 [그림 4-34] 순으로 수행한다.

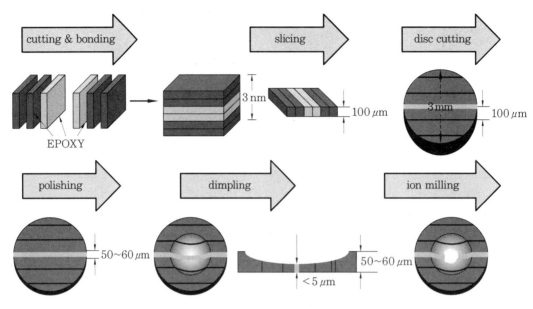

[그림 4-34] 이온 밀링을 이용한 단면 관찰 시료 제작 순서

㈏ FIB를 이용한 시료 제작 필요성

- 특정한 어드레스의 FBM 및 obirch/PEM spot의 불량점을 관찰하는 경우
- 패드(pad) 단면을 관찰하는 경우
- 특정한 모니터링 위치가 있는 경우

② FIB(focused ion beam) 분석

FIB는 가속된 Ga^+ 이온 빔을 집속하여 시료의 표면에 주사하는 이온 빔 집속장치이다. 주사된 이온은 시편의 표면에서 2차 전자 또는 2차 이온을 발생시키는 등 다양한 반응을 일으킨다. 이러한 물리적 반응을 이용하여 다양한 분석 기술을 구현할 수 있다.

㈎ 기능

㋐ 1차 이온에 의하여 발생하는 2차 전자 또는 이온을 검출하여 상을 형성하는 주사 이온 현미경(scanning ion microscopy, SIM) 기능을 갖고 있다.

㋑ 마스크 없이 특정 영역을 식각하는 기능으로써 주사된 이온 빔이 시료 표면의 격자 구조 및 결합을 변형 파괴시켜 식각이 발생하는데, 이는 주로 회로 수정 시 금속 배선을 절단하는데 사용하고 TEM 시료 제작에도 사용된다. 재료의 식각 속도 및 선택성을 증가시키기 위하여 다양한 반응성 가스를 함께 사용한다.

㋒ 마스크 없이 국소 영역에 전도성 또는 절연성 증착막을 형성하는 기능을 갖고 있다. 이런 기능은 회로 수정 시 금속 배선 형성이나 전기적 특성 측정을 위한 프로빙 패드(probing pad) 형성에 주로 사용한다.

(나) 적용 분야

㉮ 회로 수정

- 금속 층이나 폴리(poly) 라인(line)의 미세 절단
- 전도성 또는 절연성 박막의 국소 영역의 증착
- 디바이스의 특성 측정을 위한 프로브 패드(probe pad) 형성

㉯ 불량 분석

- 결함 분석을 위한 단면 관찰
- 미세 구조의 분리와 연속성 테스트
- 프로빙(probing)을 위한 금속과 절연 층 제거
- 다중 금속 층의 프로빙을 위한 절연체의 선택적 식각

(다) 장비의 주요 사양 및 구성

장비 구입 시 고려할 주요 사양은 다음과 같고 [그림 4-35]에 구성도가 도시되어 있다.

- 전자 빔 사이즈 : 2 nm
- 이온 빔 사이즈 : 7 nm
- 증착 : 백금(Pt)
- 보조 가스 : XeF_2

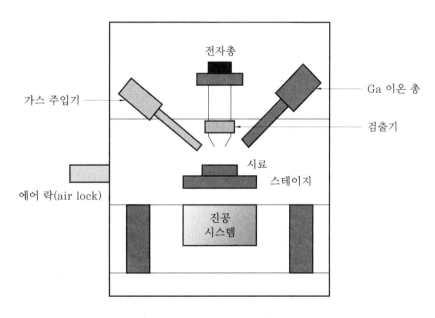

[그림 4-35] FIB 장비 구성도

(4) 분석 장비 실제 모습

① 두께/단차/입자 측정 장비

(a) 입자 계수기   (b) 엘립소미터   (c) 알파 스텝

② 표면 분석 장비

(a) ASE   (b) XPS   (c) XRD   (d) RBS

③ 구조 분석 장비

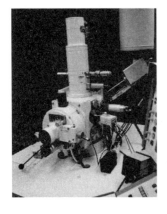  

(a) SEM   (b) TEM   (c) FIB

기본 평가 항목

1. 사진 공정과 확산 공정의 검사 방법에 대하여 설명할 수 있는가?

2. 이온 주입 공정과 박막 공정의 검사 방법에 대하여 설명할 수 있는가?

3. CMP 공정의 검사 방법에 대하여 설명할 수 있는가?

4. 전자현미경과 광학 현미경의 차이점을 이해하였는가?

5. ECD 측정이란 무엇인지 학습하였는가?

6. 입자 계수기의 광학적 개념에 대하여 설명할 수 있는가?

7. 박막 측정기 중 알파 스템 장비에 대한 특징에 대하여 설명할 수 있는가?

8. 엘립소미터의 측정 원리에 대하여 설명할 수 있는가?

9. 다층막의 굴절현상에 대하여 설명할 수 있는가?

10. 흡수 계수에 대하여 설명할 수 있는가?

11. meta pulse 두께 측정기는 어디에 사용되는지 설명할 수 있는가?

12. SIMS 장비의 기능에 대하여 설명할 수 있는가?

13. van der pauw 방법에 대하여 설명할 수 있는가?

14. 계측기의 좌표는 무엇을 인식하는지 설명할 수 있는가?

15. photo emission microscope의 기능에 대하여 설명할 수 있는가?

16. auger 전자에 대하여 설명할 수 있는가?

17. 브래그(bragg) 반사에 대하여 설명할 수 있는가?

18. 박막 X-선 회절현상에 대하여 설명할 수 있는가?

19. 전자들과 물질과의 상호작용 관계도에 대하여 작성할 수 있는가?

20. SEM 장비에서 이차 전자에 대하여 설명할 수 있는가?

21. TEM 시료 준비는 어떻게 하는지 설명할 수 있는가?

22. AES, XPS, FTIR, X-선 회절 분석기, RBS, FIB 측정 원리에 대하여 설명할 수 있는가?

참고문헌

제1장

- 강성호, 김대정, 이승준, 이찬호.『SoC 및 IP 설계기법』. 홍릉과학출판사, 2004.
- 공진흥, 김남영, 김동욱, 이재철.『VLSI설계, 이론과실습』. 홍릉과학출판사, 1997.
- 조영록.『CMOS 공정을 이용한 Analog Layout』. 홍릉과학출판사, 2009.
- 조준동.『알기쉬운 최신 VLSI설계』. 한빛미디어, 2010.
- Michael Quirk, Jullian Serda 저 · 최재성 역.『반도체 소자 공정 기술(Semiconductor Manufacturing Technology)』. 자유아카데미, 2013.

제2장

- Michael Quirk, Jullian Serda 저 · 최재성 역.『반도체 소자 공정 기술(Semiconductor Manufacturing Technology)』. 자유아카데미, 2013.
- S. Volf,『Silicon Processing(Vol. 4)』. Lattice Press(Sunset Beach, California).

제3장

1. 사진 공정

- 김상용 외 5인.『반도체 전공정장비2』. 복두출판사, 2014.
- 김상용 외 4인.『반도체 생산공정관리』. 복두출판사, 2014.
- 노동부 산업인력관리공단 공개강의, 반도체 패턴형성 공정 기술. http://www.hrd.go.kr/EL/contents/045/01/index.htm.
- 삼성반도체 이야기. 반도체 8대 공정 4탄. 웨이퍼에 한 폭의 세밀화를 그려 넣는 포토 공정. http://samsungsemiconstory.tistory.com/136, 2012.
- Harry J. Levinson,『Principles of Lithography(2nd ed)』. 2004.
- David J. Elliot. *Microlithography Process Technology for IC Fabrication*. Mcgraw-Hill book Company, 1986.
- R. Newman,『Fine Line Lithography』. p.157~163, 1980.
- 현대전자 반도체 연구소. 반도체 공학(상). p.195~227, 1993.
- Michael Quirk, Jullian Serda 저 · 최재성 역.『반도체 소자 공정 기술(Semiconductor Manufacturing Technology)』. 자유아카데미, 2013.

2. 식각 공정

- 김상용 외 5인.『반도체 전공정장비2』. 복두출판사, 2014.

- 김상용 외 4인.『반도체 생산공정관리』. 복두출판사, 2014.
- 김현후, 김외조, 김원식, 이상돈 외.『진공 및 공정 기술』. 내하출판사, 2015.
  주장헌.『진공 이해하기』. 홍릉과학출판사, 2012.
  Karl Jousten 저 · 홍승수 역.『진공 기술 핸드북』. 청문각, 2014.
- May, Simon M, Sze 저 · 곽계달, 김태환, 박재근 역.『반도체 집적 공정(Fundamental of Semiconductor Fabrication)』. 교보문고, 2010.
- Michael Quirk, Jullian Serda 저 · 최재성 역.『반도체 소자 공정 기술(Semiconductor Manufacturing Technology)』. 자유아카데미, 2013.

3. 박막 장비

- 김상용 외 5인.『반도체 전공정장비2』. 복두출판사, 2014.
- 김상용 외 4인.『반도체 생산공정관리』. 복두출판사, 2014.
- 김동명.『반도체공학』. 한빛미디어, 2011.
- 서영섭, 박영서, 한정화, 김수종, 송광호.『나노공학』. 기전연구사, 2006.
- 정일남.『제3세대 실리콘화학』. 자유아카데미, 2004.
- 진인주, 이익모 외 16인 공저.『나노소재』. 대영사, 2006.
- 황호정.『반도체 공정기술』. 생능출판사, 2005.
- Michael Quirk, Jullian Serda 저 · 최재성 역.『반도체 소자 공정기술(Semiconductor Manufacturing Technology)』. 자유아카데미, 2013.

4. 확산/이온 주입

- 김상용 외 5인.『반도체 전공정장비2』. 복두출판사, 2014.
- 김상용 외 4인.『반도체 생산공정관리』. 복두출판사, 2014.
- Michael Quirk, Jullian Serda 저 · 최재성 역.『반도체 소자 공정기술(Semiconductor Manufacturing Technology)』. 자유아카데미, 2013.
- Gary S. May and Simon M. Sze([2004]). 곽계달 외 4인 공역.『반도체 집적공정(Fundamentals of Semiconductor Fabrication)』. 교보문고, 2012.

5. 세정

- 김상용 외 5인.『반도체 전공정장비2』. 복두출판사, 2014.
- 김상용 외 4인.『반도체 생산공정관리』. 복두출판사, 2014.

- 이근택. 『Cleaning and CMP Technology』. 반도체 공정 기술 교육. 2006.
- Werner Kern. *Handbook of semiconductor wafer cleaning technology : Science, Technology, and Applications*. Norwich, NY : William Andrew Publishing, 1993.

6. CMP

- 김상용 외 5인. 『반도체 전공정장비2』. 복두출판사, 2014.
- 김상용 외 4인. 『반도체 생산공정관리』. 복두출판사, 2014.
- Joseph M. Steigerwald, Shyam P. Murarka, Ronald J. Gutmann. *Chemical Mechanical Planarization of Microelectronics Materials*. New York City, United States : John Wiley & Sons, Inc. 1997.
- Michael R. Oliver. *Chemical-Mechanical Planarization of Semiconductor Materials*. Berlin Germany : Springer-Verlag Berlin Heidelberg. 2004.
- Shin M. Hwa Li, Robert O. Miller. *Chemical Mechanical Polishing in Silicon Processing, Volume 63*(Semiconductors and Semimetals Vol 63). USA : Academic Press. 1999.
- Yuzhuo Li. *Microelectronic Applications of Chemical Mechanical Planarization*. New York City, United States : John Wiley & Sons, Inc. 2007.

제4장

- 강전홍, 유광민, 구경완, 한상옥. 『Single-configuration FPP method에 의한 실리콘 웨이퍼의 비저항 정밀측정』. Trans. KIEE, 60(7), 1434-1437. 2011.
- 김상용, 강명헌. 『반도체장비 유지보수기능사』. 크라운출판사, 2014.
- 박종성, 안기현 외. 『국가직무능력표준 : 반도체장비 제조 · 운영』. 한국직업능력개발원, 한국반도체산업협회, 2009.
- 이성환. 『광을 이용한 박막의 두께 측정법』. 계장기술. 2004.
- 정석균, 전정범. 『주사전자현미경의 기본원리와 응용』. 한국공업화학회, 12(6), 39-46. 2009.

반도체 CMOS 제조기술

2016년 6월 25일 1판 1쇄
2019년 1월 10일 1판 3쇄

저자 : 김상용 · 이병철
펴낸이 : 이정일

펴낸곳 : 도서출판 **일진사**
www.iljinsa.com
04317 서울시 용산구 효창원로 64길 6
대표전화 : 704-1616, 팩스 : 715-3536
등록번호 : 제1979-000009호(1979.4.2)

값 15,000원

ISBN : 978-89-429-1492-0